全国高等职业教育技能型紧缺人才培养培训推荐教材

# 建筑供配电与照明系统施工

（楼宇智能化工程技术专业）

本教材编审委员会组织编写

郑发泰　主　编

刘光辉　副主编

刘复欣　主　审

中国建筑工业出版社

图书在版编目（CIP）数据

建筑供配电与照明系统施工/郑发泰主编.—北京：
中国建筑工业出版社，2005
全国高等职业教育技能型紧缺人才培养培训推荐教材
（楼宇智能化工程技术专业）
ISBN 978-7-112-07159-3

Ⅰ.建… Ⅱ.郑… Ⅲ.①房屋建筑设备-供电-
技术培训-教材 ②房屋建筑设备-配电系统-技术培训-
教材 ③建筑-电气照明-技术培训-教材
Ⅳ.TU852

中国版本图书馆CIP数据核字（2005）第056897号

全国高等职业教育技能型紧缺人才培养培训推荐教材
建筑供配电与照明系统施工
（楼宇智能化工程技术专业）
本教材编审委员会组织编写
郑发泰 主 编
刘光辉 副主编
刘复欣 主 审
*
中国建筑工业出版社出版、发行（北京西郊百万庄）
各地新华书店、建筑书店经销
廊坊市海涛印刷有限公司印刷
*
开本：787×1092毫米 1/16 印张：13 字数：316千字
2005年7月第一版 2018年12月第七次印刷
定价：23.00元
ISBN 978-7-112-07159-3
（20933）

本书详细介绍了建筑供配电与照明工程的组成、建筑电气施工图的内容及识读方法；介绍了建筑供配电与照明系统中常用电气设备及电气装置的型号、规格、用途及安装施工方法；介绍了各分项工程的施工质量检查及验收方法。全书共分为建筑供配电与照明系统基础知识、10kV 变电所工程、动力配电工程、电气照明工程、防雷及接地工程、建筑供配电与照明系统综合实训等 6 个单元。全书内容注重理论与实践相结合，突出技能训练，内容新颖实用。

本书可作为建筑设备工程技术、建筑电气工程技术以及楼宇智能化工程技术等电类专业的教学用书，也可作为建筑电气专业的设计人员、施工员、质检员的学习参考书。

* * *

责任编辑：齐庆梅　牛　松
责任设计：郑秋菊
责任校对：刘　梅　孙　爽

# 本教材编审委员会名单

# 序

改革开放以来，我国建筑业蓬勃发展，已成为国民经济的支柱产业。随着城市化进程的加快、建筑领域的科技进步、市场竞争的日趋激烈，急需大批建筑技术人才。人才紧缺已成为制约建筑业全面协调可持续发展的严重障碍。

面对我国建筑业发展的新形势，为深入贯彻落实《中共中央、国务院关于进一步加强人才工作的决定》精神，2004年10月，教育部、建设部联合印发了《关于实施职业院校建设行业技能型紧缺人才培养培训工程的通知》，确定在建筑施工、建筑装饰、建筑设备和建筑智能化等四个专业领域实施技能型紧缺人才培养培训工程，全国有71所高等职业技术学院、94所中等职业学校、702个主要合作企业被列为示范性培养培训基地，通过构建校企合作培养培训人才的机制，优化教学与实训过程，探索新的办学模式。这项培养培训工程的实施，充分体现了教育部、建设部大力推进职业教育改革和发展的办学理念，有利于职业院校从建设行业人才市场的实际需要出发，以素质为基础，以能力为本位，以就业为导向，加快培养建设行业一线迫切需要的高技能人才。

为配合技能型紧缺人才培养培训工程的实施，满足教学急需，中国建筑工业出版社在跟踪"高等职业教育建设行业技能型紧缺人才培养培训指导方案"编审过程中，广泛征求有关专家对配套教材建设的意见，组织了一大批具有丰富实践经验和教学经验的专家和骨干教师，编写了高等职业教育技能型紧缺人才培养培训"建筑工程技术"、"建筑装饰工程技术"、"建筑设备工程技术"、"楼宇智能化工程技术"4个专业的系列教材。我们希望这4个专业的系列教材对有关院校实施技能型紧缺人才的培养培训具有一定的指导作用。同时，也希望各院校在实施技能型紧缺人才培养培训工作中，有何意见及建议及时反馈给我们。

**建设部人事教育司**

2005年5月30日

# 前　言

建筑供配电与照明系统施工是一门实践性很强的课程，施工时施工人员不仅要掌握各种电气设备、电气装置的型号规格及其性能特点，还要掌握相应的施工工序、施工方法及质量检查标准，确保电气施工的工程质量。按图施工是电气施工的基本原则，因此施工人员还应能够熟练看懂电气工程的设计图纸，确保施工内容符合设计要求。

本书以《建筑工程施工质量验收统一标准》（GB 50300—2001）和《建筑电气工程施工质量验收规范》（GB 50303—2002）为依据，以建筑电气工程中的子分部工程为单元，以各分项工程为项目编排书中各部分的内容。每个课题中，首先介绍该课题所涉及的电气装置及电气设备的种类、型号、技术规格、选用方法等基本知识，然后按施工步骤详细讲解安装的方法和技术要求，并介绍相应项目的施工质量检查和验收的方法。全书共分为建筑供配电与照明系统基础知识、10kV 变电所工程、动力配电工程、电气照明工程、防雷及接地工程、建筑供配电与照明系统综合实训等 6 个单元。书中内容注重理论与实践相结合，突出技能训练，内容新颖实用，符合学习的认知规律，特别适合采用项目教学法的教学活动使用。

本书由广东建设职业技术学院的郑发泰任主编，广东建设职业技术学院的刘光辉任副主编。书中单元 1 的内容由广东建设职业技术学院的罗敏编写；单元 2 和单元 3 中的课题 1～课题 3 的内容由广东建设职业技术学院的刘光辉编写；单元 3 中的课题 4、单元 4、单元 5 和单元 6 及其他内容由广东建设职业技术学院的郑发泰编写并对全书进行了统稿。在本书的编写过程中参考了部分同行的文章及成果，并由黑龙江建筑职业技术学院的刘复欣对全书进行了审阅，在此表示衷心的感谢。

由于编写的时间紧迫，参加编写的人员水平有限，书中难免会出现不当之处，恳请广大读者指正。

# 目　　录

# 单元 1 建筑供配电与照明系统基础知识

**知 识 点：**建筑供配电与照明系统施工的主要依据是工程设计图纸，施工准备的首要工作就是熟悉施工图，了解施工图的设计意图，掌握施工图的内容以及相应的施工技术。本单元围绕建筑电气工程的组成部分，详细介绍各组成部分的施工图内容及其表达形式。通过本单元的学习，可对建筑供配电与照明系统有较全面的了解，为深入学习各部分工程的施工技术以及施工质量检查验收方法打下基础。

**教学目标：**了解建筑供配电系统的组成及各组成部分的作用，了解建筑供配电系统与电力系统的分界。掌握建筑电气工程施工图的内容及表达形式，能熟练识读 10kV 变电所工程施工图、动力工程施工图、电气照明工程施工图、防雷与接地工程施工图。

## 课题 1 建筑供配电系统基础知识

### 1.1 电力系统

电力系统是由发电厂、电力网以及用电单位（简称为用户）所组成的统一整体。它们之间的关系如图 1-1 所示。

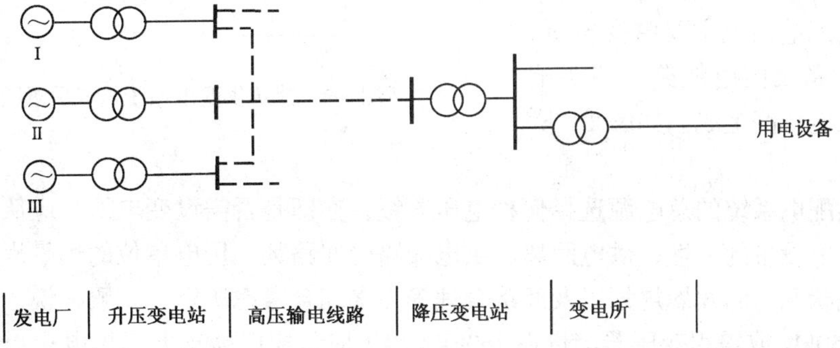

I
II
III
用电设备
发电厂 | 升压变电站 | 高压输电线路 | 降压变电站 | 变电所

图 1-1 电力系统示意图

(1) 发电厂

发电厂是把自然界中的各种能量转变为电能的工厂。按照取用能源方式的不同，发电厂可分为：火力发电厂、水力发电厂、核电站、蓄能电厂等几类。一般情况下，各类发电厂是并网同时发电的，以保证电力网稳定可靠地向用户供电，同时也便于调节电能的供求关系。

(2) 电力网

电力网是连接发电厂和用户的中间环节，包括升压变电站、高压输电线路和降压变电站。电力网是电力系统的重要组成部分，它的任务是将发电厂生产的电能输送给用户。电力网常分为输电网和配电网两类，由 35kV 及以上的输电线路及其变电站组成的网络称为输电网，其作用是把电力输送到各个地区或直接送给大型用户。配电网是由 10kV 及以下配电线路及配电变压器所组成的，它的作用是把电力分配给各类用户。

电力系统的电压等级很多，不同的电压等级所起的作用不同。我国电力系统的额定电压等级主要有：220V、380V、6kV、10kV、35kV、110kV、220kV、330kV、500kV 等几种。其中 220V、380V 用于低压配电线路，6kV、10kV 用于高压配电线路，而 35kV 以上的电压则用于输电网，电压越高则输送的距离越远，输送的容量越大，线路的电能损耗越小，但相应的绝缘水平要求及造价也越高。目前最高的输电电压等级是 500kV。

(3) 用户

所有的用电单位，都称为用户。如果引入用电单位的电源为 1kV 以下的低压电源，这类用户称为低压用户；如果引入用电单位的电源为 1kV 以上的高压电源，这类用户称为高压用户。

## 1.2 建筑供配电系统的组成

各类建筑物内装设有各种各样的用电设备，可把这些建筑物看作电力系统中的用户。中、小型建筑（包括小区建筑群）一般从当地电力网引入 10kV 电源，经过变电所降为 220/380V，再分配给建筑物内的各种用电设备使用。大型、特大型的建筑（包括超高层建筑）设有降压变电站，先把引入的 35kV ~ 110kV 电源降为 10kV，分配给不同区域的变电所，再降为 220/380V，供给各种用电设备使用。

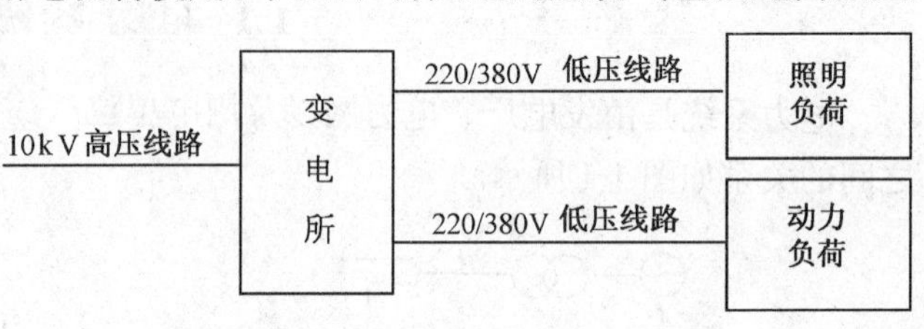

图 1-2 建筑供配电系统组成示意图

建筑供配电系统主要由变电所、动力配电设备及配电线路、照明配电设备及配电线路组成。如图 1-2 所示。

建筑供配电系统的总电源选择何种电压等级，亦即是否需设变电所，应从建筑物总用电容量、用电设备的特性、供电距离、供电线路的回路数、用电单位的远景规划、当地公共电网的现状和它的发展规划以及经济合理等因素综合考虑决定。一般来说，当用电设备总容量在 250kW 或需用变压器容量在 160kVA 以上时，应以高压方式供电；当用电设备容量在 250kW 或需用变压器容量在 160kVA 以下时，应以低压方式供电，特殊情况也可以高压方式供电。

## 1.3 变 电 所

变电所是工业企业和各类民用建筑的电能供应中心，一般民用建筑多采用 10kV 变电所供电。变电所主要由高压进线、高压配电室、电力变压器、低压配电室等部分组成。

(1) 高压进线

高压进线从电力网引入 10kV 高压电源。引入方式可采用架空线路引入或电缆埋地引入。

（2）高压配电室

大型建筑物的用电负荷较大，需在变电所内设置多台变压器。高压配电室内装设高压开关柜，将引入的高压电源分配至各变压器，同时具有线路控制及各种保护功能。

（3）电力变压器

电力变压器用来把 10kV 高压变换为 220/380V 的低压，以满足建筑物内各种用电设备的需要。

（4）低压配电室

低压配电室内装设各种低压配电柜，将变压器输出的低压电源合理分配至建筑物内的各类用电设备，同时具有线路控制、测量及各种保护功能。

除此之外，变电所还具有电能计量、电流和电压的监测、防雷保护、短路保护、过流保护、过压及欠压保护等功能，保证供电的可靠和安全。

## 1.4 用电负荷等级划分及对供电电源的要求

### 1.4.1 用电负荷等级划分

现代建筑物内的用电设备多、负荷大，对供电的可靠性要求很高，因此应准确划分负荷等级，做到安全供电，节约投资。用电负荷的等级应根据建筑物的类别及用电负荷的性质进行划分，按照供电可靠性及中断供电时在政治、经济上所造成的损失或影响程度，可分为一级负荷、二级负荷及三级负荷。

（1）一级负荷

中断供电将造成人身伤亡、重大政治影响、重大经济损失或将造成公共场所次序严重混乱的用电负荷属于一级负荷。

对于某些特殊建筑，如重要的交通枢纽、重要的通信枢纽、国宾馆、国家级及承担重大国事活动的会堂、国家级大型体育中心，以及经常用于重要国际活动的大量人员集中的公共场所等的一级负荷，为特别重要负荷。

中断供电将影响实时处理计算机及计算机网络正常工作或中断供电后将发生爆炸、火灾以及严重中毒的一级负荷亦为特别重要负荷。

（2）二级负荷

中断供电将造成较大政治影响、较大经济损失或将造成公共场所秩序混乱的用电负荷属于二级负荷。

（3）三级负荷

凡不属于一级和二级的一般负荷均为三级负荷。

各类建筑物中常见电力负荷的等级划分见表 1-1。

**建筑物中常见电力负荷的级别** 表 1-1

| 建筑物名称 | 用电负荷名称 | 负荷级别 | 备注 |
|---|---|---|---|
| 高层普通住宅 | 客梯、生活水泵电力、楼梯照明 | 二级 | |
| 高层宿舍 | 客梯、生活水泵电力、主要通道照明 | 二级 | |
| 重要办公建筑 | 客梯电力、主要办公室、会议室、总值班室、档案室及主要通道照明 | 一级 | |

续表

| 建筑物名称 | 用电负荷名称 | 负荷级别 | 备注 |
|---|---|---|---|
| 部、省级办公建筑 | 客梯电力、主要办公室、会议室、总值班室、档案室及主要通道照明 | 二级 | |
| 高等学校高层教学楼 | 客梯电力、主要通道照明 | 二级 | |
| 一、二级旅馆 | 经营管理用及设备管理用的计算机系统电源 | 一级 | 1 |
| | 宴会厅电声、新闻摄影、录像电源；宴会厅、餐厅、娱乐厅、高级客房、康乐设施、厨房及主要通道照明；地下室污水泵、雨水泵电力；厨房部分电力；部分客梯电力 | 一级 | |
| | 其余客梯电力、一般客房照明 | 二级 | |
| 科研院所及高等学校重要实验室 | | 一级 | 2 |
| 重要图书馆 | 检索用计算机系统的电源 | 一级 | 1 |
| | 其他用电… | 二级 | |
| 县（区）级及以上医院 | 急诊部用房、监护病房、手术部、分娩室、婴儿室、血液病房的净化室、血液透析室、病理切片分析、CT扫描室、区域用中心血库、高压氧仓、加速器机房和治疗室及配血室的电力和照明，培养箱、冰箱、恒温箱的电源 | 一级 | |
| | 电子显微镜电源、客梯电力 | 二级 | |
| 银　行 | 主要业务用计算机系统电源、防盗信号电源 | 一级 | 1 |
| | 客梯电力、营业厅、门厅照明 | 二级 | 3 |
| 大型百货商店 | 经营管理用计算机系统电源 | 一级 | 1 |
| | 营业厅、门厅照明 | 一级 | |
| | 自动扶梯、客梯电力 | 二级 | |
| 中型百货商店 | 营业厅、门厅照明、客梯电力 | 二级 | |
| 广播电台 | 电子计算机系统电源 | 一级 | 1 |
| | 直播室、控制室、微波设备及发射机房的电力和照明 | 一级 | |
| | 主要客梯电力、楼梯照明 | 二级 | |
| 电视台 | 电子计算机系统电源 | 一级 | 1 |
| | 直播室、中心机房、录像室、微波设备及发射机房的电力和照明 | 一级 | |
| | 洗印室、电视电影室、主要客梯电力、楼梯照明 | 二级 | |
| 市话局、电信枢纽、卫星地面站 | 载波机、微波机、长途电话交换机、市内电话交换机、文件传真机、会议电话、移动通信及卫星通信等通信设备的电源；载波机室、微波机室、交换机室、测量室、转接台室、传输室、电力室、电池室、文件传真机室、会议电话室、移动通信室、调度机室、及卫星地面站的应急照明、营业厅照明 | 一级 | 4 |
| | 主要客梯电力、楼梯照明 | 二级 | |

注：1—指该一级负荷为特别重要负荷；
2—指一旦中断供电将造成人身伤亡或重大政治影响、经济损失的实验室，如生物制品实验室等；
3—指在面积较大的银行营业厅中，供暂时工作用的应急照明为一级负荷；
4—重要通信枢纽的一级负荷为特别重要负荷。

### 1.4.2 对供电电源的要求

为保证供电的可靠性，不同等级的用电负荷对供电电源的要求如下：

(1) 一级负荷需采用两个以上的独立电源供电，当一个电源发生故障时，另一个电源应不致同时受到损坏。所谓独立电源是指两个电源之间无联系，或两个电源间虽有联系但在任何一个电源发生故障时，另外一个电源不致同时损坏。如一路市电和自备发电机；一路市电和自备蓄电池逆变器组；两路市电，但溯其源端是来自两个发电厂或是来自城市高压网络的枢纽变电站的不同母线。事故照明及消防设备用电需将两个电源送至末端。

(2) 二级负荷应采用两回路电源供电。对两个电源的要求条件可比一级负荷放宽。如两路市电，溯其源端是来自变电站或低压变电所的不同母线段即可。

(3) 三级负荷对供电无特殊要求。

## 1.5 建筑供配电系统的配电形式

配电是指将电源合理分配给用电设备,配电系统应满足安全、可靠、经济等原则,配电线路的分支应在配电柜(或配电箱)中进行,一栋建筑物的配电系统分支级数不宜超过三级。

建筑配电系统分为高压配电系统和低压配电系统两类,其配电形式相同。常用的配电形式主要有以下几种:

(1) 放射式

放射式配电是指从前级配电箱分出若干条线路，每条线路连接一个后级配电箱（或一台用电设备)。由于后级配电箱与前级配电箱连接的线路是相互独立的，故后级配电箱之间互不影响。放射式配电具有供电可靠，所需线路多，不易更改等特点，适用于用电负荷容量大且集中，线路较短的场所。如图 1-3 所示。

(2) 树干式

树干式配电是指从前级配电箱引出一条主干线路,在主干线路的不同地方,分出支路,连接到后级配电箱或用电设备。树干式配电具有线路简单灵活,但干线发生故障时影响面较大等特点,适用于负荷较分散且单个负荷容量不大、线路较长的场所。如图 1-4 所示。

(3) 混合式

实际的建筑供配电系统，多为放射式和树干式的综合应用，称之为混合式。如图 1-5 所示。

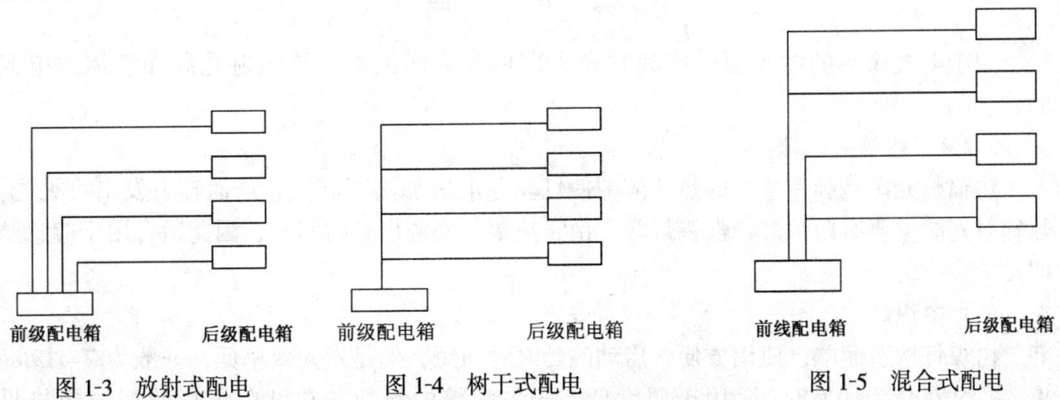


图 1-3　放射式配电　　图 1-4　树干式配电　　图 1-5　混合式配电

一般情况下，动力负荷因容量较大，其配电线路多采用放射式，而照明负荷的配电线路多用树干式或混合式。实际工程中确定配电方式时，应按照供电可靠、用电安全、配电层次分明、线路简洁、便于维护、工程造价合理等原则进行。

# 课题2 建筑电气照明系统基础知识

人类的生活离不开光。光辐射引起人的视觉，才能看清周围的世界，当光的亮度不同时，人的视觉能力也不同。电气照明是通过电光源把电能转换为光能，在夜间或自然采光不足的情况下提供明亮的视觉环境，以满足人们工作、学习和生活的需要。合理的电气照明，对于保护视力、减少生产事故、提高工作效率等都极为重要，同时电气照明还能装饰建筑物、美化环境。

## 2.1 电气照明的基本概念

(1) 光通量

光源在单位时间内向周围空间辐射的能使人眼产生光感的能量，称为光通量。光通量的符号为 $\Phi$，单位为流明（lm）。

(2) 发光强度

光源在某一特定方向上单位立体角内（每球面角）辐射的光通量，称为光源在该方向上的发光强度。发光强度的符号为 $I_\theta$，单位为坎德拉（cd）。

(3) 亮度

物体被光源照射后，将照射来的光线一部分吸收，其余反射或透射出去。若反射或透射的光在眼睛视网膜上产生一定照度时，才可以形成人们对该物体的视觉。被照射物体在视线方向单位投影面上所发出的光强称为亮度。亮度的符号为 $L$，单位为坎德拉每平方米（$cd/m^2$）。

(4) 照度

被照物体单位面积上所接受的光通量，称为照度。照度的符号为 $E$，单位为勒克斯（lx）。

## 2.2 电 光 源

用于电气照明的电光源，按其发光机理可分为两大类：热辐射光源和气体放电光源。

### 2.2.1 热辐射光源

热辐射光源是利用电流的热效应，使灯丝通电后加热至高温，从而辐射发出可见光。热辐射光源主要有白炽灯、卤钨灯等。由于热辐射光源启动时间短，因此适合用于应急照明。

(1) 白炽灯

白炽灯构造简单，使用方便，启动的延时时间短，但是发光效率低，一般为 7～19lm/W，平均寿命为 1000h，适用于照度低，开关频繁的场所。常见白炽灯的型号规格见表 1-2。

白炽灯泡的型号与规格　　表 1-2

| 名　称 | 额定电压（V） | 额定功率（W） | 光通量（lm） | 平均寿命（h） |
|---|---|---|---|---|
| 梨形普泡 | 220 | 15 | 110 | 1000 |
| | | 25 | 220 | |
| | | 40 | 415 | |
| | | 60 | 715 | |
| | | 100 | 1350 | |
| | | 150 | 2090 | |
| | | 200 | 2920 | |
| | | 300 | 4610 | |
| | | 500 | 8300 | |
| | | 1000 | 18600 | |
| 烛　泡 | | 25 | 215 | |
| | | 40 | 410 | |
| | | 60 | 670 | |
| | | 100 | 1200 | |
| 蘑菇泡 | | 25 | 190 | |
| | | 40 | 365 | |
| | | 60 | 620 | |
| | | 100 | 1165 | |
| 球　泡 | | 25 | 215 | |
| | | 40 | 405 | |
| | | 60 | 650 | |

（2）卤钨灯

卤钨灯是白炽灯的一种，是在灯泡内充入惰性气体和少量的卤化物（碘化物或溴化物）而形成的。卤钨灯寿命比白炽灯长，光通量及发光效率比白炽灯高。

2.2.2　气体放电光源

气体放电光源是利用气体放电发光原理所制作的光源。常用的气体放电光源有荧光灯、高压汞灯、高压钠灯、金属卤化物灯和氙灯等。

（1）荧光灯

荧光灯是靠汞蒸汽放电时发出紫外线激发管内壁的荧光粉而发光的。荧光灯发出的光色接近日光色，有时又称为日光灯。荧光灯的发光效率一般为 65～78lm/W。平均寿命比白炽灯大两倍。但是由于荧光灯启动有一定的延迟，因此不宜用作应急照明。荧光灯的型号规格见表 1-3。

**直管荧光灯型号及规格** **表 1-3**

| 型号 | 额定功率（W） | 电源电压（V） | 工作电压（V） | 工作电流（mA） | 启动电压（V） | 启动电流（mA） | 光通量（lm） | 平均寿命（h） | 主要尺寸（mm） | | | 灯头型号 |
|---|---|---|---|---|---|---|---|---|---|---|---|---|
| | | | | | | | | | 直径 | 管长 | 全长 | |
| YZ15 | 15 | 220 | 52 | 320 | 190 | 440 | 580 | 3000 | 38 | 436 | 451 | 2RC-35 |
| YZ20 | 20 | 220 | 60 | 350 | 190 | 460 | 970 | 3000 | 38 | 589 | 604 | 2RC-35 |
| YZ30 | 30 | 220 | 95 | 350 | 190 | 560 | 1550 | 3000 | 38 | 894 | 909 | 2RC-35 |
| YZ40 | 40 | 220 | 108 | 410 | 190 | 650 | 2400 | 3000 | 38 | 1200 | 1215 | 2RC-35 |
| YZ100 | 100 | 220 | 87 | 1500 | 190 | 1800 | 5500 | 2000 | 38 | 1200 | 1215 | 2RC-35 |

（2）高压汞灯

高压汞灯又称高压水银灯，靠高压汞蒸汽放电而发光。高压汞灯灯管内的气体在工作状态下压力可为1～5个大气压。高压汞灯的发光效率为40～60lm/W，寿命比荧光灯长，广泛应用于广场、码头、车站、街道、车间等大面积照明。

（3）高压钠灯

高压钠灯是利用高压钠蒸气放电而发光的光源。高压钠灯发出金白色光，光通量大，发光效率高，寿命长，启动时间长。由于高压钠灯从启动至光通量输出为80%时约需4min，不能用作事故照明。

（4）低压钠灯

低压钠灯利用低压钠蒸汽放电而发光。低压钠灯光色偏黄，发光效率高，可超过150lm/W，但是显色性差，适于对显色性要求不高的场所。

（5）金属卤化物灯

金属卤化物灯又称金属卤素灯。它是在荧光高压汞灯的基础上，为改善光色而发展起来的一种新型光源。它具有光色好（接近自然光）、发光效率高（可达70lm/W）的特点，广泛用于显色性要求较高的场所。

（6）氙灯

氙灯是一种弧光灯，由透明石英玻璃做成。它的寿命较长、功率大、光色好、体积小，发光效率达22～50lm/W。

## 2.3 灯　　具

灯具又称为照明器，是把电光源和灯罩结合在一起构成的整体。灯具除了用来固定电光源外，还用来把电光源的光通量进行重新分配，以便合理利用电光源的光通量，避免产生眩光。另外，形状各异的灯具还起到装饰美化环境的作用。

按照灯具安装方式的不同，灯具可分为吊灯、吸顶灯、壁灯、嵌入式灯具、庭院灯和道路灯等几类。各类灯具的型号一般由生产厂家编定。

## 2.4 照明方式

由于建筑物的功能和要求不同，对照度和照明方式的要求也不相同。照明方式可分为：一般照明、分区照明、局部照明和混合照明等几种。

（1）一般照明

一般照明是指为照亮整个场所而设置的均匀照明方式。适用于办公室、体育馆和教室等场所。

（2）分区照明

分区照明是指对某一特定区域采用不同照度进行照明的方式。

（3）局部照明

局部照明是为某个有特别视觉要求的局部而设置的照明。局部照明方法能有效地突出被照明的对象。

（4）混合照明

混合照明是由一般照明和局部照明结合起来的照明方式。这种照明方式适用于对工作位置有较高照度要求并对光线照射方向有特殊要求的场合。

## 2.5 灯具开关

灯具开关用来控制灯具的通和断。灯具开关的种类较多，按使用方式的不同可分为拉线开关和跷板式开关两种；按外壳防护型式可分为普通型、防水防尘型、防爆型等；按控制数量可分为单联、双联、三联等；按控制方式可分为单控、双控、三控等。

除了用于控制灯具通、断的开关以外，还有用于灯具调光的调光开关，用于风扇的调速开关等。常用开关的种类及外形如图 1-6 所示。

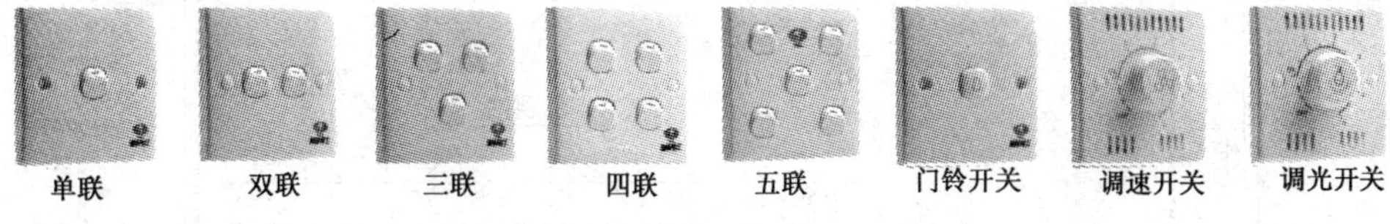


图 1-6　常用开关的种类

## 2.6 插　　座

插座主要用来插接移动式的电器装置。插座的种类较多，按电源相数可分为单相插座和三相插座；按安装方式可分为明装插座和暗装插座；按外壳防护型式可分为普通插座、防水防尘插座、防爆插座等；按插接极数可分为单相二极插座、单相三极插座、单相二三极插座等；此外，还有带开关二、三极插座、带开关三极插座等。

常用插座的外形如图 1-7 所示。

图 1-7　常用的插座

# 课题3　建筑电气工程施工图

电气施工图是用图形符号、带注释的图框、简化的外形等表示的系统或设备中各部分之间相互关系及其连接关系的一种简图。电气施工图的绘制有一定的标准，看懂并理解电气施工图的内容是电气施工的首要工作。

## 3.1　图纸的组成

### 3.1.1　图纸的格式

一张图纸由边框线、图框线、标题栏、会签栏等部分组成，如图1-8所示。由边框线所围成的图面大小称为幅面。图纸的幅面尺寸分为五类：A0～A4，具体尺寸见表1-4。

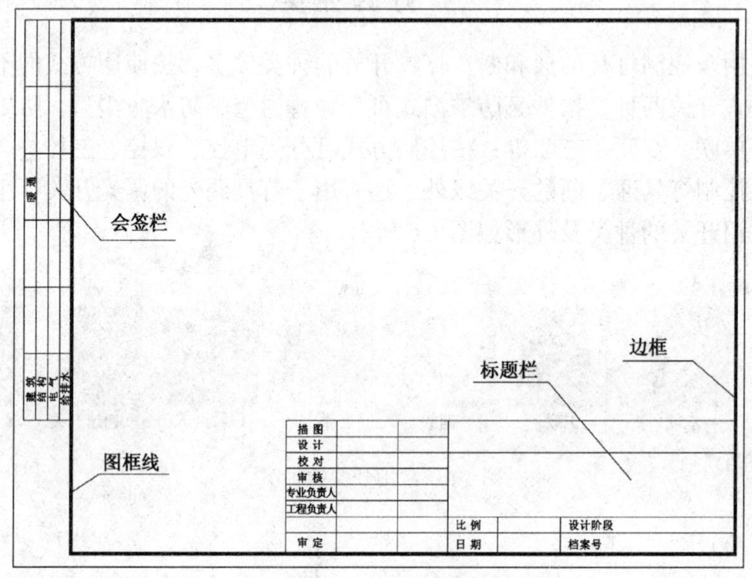


图1-8　图纸的组成

图纸的幅面尺寸　　表1-4

| 标准图幅（横式） | A0 | A1 | A2 | A3 | A4 |
|---|---|---|---|---|---|
| 尺寸（长×宽）(mm×mm) | 1189×841 | 841×594 | 594×420 | 420×297 | 297×210 |
| 图框线边距（mm） | 10 | 10 | 10 | 5 | 5 |

### 3.1.2　标题栏

标题栏又称为图标栏，是用来确定图纸的名称、图号、张次、更改和有关人员签署等内容的栏目。它的位置一般在图纸的右下方。目前，我国对标题栏的格式没有统一规定，不同的设计单位有不同的样式。标题栏一般包括设计单位、工程名称、图名、图别、图号等栏目。如图 1-9 所示。

<table>
<tr><td>描　图</td><td></td><td></td><td colspan="4" rowspan="2">设计单位</td></tr>
<tr><td>设　计</td><td></td><td></td></tr>
<tr><td>校　对</td><td></td><td></td><td colspan="4" rowspan="4">图纸名称</td></tr>
<tr><td>审　核</td><td></td><td></td></tr>
<tr><td>专业责任人</td><td></td><td></td></tr>
<tr><td>工程责任人</td><td></td><td></td></tr>
<tr><td></td><td></td><td></td><td>比例</td><td></td><td>设计阶段</td><td></td></tr>
<tr><td>审定</td><td></td><td></td><td>日期</td><td></td><td>档案号</td><td></td></tr>
</table>

图 1-9　标题栏格式

3.1.3　图线

绘制电气图所用的各种线条称为图线，不同形式的图线代表不同的含义。常用的图线见表 1-5。

**图线形式及应用**　　**表 1-5**

| 图线名称 | 图线形式 | 图线应用 | 图线名称 | 图线形式 | 图线应用 |
|---|---|---|---|---|---|
| 粗实线 | ———— | 电气线路，一次线路 | 点划线 | —·—·—·— | 控制线，信号线，围框线 |
| 细实线 | ———— | 二次线路，一般线路 | 双点划线 | —··—··— | 辅助围框线，36V 以下线路 |
| 虚　线 | --------- | 屏蔽线，机械连线 | | | |

3.1.4　字体

图面上标注的汉字、字母和数字是图的重要组成部分，因此图中的字体必须符合标准。一般来说，汉字用仿宋体，字母、数字用直体，图面上字体的大小，应该参照图纸的大小确定。

3.1.5　方位

电气平面图一般按上北下南、左西右东来表示建筑物的位置和朝向。也可以用指北针来表示朝向，如图 1-10 所示。

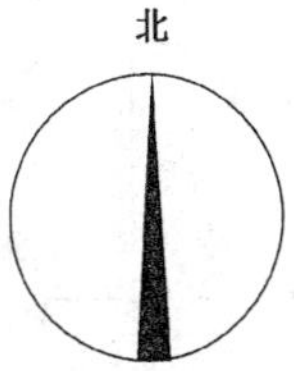

北

图 1-10　指北针样式

3.1.6　轴线

电气图通常是在建筑平面图上完成的。在建筑图中，通过绘制轴线来定位。轴线的标号顺序为：水平方向采用阿拉伯数字，由左向右顺序编号；垂直方向采用拉丁字母（其中 I、O、Z 不用），由下往上顺序编号。

3.1.7　详图

为了详细表明设备中某些零部件、连接点等的结构、做法、安装工艺要求，将某个部分放大，详细表示，称为详图。

## 3.2　电气图形符号

电气工程的设备、元件、装置结构很多，电气图中，使用简单的图形符号来表示各种电气设备、元件、装置等。

3.2.1 导线图例

导线的图形符号及标注方法如表1-6。

**导线的标注方式** **表1-6**

| 序 号 | 图形符号 | 说 明 |
|---|---|---|
| 1 | | 导线、导线组、电线、电缆、电路、传输通路（如微波技术）、线路、母线（总线）一般符号<br>注：当用单线表示一组导线时，若需示出导线数可加小短斜线或画一条短斜线加数字表示 |
| 2 | | 示例：三根导线的标注方法 |
| 3 | 3 | |

3.2.2 照明器具图例

常用灯具、开关、插座的图形符号见表1-7。

**常用照明器具的图形符号** **表1-7**

| 序 号 | 图 例 | 说 明 | 序 号 | 图 例 | 说 明 |
|---|---|---|---|---|---|
| 1 | | 二极单相插座 | 15 | | 密闭（防水） |
| 2 | | 二极单相插座暗装 | 16 | | 防 爆 |
| 3 | | 二极单相密闭（防水） | 17 | | 双极明装开关 |
| 4 | | 二极单相防爆 | 18 | | 双极暗装开关 |
| 5 | | 带保护接点插座，带接地插孔的单相插座 | 19 | | 密闭（防水） |
| 6 | | 三极单相插座暗装 | 20 | | 防 爆 |
| 7 | | 三极单相密闭（防水） | 21 | | 三极明装开关 |
| 8 | | 三极单相防爆 | 22 | | 三极暗装开关 |
| 9 | | 单相二三极插座暗装 | 23 | | 密闭（防水） |
| 10 | | 单相二三极插座 | 24 | | 防 爆 |
| 11 | | 插座箱（板） | 25 | | 单极拉线开关 |
| 12 | | 开关一般符号 | 26 | | 单极双控拉线开关 |
| 13 | | 单极明装开关 | 27 | | 双控开关（单极三线） |
| 14 | | 单极暗装开关 | 28 | | 风扇调速开关 |

续表

| 序号 | 图例 | 说明 | 序号 | 图例 | 说明 |
|---|---|---|---|---|---|
| 29 | | 荧光灯一般符号 | 35 | | 深照型灯 |
| 30 | | 三管荧光灯 | 36 | | 广照型灯（配照型灯） |
| 31 | 5 | 五管荧光灯 | 37 | | 防水防尘灯 |
| 32 | | 防爆荧光灯 | 38 | | 球形灯 |
| 33 | | 在专用电路上的事故照明灯 | 39 | | 顶棚灯 |
| 34 | | 自带电源的事故照明灯装置（应急灯） | 40 | | 花灯 |

### 3.2.3 开关、控制和保护装置图例

开关、控制和保护装置包括触点、开关、开关装置、控制装置、启动器、继电器、接触器和保护器件等，其图形符号见表1-8。

**常用开关、控制和保护装置图形符号** **表1-8**

| 序号 | 图例 | 说明 | 序号 | 图例 | 说明 |
|---|---|---|---|---|---|
| 1 | | 变压器一般符号 | 8 | | 熔断器 |
| 2 | | 三相角-星电力变压器 | 9 | | 避雷器 |
| 3 | | 接触器 | 10 | | 电流互感器 |
| 4 | | 断路器 | 11 | | 电压互感器 |
| 5 | | 带漏电保护的断路器 | 12 | Wh | 有功电度表 |
| 6 | | 隔离开关 | 13 | Varh | 无功电度表 |
| 7 | | 负荷开关 | 14 | | 信号灯 |

### 3.2.4 电力和照明配电装置

电力和照明配电装置包括发电站、变配电所、电力配电配电箱、照明配电箱等，见表1-9。

**电力和照明配电装置图形符号** **表 1-9**

| 序号 | 图例 | 说明 | 序号 | 图例 | 说明 |
|---|---|---|---|---|---|
| 1 | | 屏、台、箱、柜一般符号 | 7 | | 直流配电盘（屏） |
| 2 | | 动力或动力照明配电箱 | 8 | | 交流配电盘（屏） |
| 3 | | 信号板、信号箱（屏） | 9 | | 阀的一般符号 |
| 4 | | 照明配电箱（屏） | 10 | | 电磁阀 |
| 5 | | 多种电源配电箱（屏） | 11 | | 电动阀 |
| 6 | | 事故照明配电箱（屏） | | | |

## 3.3 电气文字符号

电气工程中有很多电器装置，如配电箱、导线、电缆、灯具、开关、插座等，在电气施工图中用规定的符号画出后，还要用文字符号在其旁边进行标注，以表明电器装置的技术参数。

### 3.3.1 配电箱的编号

配电箱的编号方法没有明确的规定，设计者可根据自己的习惯给配电箱编号。下面介绍一种常用的编号方法。

在建筑供配电与照明系统施工图中，照明总配电箱使用编号 AL0（或 M），照明层配电箱使用编号 ALn（n 为层数，如一层为 AL1），照明分配电箱（房间内配电箱）使用编号 ALm-n（m 为房间所在层数，n 为房间的编号，如 201 为 AL2-1）。动力配电箱使用编号 APn（n 为动力设备的编号）。

配电箱的编号应标注在平面图和系统图中相应的配电箱旁边，同一配电箱在平面图和系统图中的编号应一致。如图 1-11 所示。

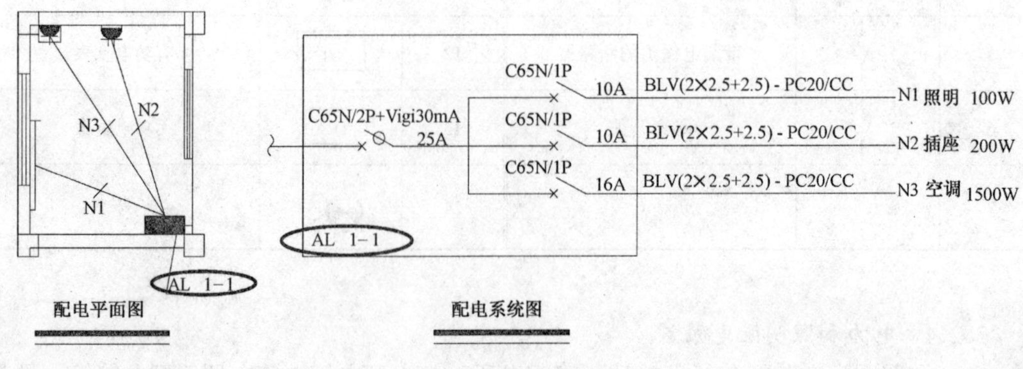


图 1-11 配电箱编号

### 3.3.2 线路的标注

在平面图和系统图中所画的线路，应用文字标注表明线路所用导线的型号、规格、根数以及线路的敷设方式和敷设部位等。

(1) 常用导线的型号

常用的导线有两种：铜芯绝缘导线和铝芯绝缘导线，分别用 BV 和 BLV 表示。具有阻燃作用的铝芯导线，表示为 ZR-BLV，具有耐火作用的铜芯导线表示为 NH-BV。

(2) 线路敷设方式

线路敷设方式可分为两大类：明敷和暗敷。明敷有夹板敷设、瓷瓶敷设、铝卡丁敷设、塑料线槽敷设等；暗敷有线管敷设等。各种线路敷设方式的文字代号见表 1-10。

**线路敷设方式代号** **表 1-10**

| 序　号 | 名　称 | 代　号 | 序　号 | 名　称 | 代　号 |
|---|---|---|---|---|---|
| 1 | 明　敷 | E | 7 | 钢索敷设 | M |
| 2 | 暗　敷 | C | 8 | 电线管敷设 | T |
| 3 | 铝线卡敷设 | AL | 9 | 塑料管敷设 | PC 或 P |
| 4 | 电缆桥架敷设 | CT | 10 | 金属线槽敷设 | MR |
| 5 | 金属软管敷设 | F | 11 | 塑料线槽敷设 | PR |
| 6 | 瓷夹敷设 | K | 12 | 钢管敷设 | SC |

(3) 线路敷设部位

表达线路敷设部位的文字符号见表 1-11。

**线路敷设部位文字符号** **表 1-11**

| 序　号 | 名　称 | 符　号 | 序　号 | 名　称 | 符　号 |
|---|---|---|---|---|---|
| 1 | 梁 | B | 5 | 构　架 | R |
| 2 | 顶　棚 | C | 6 | 吊　顶 | SC |
| 3 | 柱 | CL | 7 | 墙 | W |
| 4 | 地板、地面 | F | | | |

(4) 线路敷设标注格式

平面图中的导线，如果走向和敷设位置相同，无论导线的根数有多少，均用单线条表示，导线根数用短斜线加数字进行标注。如图 1-12 所示。

系统图中线路的编号、导线型号、规格、根数、敷设方式、管径、敷设部位等内容，在系统图中按下面的格式进行标注：

$$a - b - c \times d - e - f \tag{1-1}$$

式中　$a$——线路编号或回路编号；

$b$——导线型号；

$c$——导线根数；

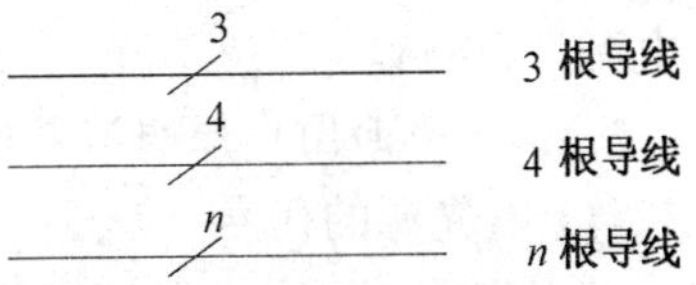

图 1-12　导线根数表示方法

$d$——导线截面，$mm^2$，不同截面应分别标注；

$e$——敷设方式和穿管管径，mm，参见表 1-10；

$f$——敷设部位，参见表 1-11。

例如某系统图中，导线标注如下：

BLV（2×2.5+2.5）-PC20/CC N1 照明 100W

BLV（2×2.5+2.5）-PC20/CC N2 插座 200W

BLV（2×2.5+2.5）-PC20/CC N3 空调 1500W

“BLV（2×2.5+2.5）-PC20/CC” 表示采用铝芯导线（BLV），3 根导线，截面为 $2.5mm^2$：其中 1 根相线、1 根中线、1 根接地线，穿塑料管（PC），管径 20mm，沿顶棚暗敷。

“N1、N2、N3” 表示回路编号。

“照明、插座、空调” 表示该回路所供电的负荷类型。

“100W、200W、1500W” 表示回路的负荷大小。

3.3.3 系统图中配电装置的标注

(1) 断路器的标注方法

断路器的标注格式为：

$$a/b,\ i \tag{1-2}$$

式中 $a$——断路器的型号；

b——断路器的极数；

$i$——断路器中脱扣器的额定电流，A。

例如，系统图中某断路器标注为 “C65N/1P，10A”，表示该断路器型号为 C65N，单极，脱扣器的额定电流为 10A。

(2) 漏电保护器的标注方法

在建筑供配电系统中，漏电保护通常采用带漏电保护的断路器。在系统图中的标注格式为：

$$a/b+\mathrm{vigi}\ c,\ i \tag{1-3}$$

式中 $a$——断路器的型号；

$b$——断路器的极数；

vigi——表示断路器带有漏电保护单元；

$c$——漏电保护单元的漏电动作电流，mA，装在支线为 30mA，干线或进户线为 300mA；

$i$——断路器中脱扣器的额定电流，A。

例如，系统图中某断路器标注为 “C65N/2P+vigi30mA，25A”，表示该断路器型号为 C65N，2 极，可同时切断相线和中线，脱扣器的额定电流为 25A，漏电保护单元的漏电动作电流为 30mA。

3.3.4 平面图中照明器具的标注

(1) 电光源的代号

常用的电光源有白炽灯、荧光灯、碘钨灯等，各种电光源的文字代号见表 1-12。

**常用电光源的代号** **表 1-12**

| 序号 | 电光源种类 | 代号 | 序号 | 电光源种类 | 代号 |
|---|---|---|---|---|---|
| 1 | 白炽灯 | LN | 6 | 氙　灯 | Xe |
| 2 | 荧光灯 | FL | 7 | 氖　灯 | Ne |
| 3 | 碘钨灯 | I | 8 | 弧光灯 | Arc |
| 4 | 汞　灯 | Hg | 9 | 红外线灯 | IR |
| 5 | 钠　灯 | Na | 10 | 紫外线灯 | UV |

(2) 灯具的代号

常用灯具的代号见表 1-13。

**常 用 灯 具 的 代 号** **表 1-13**

| 序　号 | 灯具名称 | 代　号 | 序　号 | 灯具名称 | 代　号 |
|---|---|---|---|---|---|
| 1 | 普通吊灯 | P | 8 | 工厂一般灯具 | G |
| 2 | 壁　灯 | B | 9 | 隔爆灯 | G |
| 3 | 花　灯 | H | 10 | 荧光灯 | Y |
| 4 | 吸顶灯 | D | 11 | 防水防尘灯 | F |
| 5 | 柱　灯 | X | 12 | 搪瓷荧光灯 | S |
| 6 | 卤钨探照灯 | L | 13 | 无磨砂玻璃罩万能型灯 | Ww |
| 7 | 投光灯 | T | | | |

(3) 灯具安装方式的代号

常见灯具安装方式的代号见表 1-14。

**灯具安装方式的代号** **表 1-14**

| 序号 | 安装方式 | 代号 | 序号 | 安装方式 | 代号 |
|---|---|---|---|---|---|
| 1 | 线吊式 | CP | 7 | 嵌入式 | R |
| 2 | 链吊式 | CH | 8 | 吸顶嵌入式 | CR |
| 3 | 管吊式 | P | 9 | 墙壁嵌入式 | WR |
| 4 | 吸顶式 | S | 10 | 支架上安装 | SP |
| 5 | 壁装式 | W | 11 | 台上安装 | T |
| 6 | 座灯头 | HM | 12 | 柱上安装 | CL |

(4) 平面图中照明灯具的标注格式

平面图中不同种类的灯具应分别标注，标注格式为：

$$a-b\frac{c\times d\times L}{e}-f \tag{1-4}$$

式中　$a$——同类型灯具的数量；

$b$——灯具型号；

$c$——每个灯具内电光源的数目；

$d$——每个光源的电功率，W；

$e$——灯具安装高度，m，(相对于楼层地面)；

$f$——安装方式，参见表 1-14；

$L$——光源种类，参见表 1-12。

例如某灯具标注为 $8-\mathrm{Y}\dfrac{2\times40}{3.0}\mathrm{CH}$，各部分的意义为：

“8－Y”表示有 8 盏荧光灯（Y），“2×40”表示每个灯盘内有两支荧光灯管，每支荧光灯管的功率为 40W，“CH”表示安装方式为链吊式，“3.0”表示灯具安装高度为 3.0m。

## 3.4 建筑电气工程施工图的内容

建筑电气工程施工图是用来说明建筑电气工程的构成和功能，描述电气装置的工作原理，提供安装技术数据和使用维护依据。建筑电气工程的规模大小不同，其图纸的数量和种类也不相同。一般情况下，一套完整的建筑电气工程施工图主要包含以下内容：

(1) 图纸目录

图纸目录内容有序号、图纸名称、图纸编号、图纸张数等。

(2) 设计说明

设计说明主要阐述电气工程设计的依据、工程的要求和施工原则、建筑特点、电气安装标准、安装方法、工程等级、工艺要求及有关设计的补充说明等。

(3) 图例、设备材料明细表

图例即图形符号，通常只列出本套图纸中涉及到的图形符号及其所代表的意义。

设备材料明细表列出该项电气工程中所需要的设备和材料名称、型号、规格和数量，供设计概算和施工预算时参考。

(4) 电气系统图

电气系统图是表现电气工程的供电方式、电能输送、分配控制关系和设备运行情况的图纸。从电气系统图可看出电气工程的概况。电气系统图有变配电系统图、动力系统图、照明系统图、弱电系统图等。

(5) 电气平面图

电气平面图是表示电气设备、装置与线路平面布置的图纸，是进行电气安装的主要依据。电气平面图以建筑总平面图为依据，在图上绘出电气设备、电气装置及电气线路的安装位置、敷设方法等。常用的电气平面图有：变配电所平面图、动力平面图、照明平面图、防雷平面图、接地平面图、弱电平面图等。

(6) 设备布置图

设备布置图是表现各种电气设备和器件的平面与空间的位置、安装方式及其相互关系的图纸，通常由平面图、立面图、剖面图及各种构件详图等组成。设备布置图是按三视图原理绘制的。

(7) 安装接线图

安装接线图又称安装配线图，是用来表示电气设备、电气元件和线路的安装位置、配线方式、接线方法、配线场所特征等的图纸。

(8) 电气原理图

电气原理图是表现某一电气设备或系统的工作原理的图纸，它是按照各个部分的动作原理采用展开法来绘制的。通过分析电气原理可以清楚地看出整个系统的动作顺序。电气原理图可以用来指导电气设备和器件的安装、接线、调试、使用与维修。

(9) 详图

详图又称为大样图，是用来表现电气工程中设备的某一部分的具体安装要求和做法的图纸。

## 3.5 建筑电气工程施工图识读

### 3.5.1 10kV 变电所供配电系统图识读

如图 1-13 所示，为某建筑物 10kV 变电所的供配电系统图。从图中可以看出，该供配电系统由变压器、柴油发电机、低压配电柜等部分组成。

变压器采用型号为 SG10-800/10 的干式变压器，容量为 800kVA。10kV 电源用 3 根截面为 $70mm^2$ 的 YJV 型交联聚乙烯电力电缆引入。降压后的低压电源用截面为 60mm × 10mm 的铜母线引至低压配电室。

低压配电室装设有 6 台配电柜，均采用型号为 GCS 的可抽出式低压配电柜。编号为 02 的为电源进线柜，起总电源控制、电流监测和电能计量的作用；编号为 03 的为功率因数补偿柜；编号为 04 的为馈电柜，分出 WL0、WP1、WP2 等 3 条回路，分别给普通照明，空调系统和水泵供电，各回路均为 YJV 型低压电缆，芯线截面为 3 根 $150mm^2$ 和 2 根 $70mm^2$；编号为 05 的为联络柜，起到为重要负荷切换电源的作用；编号为 06 的为重要负荷馈电柜，分出 WLE 和 WF 等 2 条回路，分别给应急照明及其他消防负荷供电。

低压配电柜的电源进线来自两段母线，第 1 段母线为 5 根截面为 60mm × 10mm 的铜母线，连接 02、03、04 号配电柜。第 2 段母线为 5 根截面为 20mm × 3mm 的铜母线，连接 06 号配电柜。两段母线通过 05 号联络柜连接，柴油发电机的电源输出通过芯线截面为 3 根 $95mm^2$ 和 1 根 $50mm^2$ 的阻燃型 YJV 低压电缆接至联络柜的开关 $A$，第一段母线接至开关 $B$。市电正常时，开关 $A$ 断开，开关 $B$ 闭合，两段母线连通，重要负荷（06 号配电柜）由市电供电。当市电中断时，控制电路启动柴油发电机，并使开关 $B$ 断开，开关 $A$ 闭合，重要负荷由柴油发电机继续供电，第 1 段母线所接的普通负荷中止供电。

低压配电柜为成套型产品，柜中元件由厂家按图中主要电气元件的要求装配好。另外，从图中还可以看出各配电回路的计算容量、计算电流、配电柜外形尺寸等技术数据，作为施工的依据。

### 3.5.2 某学校教师休息室电气照明施工图识读

(1) 工程概况

该施工图为某学校教师休息室的电气照明施工图，休息室为框架式结构，共 2 层，每层各有 5 间休息室，带阳台和卫生间。另外在一层靠楼梯处有 1 个小间作为配电房，二层同一位置的作为套房。

(2) 配电系统图

配电系统图如图 1-14 所示，由总配电系统图可以看出该建筑的电源由校区低压配电

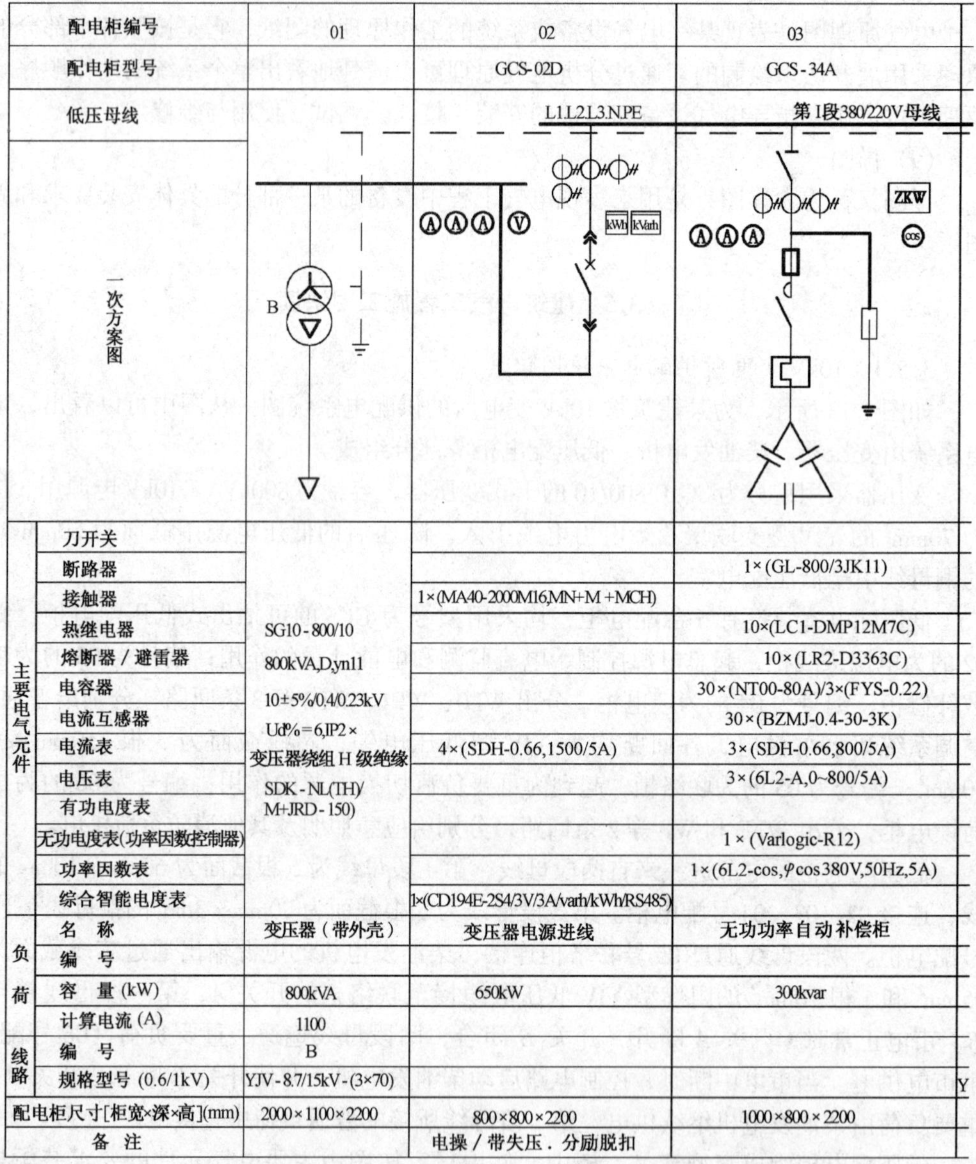

| 配电柜编号 | | 01 | 02 | 03 |
|---|---|---|---|---|
| 配电柜型号 | | | GCS-02D | GCS-34A |
| 低压母线 | | | L1.L2.L3.N.PE | 第Ⅰ段380/220V母线 |
| 一次方案图 | | B | kWh kVarh | ZKW cos |
| 主要电气元件 | 刀开关 | | | |
| | 断路器 | | | 1×(GL-800/3JK11) |
| | 接触器 | | 1×(MA40-2000M16,MN+M +MCH) | |
| | 热继电器 | SG10-800/10<br>800kVA,D,yn11<br>10±5%/0.4/0.23kV<br>Ud%=6,IP2×<br>变压器绕组H级绝缘<br>SDK-NL(TH)/<br>M+JRD-150) | | 10×(LC1-DMP12M7C) |
| | 熔断器／避雷器 | | | 10×(LR2-D3363C) |
| | 电容器 | | | 30×(NT00-80A)/3×(FYS-0.22) |
| | 电流互感器 | | | 30×(BZMJ-0.4-30-3K) |
| | 电流表 | | 4×(SDH-0.66,1500/5A) | 3×(SDH-0.66,800/5A) |
| | 电压表 | | | 3×(6L2-A,0~800/5A) |
| | 有功电度表 | | | |
| | 无功电度表(功率因数控制器) | | | 1×(Varlogic-R12) |
| | 功率因数表 | | | 1×(6L2-cos,φcos380V,50Hz,5A) |
| | 综合智能电度表 | | 1×(CD194E-2S4/3V/3A/varh/kWh/RS485) | |
| 负荷 | 名　称 | 变压器（带外壳） | 变压器电源进线 | 无功功率自动补偿柜 |
| | 编　号 | | | |
| | 容　量(kW) | 800kVA | 650kW | 300kvar |
| | 计算电流(A) | 1100 | | |
| 线路 | 编　号 | B | | |
| | 规格型号(0.6/1kV) | YJV-8.7/15kV-(3×70) | | |
| 配电柜尺寸[柜宽×深×高](mm) | | 2000×1100×2200 | 800×800×2200 | 1000×800×2200 |
| 备　注 | | | 电操／带失压．分励脱扣 | |

注：

1. 电源进线断路器间电气闭锁关系及配电断路器的非消防断电控制见该工程变电所供电系统原理接线图90008-施设-供电01。

2. 变压器柜内装除湿控制装置一套（SDK-NL(TH)/M+JRD-150）。

图1-13　10kV变电所

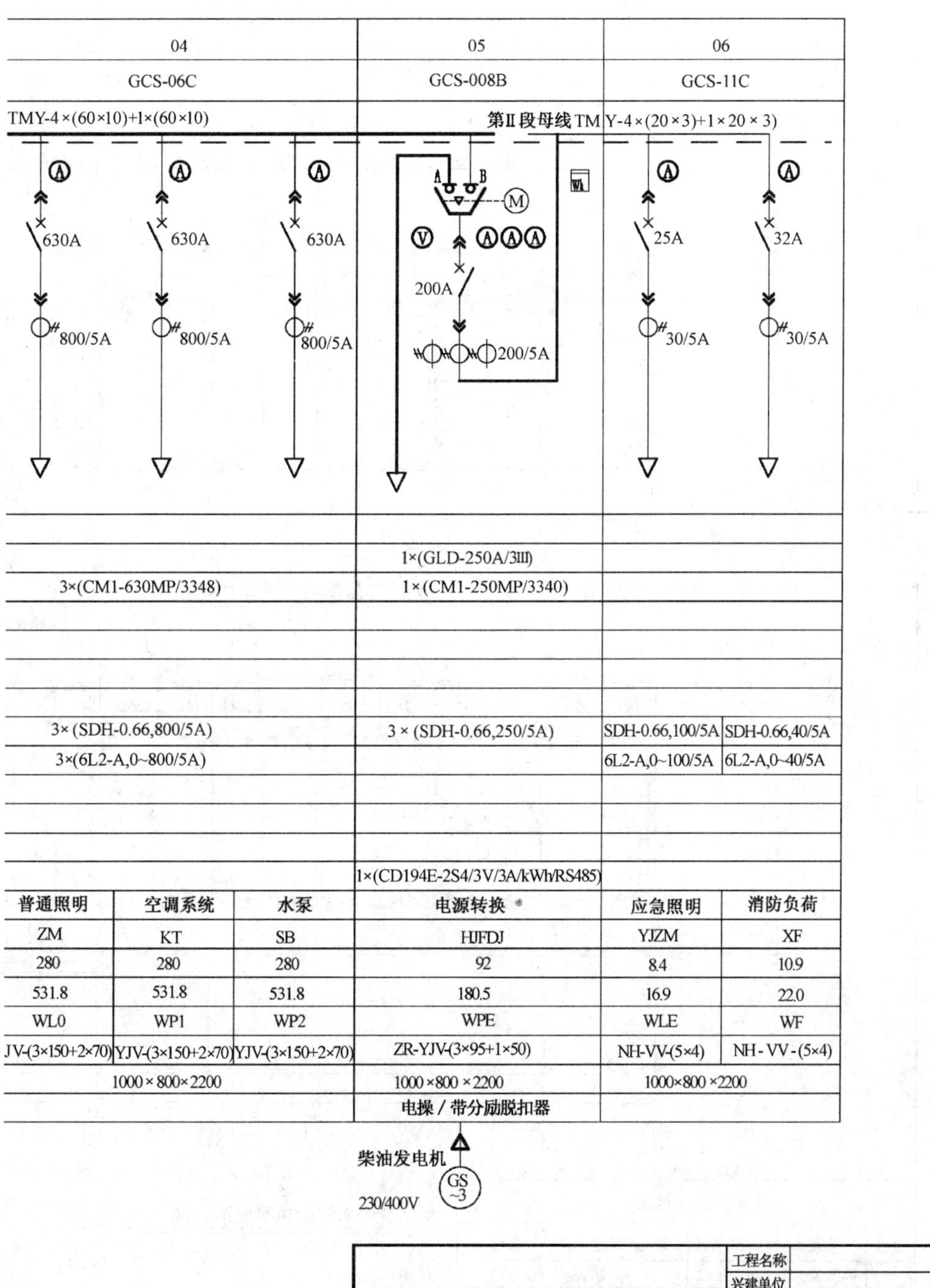


| 04 | | | 05 | 06 | |
|---|---|---|---|---|---|
| GCS-06C | | | GCS-008B | GCS-11C | |
| | | | 1×(GLD-250A/3III) | | |
| 3×(CM1-630MP/3348) | | | 1×(CM1-250MP/3340) | | |
| 3×(SDH-0.66,800/5A) | | | 3×(SDH-0.66,250/5A) | SDH-0.66,100/5A | SDH-0.66,40/5A |
| 3×(6L2-A,0~800/5A) | | | | 6L2-A,0~100/5A | 6L2-A,0~40/5A |
| | | | 1×(CD194E-2S4/3V/3A/kWh/RS485) | | |
| 普通照明 | 空调系统 | 水泵 | 电源转换 | 应急照明 | 消防负荷 |
| ZM | KT | SB | HJFDJ | YJZM | XF |
| 280 | 280 | 280 | 92 | 8.4 | 10.9 |
| 531.8 | 531.8 | 531.8 | 180.5 | 16.9 | 22.0 |
| WL0 | WP1 | WP2 | WPE | WLE | WF |
| JV-(3×150+2×70) | YJV-(3×150+2×70) | YJV-(3×150+2×70) | ZR-YJV-(3×95+1×50) | NH-VV-(5×4) | NH-VV-(5×4) |
| 1000×800×2200 | | | 1000×800×2200 | 1000×800×2200 | |
| | | | 电操/带分励脱扣器 | | |

| | | | | 工程名称 | | | |
|---|---|---|---|---|---|---|---|
| | | | | 兴建单位 | | | |
| 审定 | | 设计 | | 图纸内容 | 低压配电系统图 | 图别 | 电施 |
| 审核 | | 制图 | | | | 图号 | |
| 工种负责人 | | 校对 | | | | 日期 | |
| 项目总负责 | | 计算 | | | | 业务号 | |

供配电系统图

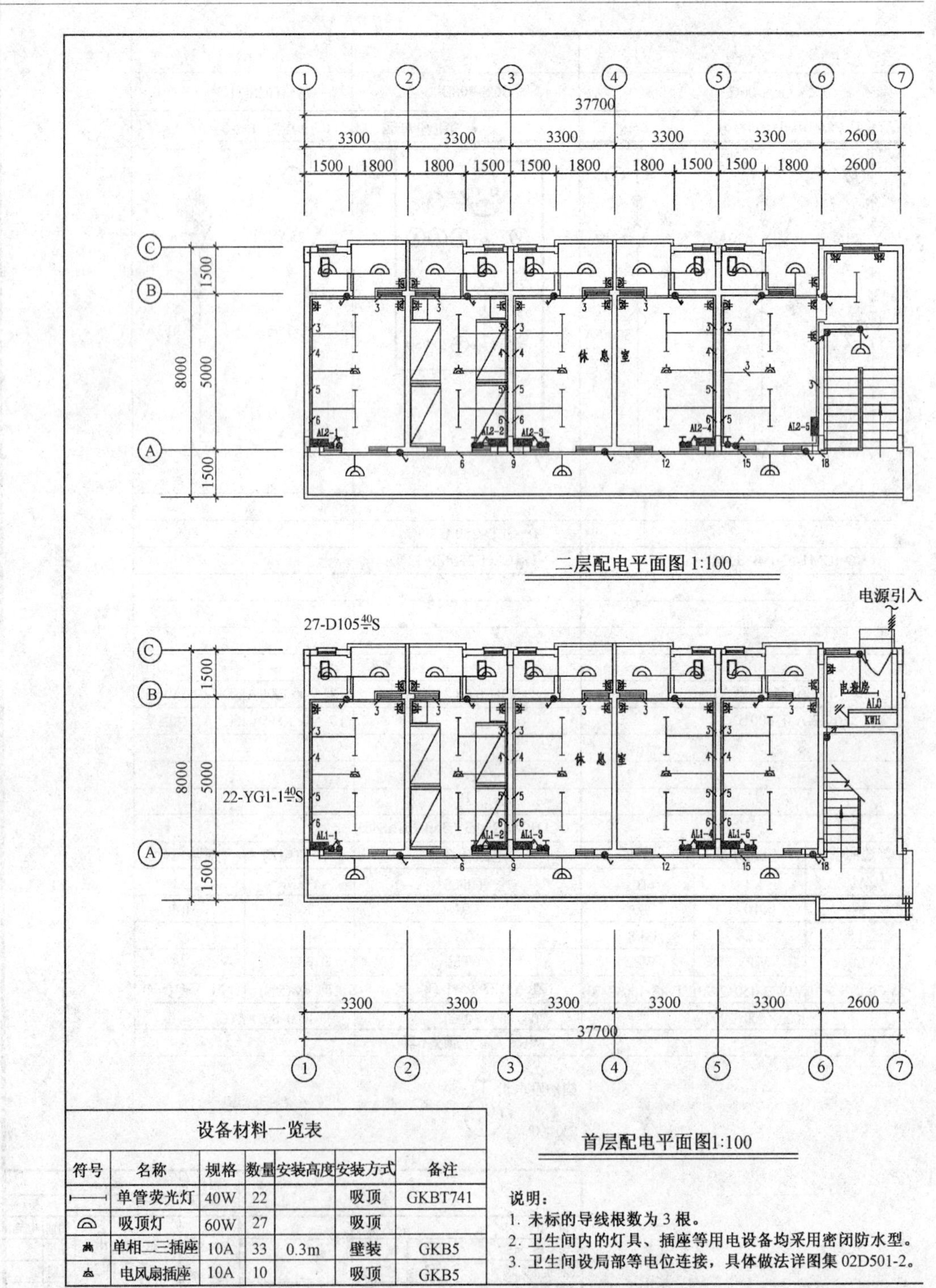


设备材料一览表

| 符号 | 名称 | 规格 | 数量 | 安装高度 | 安装方式 | 备注 |
|---|---|---|---|---|---|---|
| ⊢—⊣ | 单管荧光灯 | 40W | 22 | | 吸顶 | GKBT741 |
| ⌓ | 吸顶灯 | 60W | 27 | | 吸顶 | |
| | 单相二三插座 | 10A | 33 | 0.3m | 壁装 | GKB5 |
| | 电风扇插座 | 10A | 10 | | 吸顶 | GKB5 |

说明：

1. 未标的导线根数为3根。
2. 卫生间内的灯具、插座等用电设备均采用密闭防水型。
3. 卫生间设局部等电位连接，具体做法详图集02D501-2。

图 1-14　教师休息室供

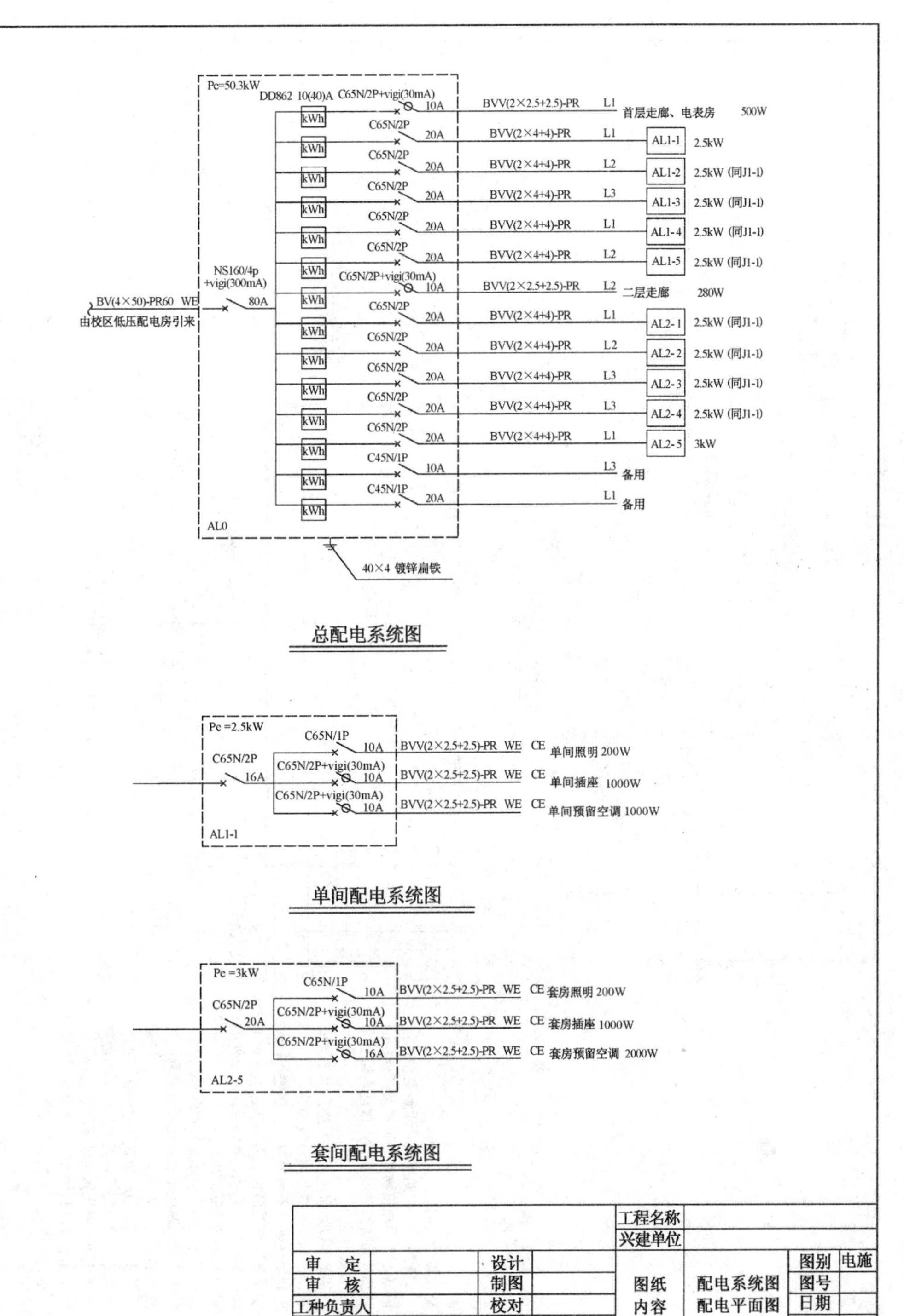
Pe=50.3kW
DD862 10(40)A
C65N/2P+vigi(30mA) 10A BVV(2×2.5+2.5)-PR L1 首层走廊、电表房 500W
C65N/2P 20A BVV(2×4+4)-PR L1 AL1-1 2.5kW
C65N/2P 20A BVV(2×4+4)-PR L2 AL1-2 2.5kW (同J1-1)
C65N/2P 20A BVV(2×4+4)-PR L3 AL1-3 2.5kW (同J1-1)
C65N/2P 20A BVV(2×4+4)-PR L1 AL1-4 2.5kW (同J1-1)
C65N/2P 20A BVV(2×4+4)-PR L2 AL1-5 2.5kW (同J1-1)
C65N/2P+vigi(30mA) 10A BVV(2×2.5+2.5)-PR L2 二层走廊 280W
C65N/2P 20A BVV(2×4+4)-PR L1 AL2-1 2.5kW (同J1-1)
C65N/2P 20A BVV(2×4+4)-PR L2 AL2-2 2.5kW (同J1-1)
C65N/2P 20A BVV(2×4+4)-PR L3 AL2-3 2.5kW (同J1-1)
C65N/2P 20A BVV(2×4+4)-PR L3 AL2-4 2.5kW (同J1-1)
C65N/2P 20A BVV(2×4+4)-PR L1 AL2-5 3kW
C45N/1P 10A L3 备用
C45N/1P 20A L1 备用
kWh
NS160/4p
+vigi(300mA)
80A
BV(4×50)-PR60 WE
由校区低压配电房引来
AL0
40×4 镀锌扁铁
总配电系统图
Pe =2.5kW
C65N/2P 16A
C65N/1P 10A BVV(2×2.5+2.5)-PR WE CE 单间照明 200W
C65N/2P+vigi(30mA) 10A BVV(2×2.5+2.5)-PR WE CE 单间插座 1000W
C65N/2P+vigi(30mA) 10A BVV(2×2.5+2.5)-PR WE CE 单间预留空调 1000W
AL1-1
单间配电系统图
Pe =3kW
C65N/2P 20A
C65N/1P 10A BVV(2×2.5+2.5)-PR WE CE 套房照明 200W
C65N/2P+vigi(30mA) 10A BVV(2×2.5+2.5)-PR WE CE 套房插座 1000W
C65N/2P+vigi(30mA) 16A BVV(2×2.5+2.5)-PR WE CE 套房预留空调 2000W
AL2-5
套间配电系统图
工程名称
兴建单位
审 定
审 核
工种负责人
项目总负责
设计
制图
校对
计算
图纸
内容
配电系统图
配电平面图
图别
电施
图号
日期
业务号

配电系统图及平面图

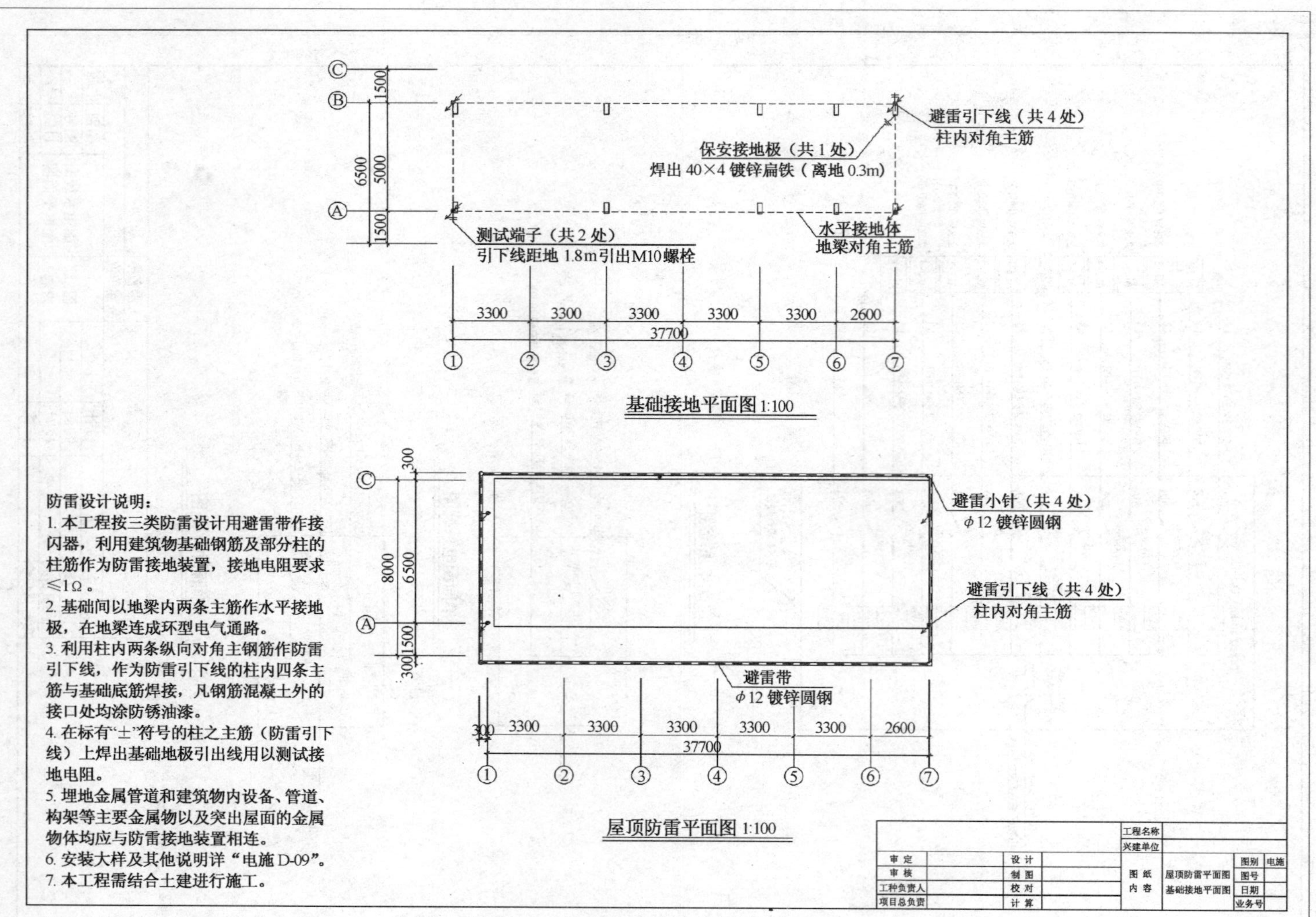


图 1-15 教师休息室防雷及接地平面图

室引来，电源电压为220/380V，三相四线制，总电源线路为4根$50mm^2$的BV型铜芯塑料绝缘导线，用宽度为60mm的塑料线槽沿墙明敷设至一层的电表房。

电表房中设有总配电箱AL0，AL0用40mm×4mm镀锌扁钢自制，中性线、总配电箱良好接地并引出PE线，作为插座的接地保护用。总配电箱AL0分出14条支路，每条支路装设有型号为DD862的单相电度表，电度表的额定电流为10A，最大电流为40A。走廊支路装设有型号为C65N的2极带漏电保护单元的漏电断路器，脱扣器额定电流为10A。一层和二层的房间共有10条支路，每条支路分别装设有型号为C65N的2极断路器，脱扣器额定电流为20A，用3根$4mm^2$的BVV型铜芯塑料绝缘导线通过塑料线槽敷设至各房间内的配电箱AL1-1～AL1-5和AL2-1～AL2-5。总配电箱另留出2路备用电源。L1、L2、L3分别为各支路的相序，所有支路均放入同一塑料线槽沿墙明敷设。

一层和二层的每个房间均装设小型配电箱AL1-1～AL1-5和AL2-1～AL2-5。每只配电箱分出3条支路，分别给该房间内的照明灯具、普通插座和空调插座供电。照明灯具支路装设有型号为C65N的单极断路器，脱扣器额定电流为10A，普通插座支路装设有型号为C65N的双极漏电断路器，脱扣器额定电流为10A，空调插座装设有型号为C65N的双极漏电断路器，脱扣器额定电流除了AL2-5为16A之外，其余房间均为10A。所有房间内的支线路均用3根$2.5mm^2$的BVV型铜芯塑料绝缘导线通过塑料线槽沿墙或顶棚明敷设。

（3）电气照明平面图

电气照明平面图如图1-14所示。从平面图中可看出，一层和二层共装设有22盏型号为YG1-1的40W的荧光灯，吸顶安装；27盏型号为D105的40W的圆形吸顶灯。另外每个房间内还装设了1个风扇插座、2个普通二、三极插座和一个空调插座。灯具、开关、插座及线路的平面位置见各层的平面图。

（4）防雷及接地平面图

防雷及接地平面图如图1-15所示。从屋顶防雷平面图中可以看出，屋顶4个角装设避雷小针，沿四周女儿墙敷设避雷带，避雷小针和避雷带均用$\phi12$镀锌圆钢制成。用4根柱内的对角主筋作为防雷引下线。从基础接地平面图可看出，在一层靠近电表房的柱子，距地面0.3m处用40mm×4mm镀锌扁钢从柱内接地主筋焊接引出，作为配电系统电气接地的连接点。另在电表房及左下角1号房间的柱子距地1.8m处，用M10螺栓从柱内接地主筋焊接引出，作为测试接地电阻的测试点。防雷及接地的其他要求见防雷设计说明。

## 单元小结

（1）电力系统由发电厂、电力网以及用电单位组成。我国电力系统的额定电压等级主要有：220V、380V、6kV、10kV、35kV、110kV、220kV、330kV、500kV等几种。其中220V、380V用于低压配电线路，6kV、10kV用于高压配电线路，而35kV以上的电压则用于输电网。

（2）建筑供配电系统主要由变电所、动力配电系统、照明配电系统组成。建筑供配电系统是否需设变电所，应从建筑物总用电容量、用电设备的特性、供电距离、供电线路的回路数、用电单位的远景规划、当地公共电网的现状和它的发展规划以及经济合理等因素综合考虑决定。

(3) 用电负荷按照供电可靠性及中断供电时在政治、经济上所造成的损失或影响程度，可分为一级负荷、二级负荷及三级负荷。一级负荷需采用两个以上的独立电源供电，二级负荷应采用两回路电源供电，三级负荷对供电无特殊要求。

(4) 电气照明是通过电光源把电能转换为光能，在夜间或自然采光不足的情况下提供明亮的视觉环境，以满足人们工作、学习和生活的需要。电气照明由照明配电系统、灯具、开关、插座及其他照明器具组成。

(5) 电气施工图是用特定的图形符号、线条等表示系统或设备中各部分之间相互关系及其连接关系的一种简图。电气施工图的绘制有一定的标准，看懂并理解电气施工图的内容是电气施工的首要工作。电气施工图一般包含图纸目录、设计说明、图例、设备材料表、电气系统图、电气平面图、设备布置图、电气原理图、大样图等内容。

## 思考题与习题

1. 什么叫电力系统？我国电力系统中的电压等级主要有哪些？各种不同电压等级的作用是什么？

2. 如何划分建筑用电负荷的等级？对不同等级的负荷供电时有什么要求？

3. 建筑供配电系统的配电形式主要有哪几种？各有什么特点？

4. 变电所主要由哪几部分组成？各部分的作用分别是什么？

5. 什么叫电气照明？

6. 常用的电光源有哪几种？各有什么特点？

7. 什么叫电气施工图？一套完整的电气施工图主要包含哪些内容？

8. 某配电线路标注为“BV（3×16+2×10）-SC25 WC”，说明该标注的意义是什么？

9. 某断路器标注“C45N/2P+vigi30mA，30A”，说明该标注的意义是什么？

10. 某照明平面图中，灯具标注为“18—YG2—1 $\frac{2\times40}{2.5}$CH”，说明该标注的意义是什么？

11. 仔细阅读教师给定的建筑供配电与照明系统施工图，讨论并叙述该施工图的工程内容。

# 单元2　10kV变电所工程

**知 识 点：** 本单元围绕10kV变电所工程的施工与验收过程，详细介绍了10kV变电所工程所包含的内容，10kV线路的安装及验收方法，母线的安装及验收方法，高、低压开关柜的安装及验收方法、变压器的安装及验收方法，柴油发电机的安装及验收方法等。介绍了10kV变电所内设备调试及验收方法。

**教学目标：** 掌握10kV变（配）电所的技术要求；了解常用变压器、高低压配电柜、架空线路、高压电缆等的型号、规格、用途及选型方法；掌握10kV变配电所内电气设备的安装、调试等施工过程及施工技术要求；掌握施工质量检查及验收方法。

## 课题1　10kV变电所的设置与结构

### 1.1　变电所选址的原则

6~10kV变电所或配电所的选址是否合理，直接影响建筑供配电系统的造价和运行。变配电所的选址应综合考虑以下原则：

（1）尽量接近负荷中心和大容量用电设备，以便减少电压损耗、电能损耗和有色金属的消耗量。

（2）应使进、出线方便，尽量接近电源侧。

（3）应尽量靠近道路，以使设备运输方便，并兼顾与其他设施的安全防火间距要求。

（4）应避开有剧烈震动或地势低洼有积水的场所，变电所室内相对地坪标高（±0.00）应高出室外雨期最高水位20~30cm以上。

（5）远离多尘和有腐蚀性气体的场所，当无法远离污源时，应将变电所设在污源的上风侧。

（6）室内变电所的正上方不允许有厕所、浴室及经常积水的设施。

（7）高层建筑地下层变配电所的位置，宜选在通风、散热条件较好的场所。

（8）应考虑变电所今后扩建的可能。

### 1.2　变电所的布置

变电所有户内式、户外式和组合式等几种，一般多采用户内式。户内式变电所通常由高压配电室、电力变压器室和低压配电室等三部分组成，有的还设有控制室、值班室，需要进行高压侧功率因数补偿时，还应设置高压电容器室。

#### 1.2.1　变电所内的布置要求

变电所内的布置应合理紧凑，便于值班人员操作、检修、试验和搬运，配电装置的安放位置应保证具有规定的最小允许通道宽度。具体布置要求如下：

（1）尽量采用自然采光和通风，电力变压器室和电容器室应避免阳光直晒，控制室和值班室应尽量朝南。

（2）应合理布置变电所内各室的相对位置，高压配电室与电容器室、低压配电室与电力变压器室应相互邻近，且便于进、出线，控制室、值班室（及辅助间）的位置应便于值班人员的工作管理。

（3）变电所内不允许采用可燃材料装修，不允许各种水管、热力管道和可燃气体管道从变电所内通过，变电所内不宜设置厕所和卫生间等。

（4）变电所内配电装置的设置应符合人身安全和防火要求，对于电气设备载流部分要采用金属网或金属栏杆隔离出一定的安全距离。

### 1.2.2 变电所的布置方案

变电所的布置方案应设计合理、因地制宜、符合规范要求，并经过技术经济论证比较后确定。常用的变电所布置方案见表 2-1。

**6～10kV 变配电所的布置参考方案** **表 2-1**

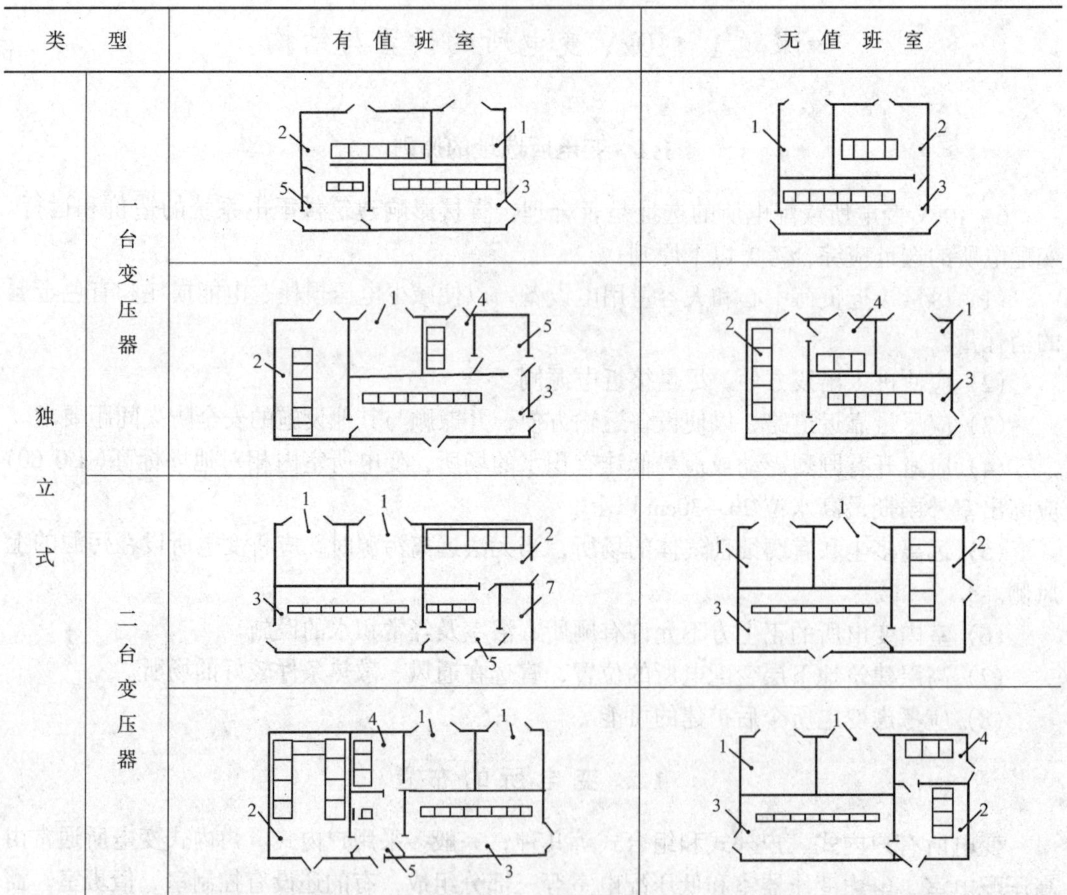

| 类型 | | 有值班室 | 无值班室 |
|---|---|---|---|
| 独立式 | 一台变压器 | | |
| | | | |
| | 二台变压器 | | |
| | | | |

注：1—变压器室；2—高压配电室；3—低压配电室；4—电容器室；5—控制室或值班室；6—辅助间。

（1）高压配电室

高压配电室在平面布置上应考虑进出线（尤其是架空进出线）的方便。该室主要用于装设高压配电设备，对高压配电室一般有如下要求：

1）高压配电室的长度超过 7m 时应设两个门，并应布置在配电室两端，其中搬运门宽 1.5m，高 2.5～2.8m，门为外推开启式。而变电所内各室之间如有门则应为双向推拉开启式。

2）高压开关柜的布置方式主要取决于其台数。布置高压开关柜时，应结合变电所与各用户间的相对位置，避免各高压柜的出线（尤其是高压架空出线）相互交叉。

3）高压开关柜台数较少时可采用单列布置，其操作通道宽度一般取 2m；当高压开关柜台数较多（6 台以上）时，则可采用双列布置，其操作通道宽度一般取 2.5m。高压配电室内各种通道最小宽度不得小于表 2-2 中规定的值。当电源从柜（屏）后进线且需在柜（屏）正背后墙上另设隔离开关及其手动操动机构时，柜（屏）后通道净宽不应小于 1.5m，当柜（屏）背面的防护等级为 IP2X 时，可减为 1.3m。

**高压配电室内各种通道最小宽度**（mm） **表 2-2**

| 开关柜布置方式 | 柜后维护通道 | 柜前操作通道 | |
|---|---|---|---|
| | | 固定式 | 手车式 |
| 单列布置 | 800 | 1500 | 单车长度 + 1200 |
| 双列面对面布置 | 800 | 2000 | 双车长度 + 900 |
| 双列背对背布置 | 1000 | 1500 | 单车长度 + 1200 |

注：1. 固定式开关柜为靠墙布置时，柜后与墙净距应大于 500mm，侧面与墙净距应大于 200mm。

2. 通道宽度在建筑物的墙面遇有柱类局部凸出时，凸出部位的通道宽度可减少 200mm。

4）高压开关柜有靠墙安装和离墙安装等两种安装方式。若变电所采用电缆出线，可采用靠墙安装方式，以减少配电室的建筑面积；若采用架空出线，则应采用离墙安装方式，开关柜与墙面距离应大于 0.6m，且单列或双列布置的开关柜的一侧应留出防爆间隔通道，宽度大于 1m，一般取 1.2m。另外，架空线的出线套管要求至室外地面的高度不小于 4m，出线悬挂点对地面的高度不小于 4.5m。高压配电室内的净高度一般为 4.2～4.5m，若双列布置并有高压母线桥时，室内净高度可取 4.6～5m。

5）根据出线回路数和负荷类型来确定采用架空出线或电缆出线。若出线回路不多时，可考虑采用架空出线，以节省工程费用；若出线回路数较多或为高压电动机供电的线路，宜采用电缆出线。室内电缆沟（以及室外电缆沟）底应有 0.5%以上的坡度，并设置集水井，以便排水。相邻高压开关柜下面的检修坑之间需用砖墙分隔。

采用架空线为高压电动机供电时，由架空线至电动机之间应接入 30～50m 的电缆段，且将电缆钢铠接地，以利于防雷。

6）供给一级负荷用电的高压配电装置，在母线分段处应装设防火墙板或设置有门洞的隔墙；此外，高压配电室的耐火等级应不低于二级，室内顶棚、墙壁应刷白色，地面水泥抹面处理。

(2) 变压器室

电力变压器室主要用于装设变压器，是变换电压等级的重要场所，其尺寸主要取决于变压器的容量、外形尺寸、进线方式和通风方式。变压器室内的各种距离应符合表 2-3 的规定。

变压器外廓与变压器室内墙壁及门的最小净距（m）　表 2-3

| 变压器容量 | 100～1000kVA | 1250～1600kVA |
|---|---|---|
| 油浸变压器外廓与后壁、侧壁净距 | 0.60 | 0.80 |
| 油浸变压器外廓与门净距 | 0.80 | 1.00 |
| 干式变压器带有 IP2X 及以上防护等级金属外壳与后壁、侧壁净距 | 0.60 | 0.80 |
| 干式变压器有金属网状遮拦与后壁、侧壁净距 | 0.60 | 0.80 |
| 干式变压器带有 IP2X 及以上防护等级金属外壳与门净距 | 0.80 | 1.00 |
| 干式变压器有金属网状遮拦与门净距 | 0.80 | 1.00 |

1）设置变压器室须考虑的条件：

A. 电源的进线方式（架空进线或电缆进线），在变压器室内高压侧是否装设进线开关及开关的类型（负荷开关或隔离开关）、安装要求等；

B. 电力变压器的结构型式，是油浸式还是干式，是敞开式还是封闭式；

C. 电力变压器的安装方式是室内地坪抬高式还是不抬高式，变压器是宽面推进还是窄面推进；

D. 电力变压器的容量和外形尺寸大小，以及夏季通风计算温度等。

2）变压器室的布置要求。对于油浸式变压器，其油量在 980kg 及以上时应安装在专设的变压器室内；对于干式变压器，为了改善其散热通风环境和运行安全，也宜安装在专设的变压器室内。对变压器室的基本布置要求如下：

A. 变压器的外廓与变压器室内墙壁、门的最小允许净距，应不小于表 2-3 的规定值。

B. 变压器室内高度与变压器的器身高度、进线方式和安装形式有关。根据通风条件的要求，变压器有在不抬高的地坪基础上安装和抬高的地坪基础上安装两种形式。当变压器在不抬高的地坪基础上安装时，变压器室门下部制成百叶洞为进风口，从门的上方或后壁的百叶孔洞出风，如图 2-1（*a*）所示，变压器室高度一般为 3.5～4.8m。当变压器在抬高的地坪基础上安装时，地坪基础须抬高 0.8～1.2m，变压器室的进风孔洞设在地坪基础的下方，大门上方的墙上预留百叶窗出风孔洞，如图 2-1（*b*）所示。也可在变压器室的上部设计成气楼式出风口，如图 2-1（*c*）所示，变压器室高度一般为 4.8～5.7m。

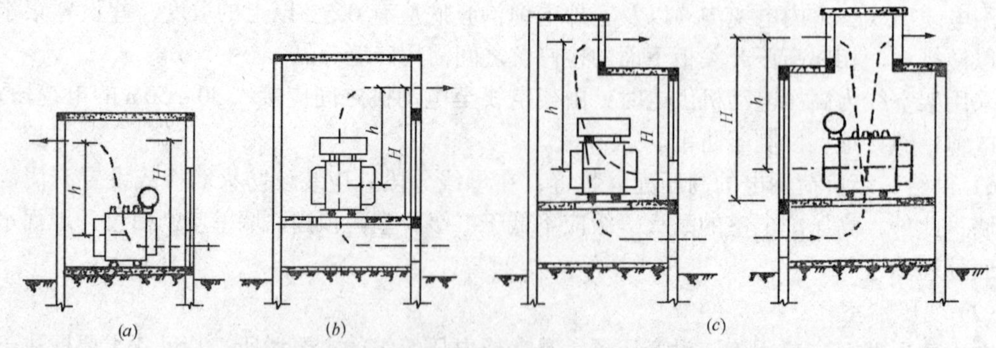


图 2-1　变压器的安装形式及其室内通风方式

（*a*）变压器在不抬高地坪基础上安装及门下进风、后墙（或门上）出风；

（*b*）变压器在抬高地坪基础上安装及地下进风、门上出风；

（*c*）变压器在抬高地坪基础上安装及地下或门下进风、气楼出风

C. 独立式或附设式变电所的变压器室，如单台变压器容量≤1250kVA，且油量在980kg以上时，可考虑设置能容纳20%油量的挡油设施，并有将事故油排至安全处的贮油设施。对于车间变电所的变压器室，则应考虑设置能容纳变压器全部油量的贮油设施。在下列场所的变压器室，必须考虑设置能容纳变压器全部油量的挡油设施或设置能将油排到安全处的贮油设施：

a. 位于容易沉积可燃粉尘、可燃纤维的场所；

b. 附近有易燃物大量堆积的露天场所；

c. 变压器室的下面有地下室或楼层。

3）变压器室的基础梁及预埋件。变压器室内安装变压器时需要设基础梁或基础墩，其强度计算应满足发展增容的要求，一般应按比设计容量加大一级的变压器总重量来考虑。

（3）低压配电室

低压配电室内的低压配电装置一般采用低压成套式配电屏，作为交流电压380V及以下电力系统的动力、照明配电和用电设备集中控制之用。目前我国生产的户内式低压配电屏有固定式和抽屉式两种，固定式有PGL型、GGL型、GGD型等交流低压配电屏，屏宽有400、600、800、1000mm等四种，屏深均为600mm，屏高均为2200mm。如图2-2所示为PGL型低压配电屏及其布置方案。

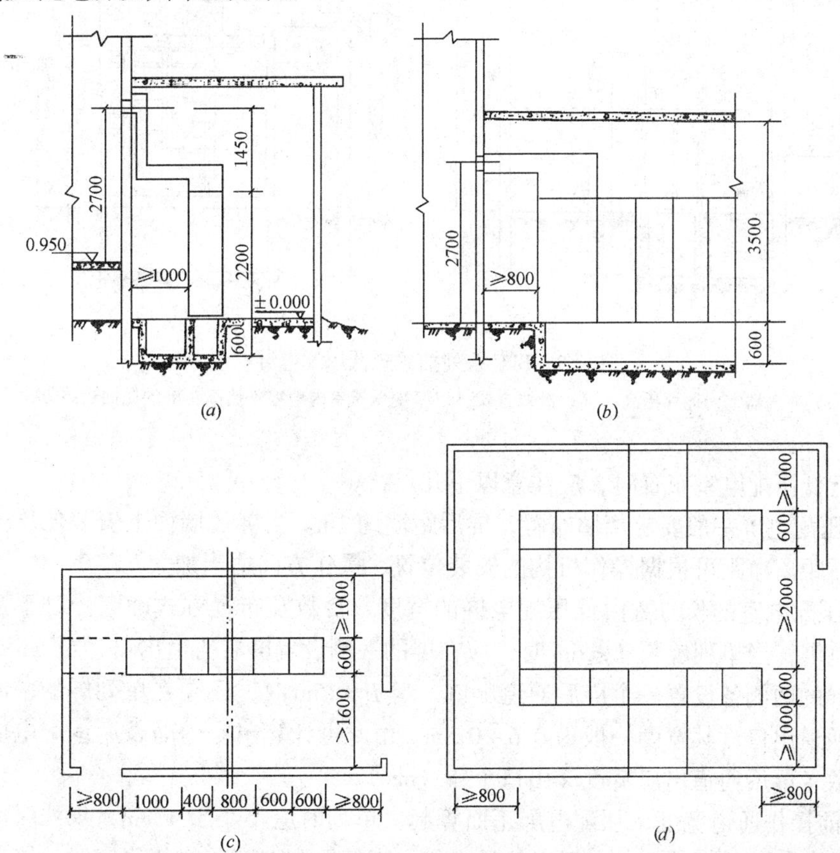


图2-2 PGL型低压配电屏布置方案（mm）

（a）变压器室地坪抬高、屏后进线方式；（b）变压器室地坪不抬高、屏侧进线方式；
（c）单列布置平面图；（d）双列布置平面图

抽屉式低压配电屏具有馈电回路数多、回路组合灵活、体积小、维护检修方便、恢复供电迅速等特点。主要有 BFC-10A、BFC-20 等系列，采用封闭式结构、离墙安装，元件装配有固定式、抽屉式和手车式等几种。这种配电屏内部分为前后两部分，后面部分主要用作装设母线，前面部分用隔板分割成若干个配电小室。固定式配电小室高度有 450、600、900、1800mm 等 4 种，抽屉式配电小室高度有 200、400mm 等几种，抽屉后板上装有 6 个主触头，20 个辅助触头。为了确保操作安全，抽屉与配电小室门之间装有连锁装置，当配电小室门打开时使抽屉电路不能接通。固定式或抽屉式配电小室均可按用户设计要求任意组合，但总叠加高度不应超过 1800mm。手车式配电小室一般为 3 个，第一个小室为母线室（左侧），安装进、出母线用，第二个小室为继电保护室（右上侧），安装手车式主开关用，并且与小室门之间也设有机械连锁机构，能防止在主开关负载时手车从工作位置上拉出，也能防止在主开关合闸状态时手车推人工作位置。BFC 系列抽屉式低压配电屏如图 2-3 所示，其布置方案同 PGL 系列，可单列或双列布置。

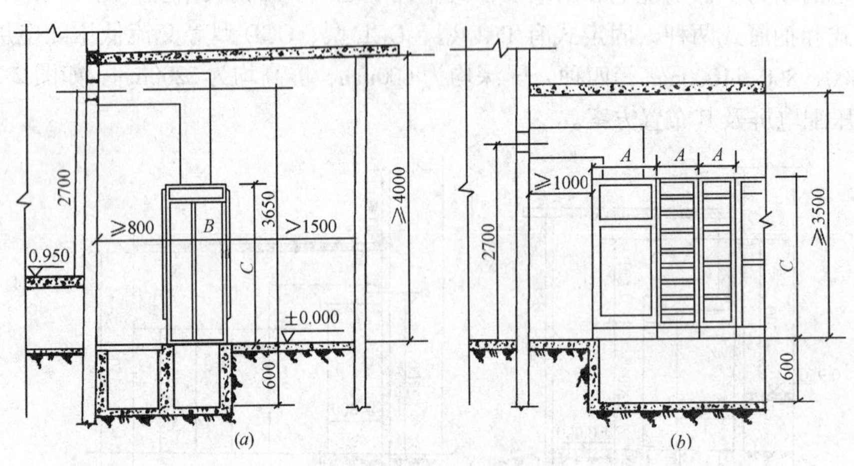


图 2-3　BFC 系列抽屉式低压配电屏

（*a*）变压器室内地坪抬高、屏后进线方式；（*b*）变压器室内地坪不抬高、屏的侧面进线方式

在进行低压配电室布置时，应注意以下几点：

1）低压配电屏一般要求离墙布置，屏后距墙约 1m。当屏后墙面上安装低压进线断路器时，屏后距离净距可根据操作机构的安装位置、操作方向适当加大。

2）低压配电室的长与宽由低压配电屏的宽度、台数及布置方式确定。对于按列布置的低压配电屏，当单列屏长 $L \leqslant 6$m 时，应在屏的一侧设置屏后通道出口，当 $6\text{m} < L \leqslant 15$m 时，应在屏的两侧各设置一个屏后通道出口，当 $L > 15$m 时，还须在单列屏的中间再增设一个屏后通道出口，其宽度一般为 0.6～0.8m，由此可计算出室内净长度≥配电屏宽度×单列屏台数＋屏后通道出口宽度×出口个数（mm）。

3）屏前操作通道宽度，从配电屏正面算起，单列时应不小于 1.8m，双列时应不小于 2.5m，但一般不应小于表 2-4 中规定的最小值。当低压配电室兼作值班室时，屏前操作通道宽度应不小于 3m，由此可计算出低压配电室内净宽度≥配电屏后通道宽度×列数＋配电屏前的操作通道宽度。

低压配电屏前、后通道最小宽度（mm）　　表 2-4

| 形　　式 | 布　置　方　式 | 屏　前　通　道 | 屏　后　通　道 |
|---|---|---|---|
| 固定式 | 单排布置 | 1500 | 1000 |
| | 双排面对面布置 | 2000 | 1000 |
| | 双排背对背布置 | 1500 | 1500 |
| 抽屉式 | 单排布置 | 1800 | 1000 |
| | 双排面对面布置 | 2300 | 1000 |
| | 双排背对背布置 | 1800 | 1000 |

4）低压配电室内高度应结合变压器室内的布置结构来确定，可参考以下尺寸范围选择：

A. 与相邻变压器地坪不抬高时，配电室高度为 3.5～4m；

B. 与相邻变压器地坪抬高时，配电室高度为 4～4.5m；

C. 配电室采用电缆进线时，其高度可以降至 3m。

5）低压配电屏的布置应考虑出线的方便，尤其是架空出线时应避免出线之间互相交叉。另外，低压配电屏下方宜设电缆沟，屏后有时也需要设置电缆沟，一般沟深取 600mm。当采取电缆出线时，在电缆出户处的室内、外电缆沟深度应相互衔接吻合，并采取良好的防水措施。电缆沟底面有 0.5%的坡度，设置集水井，以利于排水。室内电缆沟可采取花纹钢板盖板或混凝土盖板，室内防火等级应在 3 级以上。

6）当低压配电室的长度超过 8m 时，应在两端各设置一个门，且门应向外开。其中作为搬运设备的门宽度应不小于 1m。相邻的配电室间宜装能两个方向开启的门。此外，在低压配电室内应考虑留有适当数量的低压配电屏位置以满足以后发展的需要。

(4) 高压电容器室

1kV 以上的高压电容器组应装设在高压电容器室内，以确保运行时的安全。对高压电容器室的布置应注意以下几点：

1）电容室内通风散热条件差，是电容器损坏的重要原因之一。因此要求高压电容器室应有良好的自然通风散热条件。通常可将其地坪较室外提高 0.8m，在墙下部设进风窗，上部设出风窗。通风窗的实际面积（有效面积），可根据进风温度的高低，按每 100kvar 电容器需要下部进风面积 0.1～0.3m²、上部出风面积 0.2～0.4m² 计算。如果自然通风不能保证室内温度低于 40℃时，应增设机械通风装置来强制通风。为了防止小动物（如鼠、鸟等）进入电容器室内，进、出风口应设置网孔≤10mm×10mm 的钢丝网。

2）高压电容器室内的平面尺寸可由移相电容器的容量来确定。如采用成套式高压电容器柜，则可按电容器柜的台数来确定高压电容器室的长度，根据电容器柜的深度、单列或双列布置及维护通道宽度来确定高压电容器室的宽度，一般单列布置时室内净宽度为 3m，双列布置时为 4.2m。高压电容器室的建筑面积也可按每 100kvar 约需 4.5m² 来估算。如果用现场自行设计的装配式高压电容器组，电容器可分层安装，但一般不超过 3 层，层间应不加隔板以利于通风散热。

## 1.3　变电所平面布置实例

变电所平面布置应结合土建条件按照电气技术要求设计决定，如图 2-4 所示为某高层

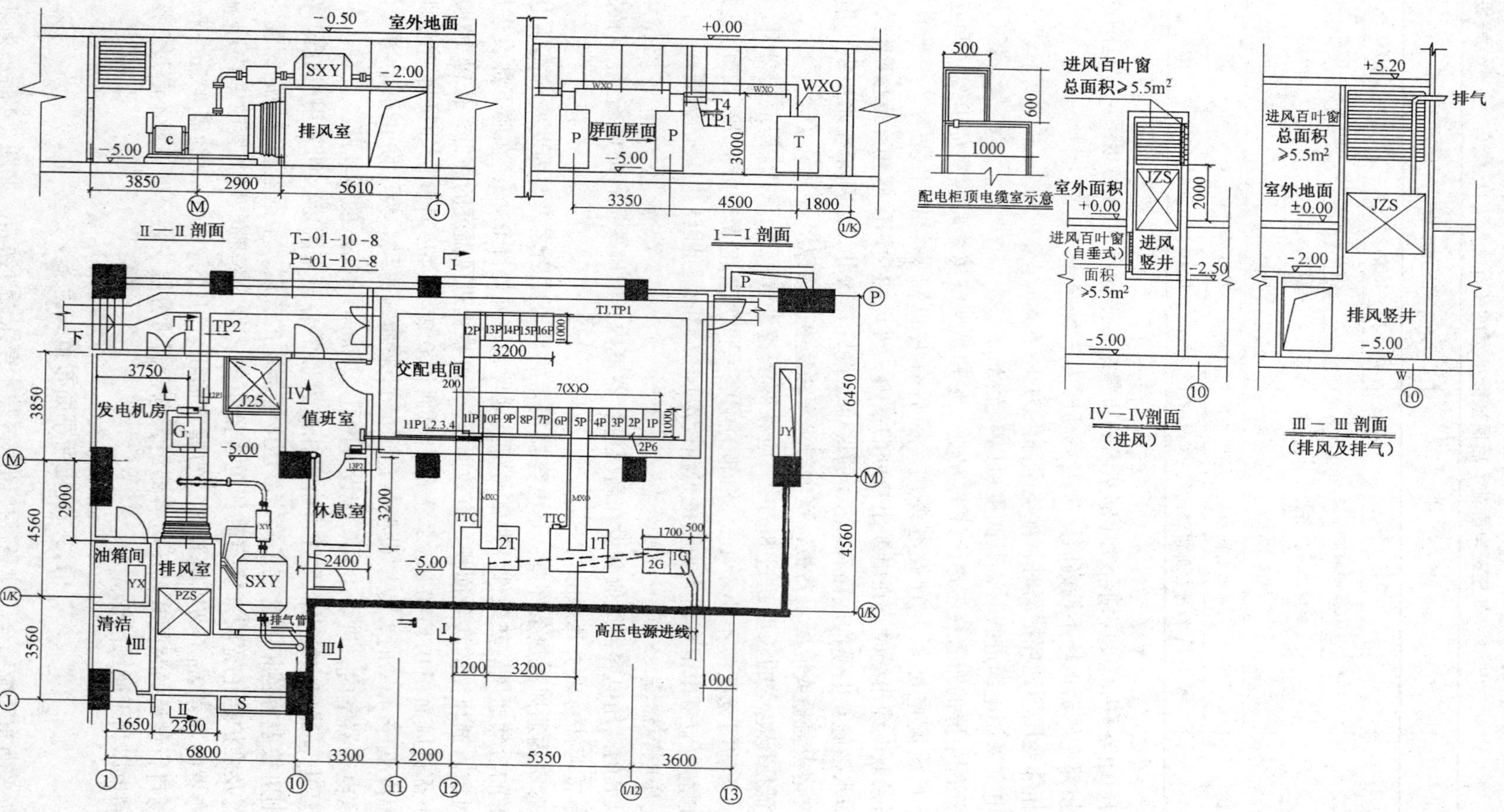


图 2-4 某高层民用建筑变配电所的平、剖面布置图

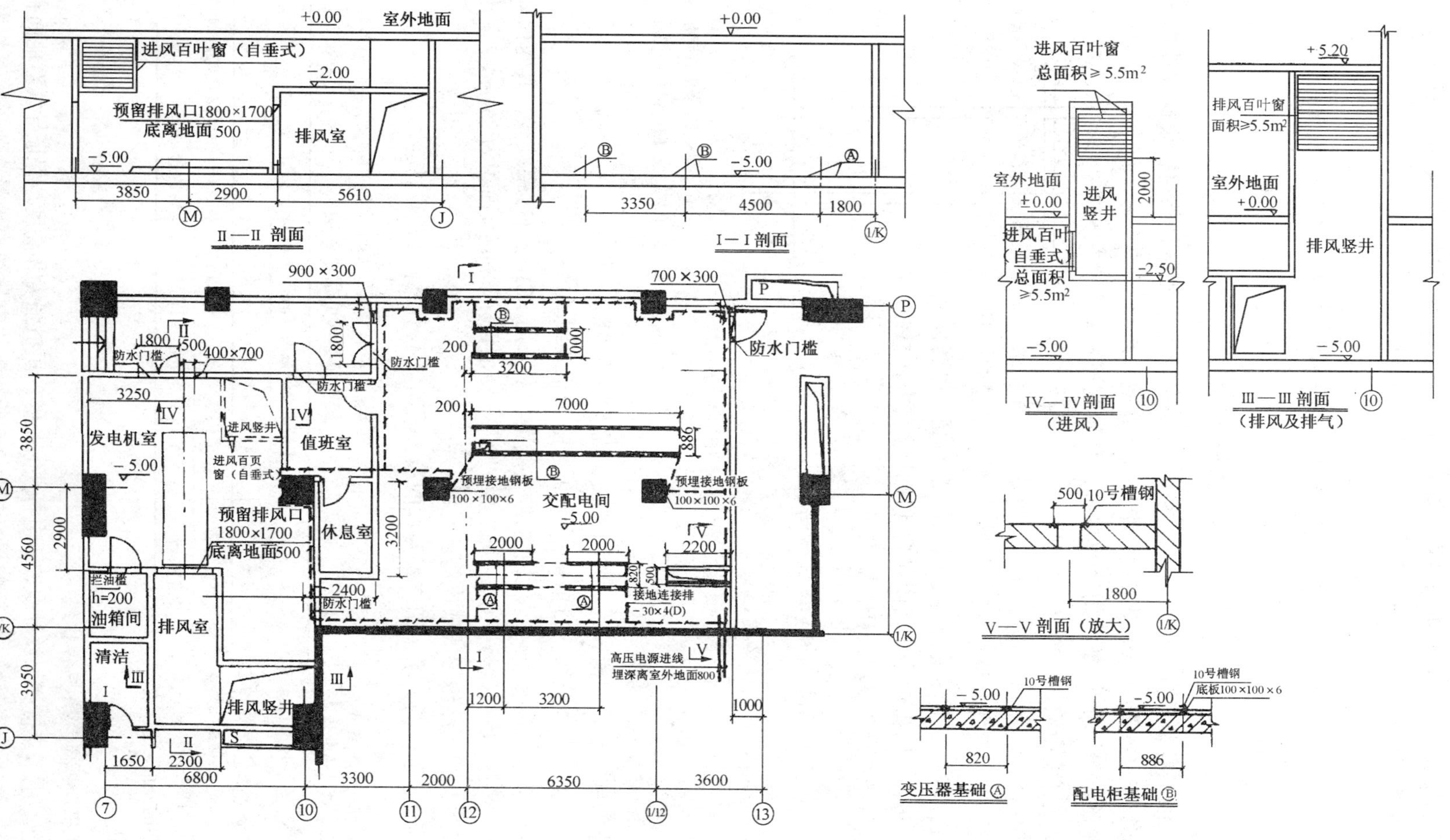


图 2-5　某高层民用建筑变配电所的土建条件及接地平面图

民用建筑变配电所的平、剖面布置图；如图 2-5 所示为某高层民用建筑变配电所的土建条件及接地平面图。

# 课题 2　10kV 线路的安装

## 2.1　10kV 线路基本知识

10kV 线路有架空线路和电缆线路两类。架空线路是利用电杆架空敷设裸导线的户外线路，其特点是投资少、易于架设、维护检修方便、易于发现和排除故障，但它要占用地面位置，有碍交通和观瞻，且易受环境影响，安全可靠性差。

电缆线路是利用电力电缆敷设的线路，具有成本高、不便维修、不易发现和排除故障等缺点，但电缆线路运行可靠、阻抗较小、不易受外界影响、施工方便、耐腐蚀，有较好的防火、防雷性能，因此在现代民用建筑中，电缆线路得到了越来越广泛的应用。

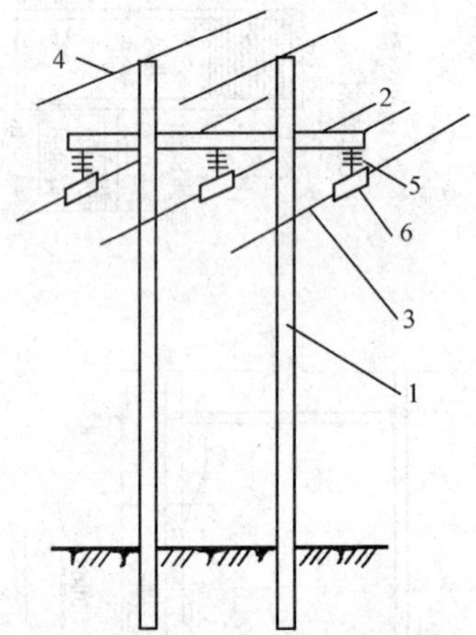

图 2-6　架空线路的结构
1—电杆；2—横担；3—电线；4—避雷线；5—绝缘子串；6—线夹

## 2.2　10kV 架空线路

### 2.2.1　10kV 架空线路的组成

10kV 架空线路由电杆、横担、拉线、导线以及避雷线（架空地线）等部分组成，如图 2-6 所示。

### 2.2.2　架空线路导线

架空线路一般采用裸导线。截面 10mm² 以上的导线都是多股绞合的，称为绞线。目前最常用的是 LJ 型铝绞线。在机械强度要求较高和 35kV 及以上的架空线路，多采用 LGJ 型钢芯铝绞线，其断面如图 2-7 所示。钢心铝绞线型号“LGJ—95”中“95”表示铝线部分的截面积为 95mm²。在建筑物稠密地区应采用绝缘导线或电缆。

根据机械强度的要求，架空裸导线的最小截面应不小于表 2-5 的规定。

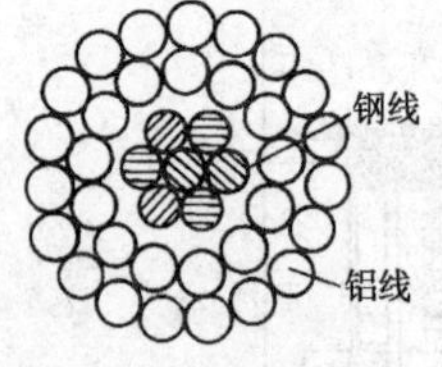

图 2-7　钢芯铝绞线的截面

**架空裸导线的最小截面**　　**表 2-5**

| 导线的种类 | 最小允许截面（mm²） | | | 备　注 |
|---|---|---|---|---|
| | 35kV | 3～10kV | 低压 | |
| 铝及铝合金线 | 35 | 35 | 16* | 与铁路交叉跨越时应为 35mm² |
| 钢芯铝绞线 | 35 | 25 | 16 | |

### 2.2.3　电杆、横担和拉线

电杆是用来支持和架设导线的。电杆要有足够的机械强度和高度，保证导线对地面有足够的距离。圆形钢筋混凝土电杆的规格如表 2-6 所示，架空导线离地最小弧垂距离如表 2-7

所示。

圆形钢筋混凝土电杆规格　　表 2-6

| 杆长(m) | 7 | 8 | | 9 | | 10 | | 11 | 12 | 13 |
|---|---|---|---|---|---|---|---|---|---|---|
| 梢长(mm) | 150 | 150 | 170 | 150 | 190 | 150 | 190 | 190 | 190 | 190 |
| 底径(mm) | 240 | 256 | 270 | 270 | 310 | 283 | 323 | 337 | 350 | 363 |
| 埋深(mm) | 1200 | 1500 | | 1600 | | 1700 | | 1800 | 1900 | 2000 |

电杆按其采用的材料分类,有木杆、水泥杆和铁塔等;按其在线路中的地位和作用分类,有直线杆、耐张杆、转角杆、终端杆、跨越杆和分支杆等型式。如图 2-8 是各种杆型在低压架空线路上应用的示意图。

架空导线离地最小弧垂距离(m)　　表 2-7

| 线路经过地区 | 线路电压 | |
|---|---|---|
| | 高压(6～10kV) | 低压(1kV 及以下) |
| 居民区、厂区 | 6.5 | 6.0 |
| 非居民区 | 5.5 | 5.0 |
| 交通困难地区 | 4.5 | 4.0 |

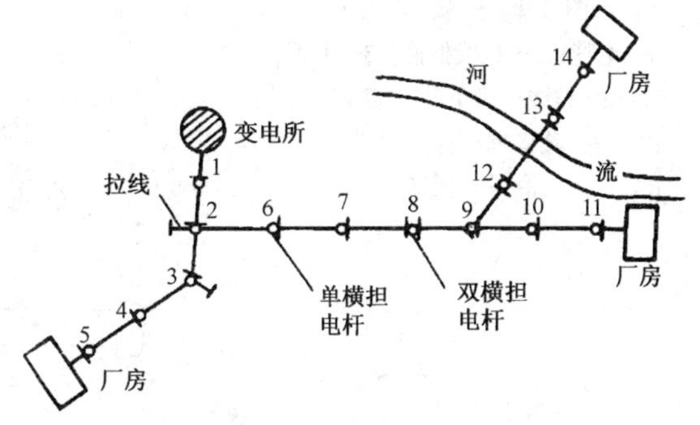


图 2-8　各种杆型在低压架空线路上的应用
1、5、11、14—终端杆;2、9—分支杆;3—转角杆;
4、6、7、10—直线杆;8—耐张杆(分段杆);
12、13—跨越杆

横担用来固定绝缘子以支撑导线,并保持各相导线之间的距离。横担有铁横担和瓷横担两类。铁横担由角钢制成,10kV 线路多采用∟ 63×6mm 的角钢,380V 线路多采用∟ 50×5mm 的角钢。铁横担的机械强度高,应用广泛。瓷横担兼有横担和绝缘子的作用,能节约钢材、提高线路绝缘水平和节省投资,但机械强度较低,一般仅用于农村 10kV 电网等较小截面导线的架空线路。

拉线是为了平衡电杆各方面的受力,防止电线杆倾倒用的,如转角杆、耐张杆、终端杆等处,往往都装有拉线。拉线一般采用镀锌钢绞线,依靠花篮螺钉来调节拉力,如图 2-9 所示。

### 2.2.4　线路绝缘子和金具

线路绝缘子俗称瓷瓶,用来固定导线并使导线与电杆绝缘。如图 2-10 所示为常见的几种高压线路绝缘子。

线路金具是用来连接导线、安装横担和绝缘子的金属附件,包括安装针式绝缘子的直脚和弯脚螺钉,如图 2-11 (a)、(b) 所示;安装蝴蝶式绝缘子的穿心螺钉,如图 2-11 (c) 所示;将横担或拉线固定在电杆上的 U 形抱箍,如图 2-11 (d) 所示;调节松紧的花篮螺钉,如图 2-11 (e) 所示;以及悬式绝缘子串的挂环、挂板、线夹,如图 2-11 (f) 所示。

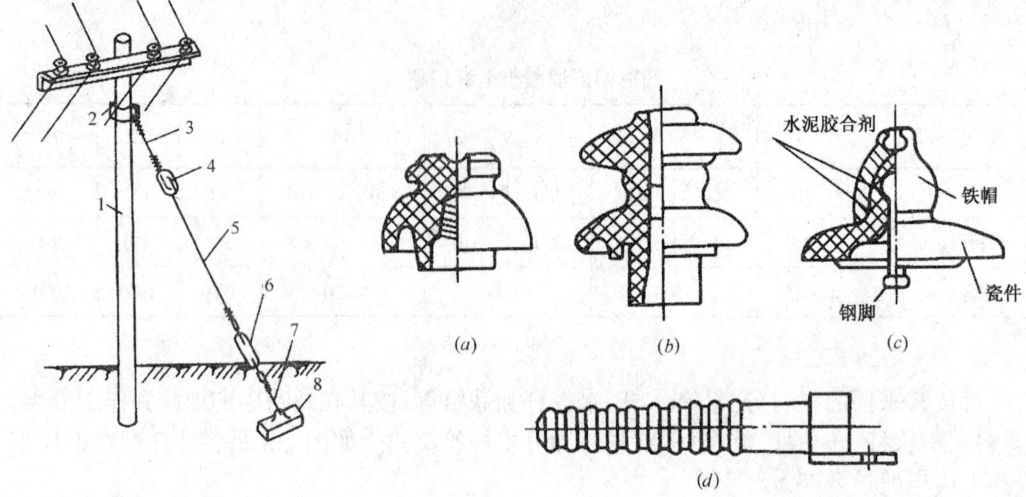


图 2-9 拉线的结构

1—电杆；2—拉线抱箍；3—上把；4—拉线绝缘子；5—腰把；6—花篮螺钉；7—底把；8—拉线底盘

图 2-10 高压线路的绝缘子

（a）针式；（b）蝴蝶式；（c）悬式；（d）瓷横担

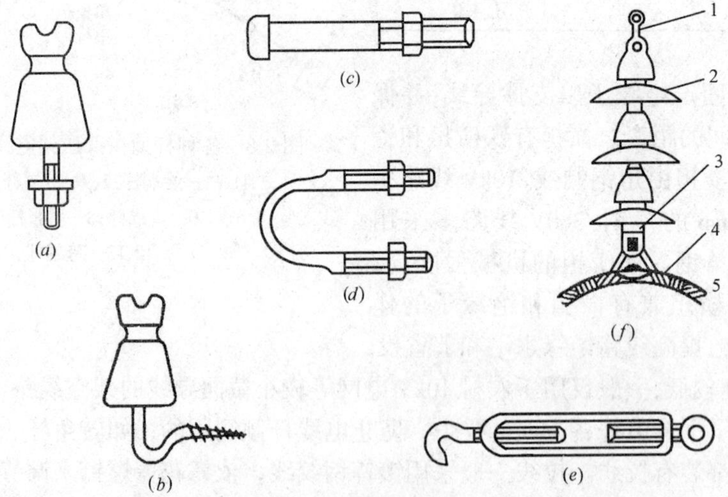


图 2-11 架空线路所用的金具

（a）直脚及绝缘子；（b）弯脚及绝缘子；（c）穿心螺钉；（d）U形抱箍；（e）花篮螺钉；（f）悬式绝缘子串及金具

1—球形挂环；2—绝缘子；3—碗头挂板；4—悬式线夹；5—导线

### 2.2.5 架空线路的敷设

敷设架空线路，要严格遵守有关技术规程的规定。在施工过程中，要特别注意安全，防止发生事故。

导线在电杆上的排列方式，有水平排列、三角形排列、混合排列和双回路垂直排列等。如图 2-12 所示。电压不同的线路同杆架设时，电压较高的线路应在上面。架空线路的排列相序应符合下列规定：对高压线路，面向负荷从左起，导线排列相序为 A、B、C；对低压线路，面向负荷从左侧起，导线排列相序为 A、N、B、C。

架空线路的档距（跨距）是同一线路上相邻两电杆之间的水平距离，导线的弧垂度则是导线最低点与档距两端电杆上的导线悬挂点之间的垂直距离，如图 2-13 所示，对于各种架空线路，有关规程对其档距和弧垂都有具体的规定，见表 2-7。

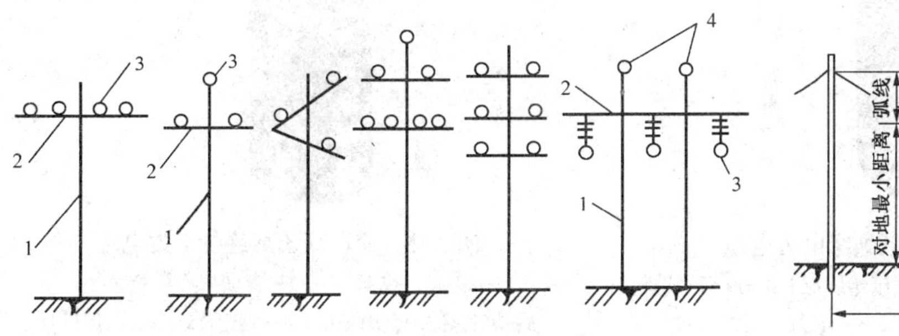

图 2-12 导线在电杆上的排列方式

1—电杆；2—横担；3—导线；4—避雷线

图 2-13 架空线路的档距和弧垂

为了防止架空导线之间相碰短路，架空线路一般要满足最小线间距离要求，见表 2-8；同时上、下横担之间也要满足最小垂直距离要求，见表 2-9。

**架空电力线路最小线间距离（m） 表 2-8**

| 线路电压 \ 档距 | <40 | 40~50 | 50~60 | 60~70 | 70~80 |
|---|---|---|---|---|---|
| 3~10kV | 0.6 | 0.65 | 0.7 | 0.75 | 0.85 |
| ≤1kV | 0.3 | 0.4 | 0.45 | 0.5 | — |

**横担间最小垂直距离（m） 表 2-9**

| 导线排列方式 | 直线杆 | 分支或转角杆 |
|---|---|---|
| 高压与高压 | 0.8 | 0.6 |
| 高压与低压 | 1.2 | 1 |
| 低压与低压 | 0.6 | 0.3 |

## 2.3 电缆线路

### 2.3.1 电缆

电力电缆由导体、绝缘层和保护层三部分组成。导体即电缆线芯，一般由多根铜线或铝线绞合而成。绝缘层作为相间及对地的绝缘，其材料随电缆种类不同而异，如油浸纸绝缘电缆是以油浸纸作为绝缘层，塑料电缆是以聚氯乙烯或交联聚乙烯塑料作为绝缘层。保护层又分内护层和外护层，内护层用来直接保护绝缘层，常用的材料有铝、铅和塑料等；外护层用以防止内护层免受机械损伤和腐蚀，通常为钢丝或钢带构成的钢铠，外敷沥青、麻被或塑料外套。如图 2-14 和图 2-15 分别为油浸纸绝缘电力电缆和交联聚乙烯绝缘电力电缆的结构示意图。

电力电缆的型号较多，型号命名方法及型号中各符号的含义，见表 2-10。

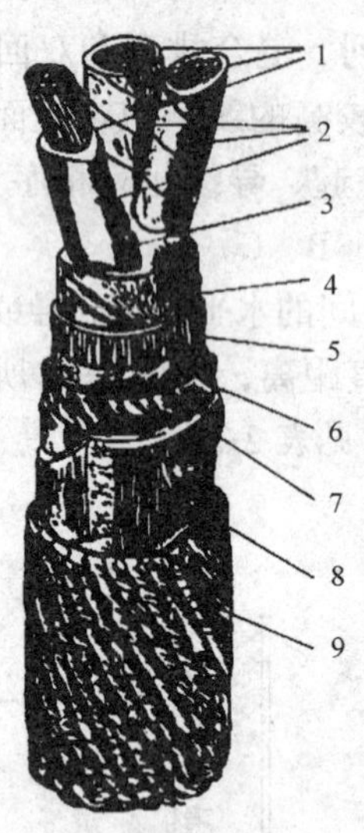


图 2-14　油浸纸绝缘电力电缆

1—铝心（或铜心）；2—油浸纸绝缘层；3—麻筋（填料）；
4—油浸纸统包绝缘层；5—铝包（或铅包）；
6—涂沥青的纸带（内护层）；7—浸沥青的麻被（内护层）；
8—钢铠（外护层）；9——麻被（外护层）

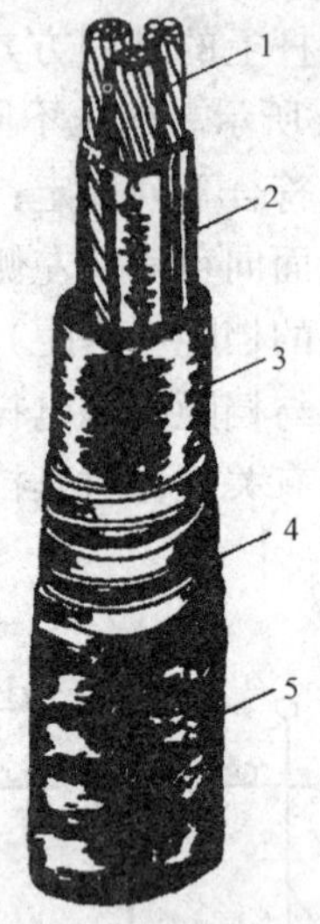


图 2-15　交联聚乙烯绝缘电力电缆

1—铝心（或铜心）；2—交联聚乙烯绝缘层；
3—聚乙烯护套(内护层)；4—钢铠(或铝铠,外护层)；
5—聚氯乙烯外壳（外护层）

**电力电缆型号中各符号的含义**　　　　**表 2-10**

| 项目 | 型号 | 含　义 | 旧型号 | 项目 | 型号 | 含　义 | 旧型号 |
|---|---|---|---|---|---|---|---|
| 类别 | Z | 油浸纸绝缘 | Z | 外护层 | (21) | 钢带铠装纤维外被 | 2，12 |
| | V | 聚氯乙烯绝缘 | V | | 22 | 钢带铠装聚氯乙烯套 | 22，29 |
| | YJ | 交联聚乙烯绝缘 | YJ | | 23 | 钢带铠装聚乙烯套 | |
| | X | 橡皮绝缘 | X | | 30 | 裸细钢丝铠装 | 30，130 |
| 导体 | L | 铝　心 | L | | (31) | 细圆钢丝铠装纤维外被 | 3，13 |
| | T | 铜心（一般不注） | T | | 32 | 细圆钢丝铠装聚氯乙烯套 | 23，39 |
| 内护层 | Q | 铅　包 | Q | | 33 | 细圆钢丝铠装聚乙烯套 | |
| | L | 铝　包 | L | | (40) | 裸粗圆钢丝铠装 | 50，150 |
| | V | 聚乙烯护套 | V | | 41 | 粗圆钢丝铠装纤维外被 | 5，15 |
| 特征 | P | 滴干式 | P | | (42) | 粗圆钢丝铠装聚氯乙烯套 | 59，25 |
| | D | 不滴流式 | D | | | | |
| | E | 分相铅包式 | F | | (43) | 粗圆钢丝铠装聚乙烯套 | |
| 外护层 | 02 | 聚氯乙烯套 | — | | | | |
| | 03 | 聚乙烯套 | 1，11 | | 441 | 双粗圆钢丝铠装纤维外被 | |
| | 20 | 裸钢带铠装 | 20，120 | | | | |
| 电力电缆全型号表示示例 | ZLQ20—10000—3×120：铝芯纸绝缘铅包裸钢带铠装电力电缆；额定电压（V）；三芯；线芯额定截面（mm²） | | | | | | |
| 备　注 | (1) 表中"外护层"型号，系按国家标准 GB 2952—1982<br>(2)"外护层"型号外加括号者，系不推荐使用产品 | | | | | | |

2.3.2　电缆敷设

电缆的敷设方式很多，一般可直接埋地敷设，或敷设于沟道、隧道、支架、穿管、竖井等。

(1) 直埋电缆

当沿同一路径敷设的室外电缆根数为 8 根及以下且场地有条件时，宜采用直接埋地敷设。直埋电缆宜采用有外护层的铠装电缆，在无机械损伤可能的场所，也可采用塑料护套电缆或带外护套层的铅（铝）包电缆。在可能发生位移的土壤中（如沼泽地、流沙、大型建筑物附近）埋地敷设电缆时，应采用钢丝铠装电缆，或采取措施（如预留电缆长度、用板桩或排桩加固土壤等）消除因电缆位移作用在电缆上的应力。

直埋电缆的敷设方法如图 2-16 所示，电缆直埋深度要求电缆表面距地面的距离不小于 0.7m，穿越农田时不应小于 1m。在引入建筑物、与地下建筑物交叉及绕过地下建筑物处，可浅埋，但应采取保护措施。电缆应埋设在冻土层以下，当受条件限制时，应采取防止电缆受到损坏的措施。直埋电缆沟的宽度 $L$ 应满足表 2-11 的规定。

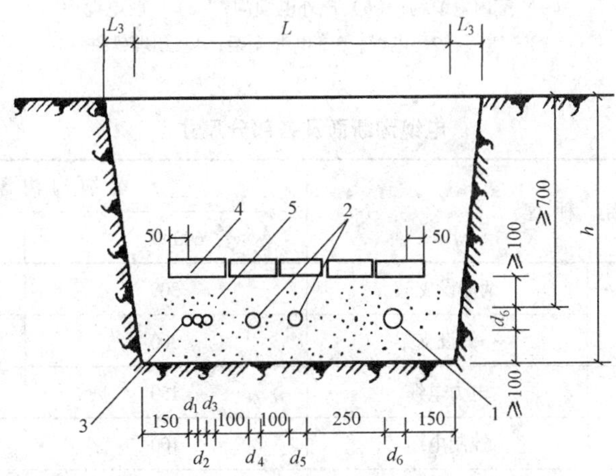


图 2-16　直埋电缆示意图

1—35kV 电力电缆；2—10kV 及以下电力电缆；3—控制电缆；4—保护板；5—砂或软土

**直埋电缆沟宽度表**　　表 2-11

| 电缆沟宽度 $L$ (mm) | | 控制电缆根数 | | | | | | |
|---|---|---|---|---|---|---|---|---|
| | | 0 | 1 | 2 | 3 | 4 | 5 | 6 |
| 10kV 及以下电力电缆根数 | 0 | | 350 | 380 | 510 | 640 | 770 | 900 |
| | 1 | 350 | 450 | 580 | 710 | 840 | 970 | 1100 |
| | 2 | 500 | 600 | 730 | 860 | 990 | 1120 | 1250 |
| | 3 | 650 | 750 | 880 | 1010 | 1140 | 1270 | 1400 |
| | 4 | 800 | 900 | 1030 | 1160 | 1290 | 1420 | 1550 |
| | 5 | 950 | 1050 | 1180 | 1310 | 1440 | 1570 | 1800 |
| | 6 | 1100 | 1200 | 1330 | 1460 | 1590 | 1720 | 1850 |

(2) 电缆沟

同一路径敷设电缆的根数较多,而且按规划沿此路径的电缆线路有增加时,为施工及今后使用维护的方便,宜采用电缆沟敷设。电缆沟断面及各部尺寸如图 2-17 及表 2-12 所示。

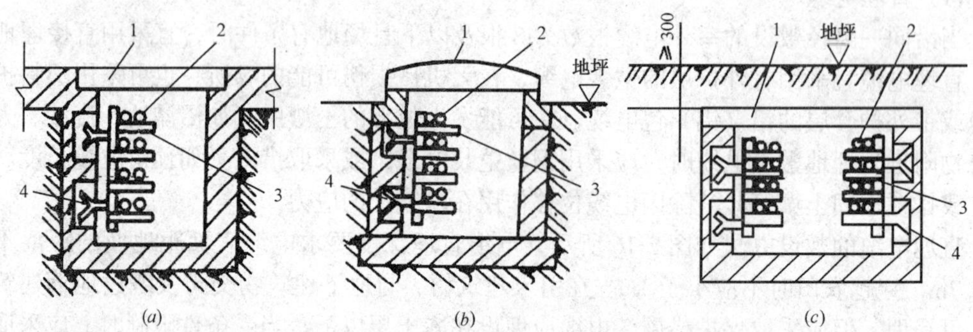


图 2-17　电缆沟断面示意图

(*a*) 室内电缆沟; (*b*) 户外电缆沟; (*c*) 厂区电缆沟

1—盖板; 2—电缆; 3—电缆支架; 4—预埋铁件

**电缆沟断面及各部分尺寸**　　**表 2-12**

| 间 距 种 类 | | 电缆沟沟深 (mm) | |
|---|---|---|---|
| | | 600 以上 | 600 以下 |
| 通道宽度 | 两侧设支架 | 300 | 500 |
| | 一侧设支架 | 300 | 450 |
| 支架层间垂直距离 | 电力电缆 | 150 | 150 |
| | 控制电缆 | 100 | 600 |
| 支架水平间距 | 电力电缆 | 1000 | |
| | 控制电缆 | 800 | |
| 支架支臂的最大长度 | | 350 | |

电缆沟一般由土建专业施工，砌筑沟地、沟壁，沟壁上用膨胀螺栓固定电缆支架，也可将支架直接埋入沟壁。电缆沟应有防水措施，其底部应有不少于 0.5% ~ 1% 的坡度，以利排水。电缆沟的盖板一般采用混凝土盖板。

(3) 电缆隧道

如果电缆的数量非常多，可采用电缆隧道敷设，电缆隧道的净高不应小于 1.90m，有困难时局部地段可适当降低，隧道内一般采取自然通风。电缆隧道的长度大于 75m 时，两端应设出口 (包括人孔)。当两个出口距离大于 75m 时应增加出口。人孔井的直径不应小于 0.7m。

电缆隧道做法如图 2-18 所示。

当电力电缆电压为 35kV 时，$C \geqslant 400$mm; 10kV 以下时，$C \geqslant 300$mm; 控制电缆 $C \geqslant$

250mm；其他部分的尺寸见表 2-13。

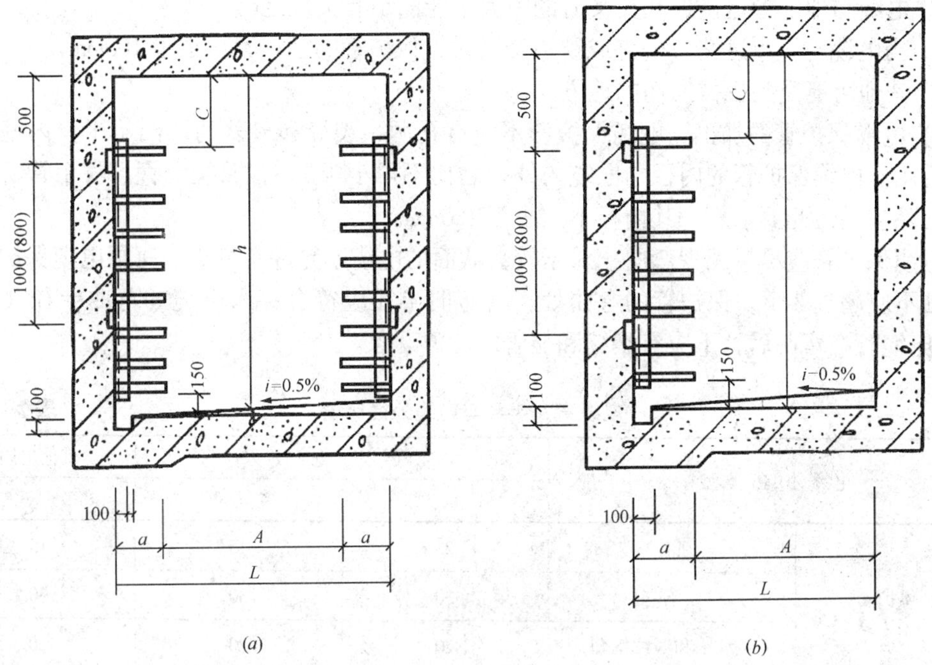


图 2-18　电缆隧道直线段
（a）双侧支架；（b）单侧支架

电缆隧道尺寸（mm）　　表 2-13

| 支架型式 | 隧道宽 $L$ | 层架宽 $a$ | 通道宽 $A$ | 隧道 $h$ |
|---|---|---|---|---|
| 单侧支架 | 1200 | 300 | 900 | 1900 |
| | 1400 | 400 | 1000 | 1900 |
| | 1400 | 500 | 900 | 1900 |
| 双侧支架 | 1600 | 300 | 1000 | 1900 |
| | 1800 | 400 | 1000 | 2100 |
| | 2000 | 400 | 1200 | 2100 |
| | 2000 | 500 | 1000 | 2300 |
| | 2000 | 400（500） | 1100 | 2300 |

(4) 电缆保护管

敷设在管内的电缆，宜采用塑料电缆，也可采用铠装电缆。

1）电缆保护管的设置。在下列地点，电缆应有一定强度的保护管或加装保护罩：

A. 电缆进入建筑物、隧道、穿过楼板及墙壁处；

B. 从沟道引至电杆、设备、墙外表面或屋内行人容易接近处，距地面高度 2m、至地下 0.2m 处行人容易接触的一段；

C. 电缆与地下管道接近和交叉时的距离不能满足有关规定时；

D. 当电缆与城市道路、公路或铁路交叉时，保护管的管径不得小于 100mm；

E. 其他可能受到机械损伤的地方。

2）电缆保护管的加工。电缆保护管不应有孔洞、裂缝和显著的凹凸不平，内壁应光滑无毛刺。电缆保护管的内径与电缆的外径之比不得小于 1.5，混凝土管、陶土管、石棉水泥管除应满足此要求外，其内径不宜小于 100mm。

电缆保护管应尽量减少弯曲，对于较大截面的电缆不允许有弯头。每根电缆保护管的弯曲处不应超过 3 个，保护管的弯曲处，其弯曲半径应符合穿入电缆的弯曲半径（表 2-14）。电缆管在弯制后，不应有裂缝和显著的凹瘪现象。

**电缆弯曲半径与电缆外径比值** **表 2-14**

| 电缆护套类型 | | 电力电缆 | | 其他电缆 |
|---|---|---|---|---|
| | | 单芯 | 多芯 | 多芯 |
| 金属护套 | 铅 | 25 | 15 | 15 |
| | 铝 | 30 | 30 | 30 |
| | 皱纹铝和皱纹钢套 | 20 | 20 | 20 |
| 非金属护套 | | 20 | 15 | 无铠装 10<br>有铠装 15 |

3）保护管的敷设。电缆管明敷时电缆管应安装牢固，电缆管支持点的距离，当设计无规定时，不宜超过 3m。塑料管的直线长度超过 30m 时，宜加装伸缩节。

电缆管暗敷时，埋设深度不应小于 0.7m；在人行道下面敷设时，不应小于 0.5m；埋入非混凝土地面的深度不应小于 100mm，伸出建筑物散水坡的长度不应小于 250mm。电缆管应有不小于 0.1%的排水坡度。

电缆与铁路、公路、城市街道、厂区道路下交叉时应敷设在坚固的保护管内，一般多使用钢保护管，埋设深度不应小于 1m。管的长度除应满足路面的宽度外，保护管的两端还应各伸出道路路基 2m，伸出排水沟 0.5m，在城市街道应伸出车道路面。

4）保护管的连接。电缆保护钢管连接时，应采用大一级短管套接或采用管接头螺纹连接；硬质聚氯乙烯电缆保护管采用插接连接时，其插入深度宜为管子内径的 1.1～1.8 倍，在插接面上应涂以胶合剂粘牢密封。金属电缆管应在外表涂防腐漆或沥青，镀锌管锌层剥落也应涂以防腐剂，但埋入混凝土内的金属管子可不涂防腐剂。

（5）石棉水泥管

石棉水泥管长度有 3m 和 4m。管内直径有 100mm、125mm、150mm、200mm 四种。石棉水泥管既可以作为电缆保护管直埋敷设，也可以排管的形式，用混凝土或钢筋混凝土包封敷设。管与管之间的间距不应小于 40mm，管周围须用细土或砂夯实，如图 2-19 所示。排管向工作井侧应有不小于 0.5%的排水坡度。

直埋电缆与热力管道、管沟平行或交叉敷设时，电缆应穿石棉水泥管保护。其长度应伸出热力管沟两侧各 2m；用隔热保护层时，应超过热力管沟和电缆两侧各 1m；与其他管道（水、石油、煤气管）以及直埋电缆交叉时，两端各伸出长度不应小于 1m。

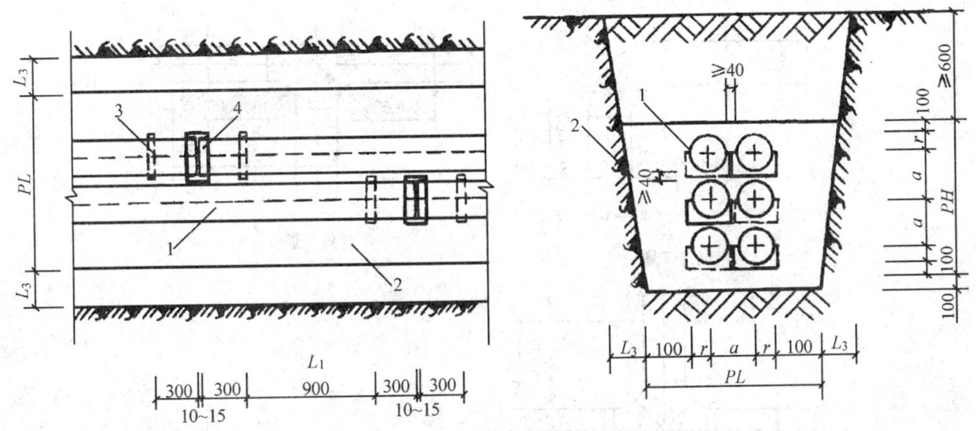

图 2-19 石棉水泥管直埋敷设

1—石棉水泥管；2—细土或砂；3—定向垫块；4—石棉水泥套管

(6) 电缆桥架

1）电缆桥架的结构。电缆桥架是由托盘、梯架的直线段、弯通、附件以及支、吊架等构成，用以支承电缆的连续性的钢性结构系统的总称。它的优点是制作工厂化、系列化，质量容易控制，安装方便，安装后的电缆桥架整齐美观。图 2-20 为电缆桥架无孔托盘结构组装示意图。

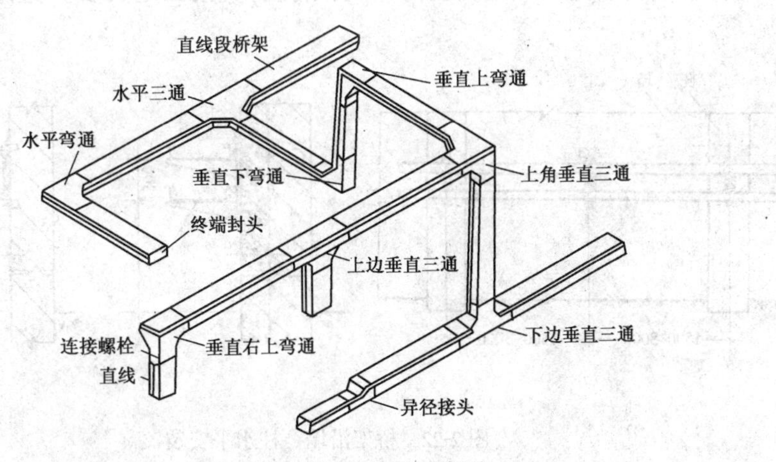


图 2-20 无孔托盘结构示意图

2）电缆桥架支、吊架的安装位置。电缆桥架敷设主要靠支、吊架做固定支撑。在决定支、吊形式和支撑距离时，应符合设计的规定，当设计无明确规定时，也可按生产厂家提供的产品特性数据确定。

电缆桥架水平敷设时，支撑跨距一般为 1.5～3m，垂直敷设时，固定点间距不宜大于 2m。当桥架弯通的弯曲半径不大于 300mm 时，应在距弯曲段与直线段结合处 300～500mm 的直线段侧设置一个支吊架。当弯曲半径大于 300mm 时，还应在弯通中部增设一个支吊架。如图 2-21 所示。

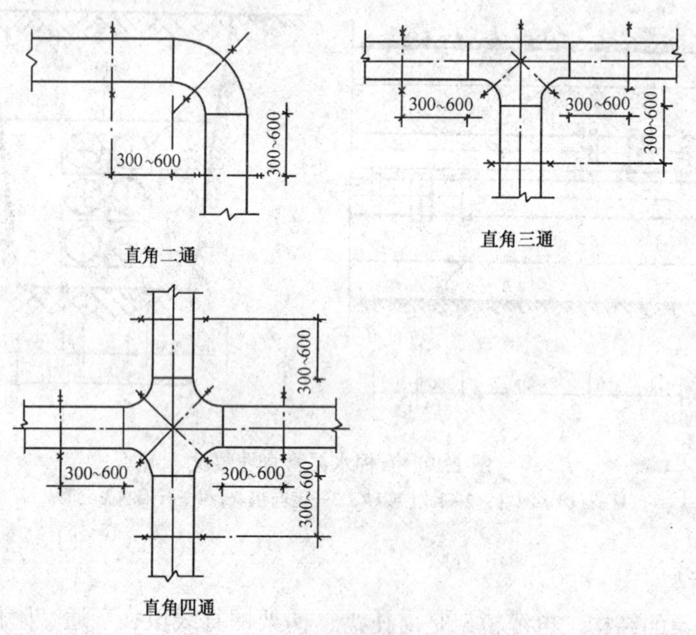


图 2-21　桥架支、吊架位置图

3）电缆桥架托臂安装。电缆桥架水平敷设所用的支架、吊架有多种形式，电缆桥架在工业厂房内沿墙、沿柱水平安装时，可以用托臂直接固定安装。托臂的做法如图 2-22 所示。

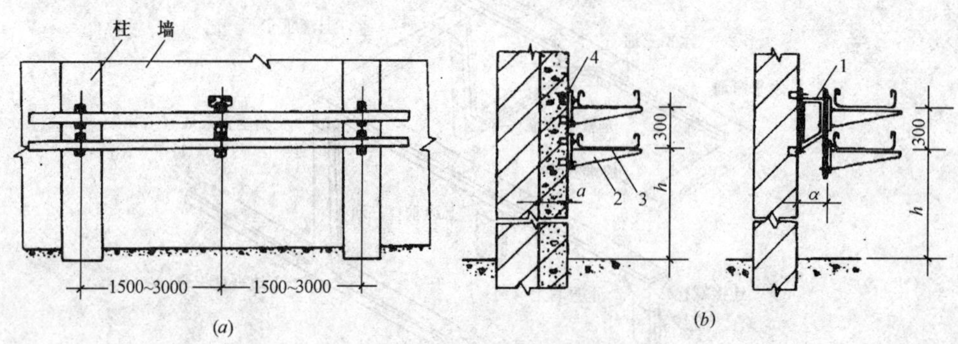


图 2-22　桥架沿墙、柱水平安装

（a）正视图；（b）支架在柱、墙上安装侧视图

1—支架；2—托臂；3—梯架；4—膨胀螺栓

4）电缆桥架悬吊安装。水平敷设也可采用吊架，如图 2-23 所示为单层梯架用圆钢单杆吊架悬吊安装，圆钢吊杆直径与吊杆长度应视工程设计或实际需要而定。

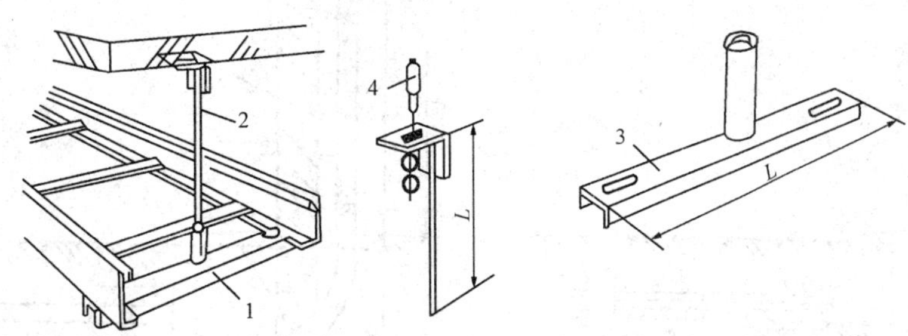


图 2-23　圆钢单杆吊架

1—梯架；2—吊杆；3—槽钢横担；4—M12 膨胀螺栓

5）托盘和梯架的安装。支、吊架安装调整完后，即可进行托盘和梯架的安装。托盘和梯架的安装，应先从始端直线端开始，把起始端托盘或梯架的位置确定好，固定牢固。然后再沿桥架的全长逐段对托盘或梯架进行布置。

钢制电缆桥架的托盘或梯架的直线段长度超过 30m，铝合金或玻璃钢电缆桥架超过 15m 时，应在连接处采用伸缩连接板，电缆桥架在跨越建筑物伸缩缝处也应装设伸缩连接板。组装好的电缆桥架，其直线段偏差不应大于 10mm。桥架转弯处的转弯半径，不应小于该桥架上的电缆最小允许弯曲半径。

6）电缆桥架的接地。电缆桥架必须可靠接地，在伸缩缝或软连接处须采用编织铜线跨接；多层桥架，应将每层桥架的端部用 $16mm^2$ 软铜线连接起来，再与总结地干线连接。长距离的电缆桥架每隔 30～50m 接地一次。

7）电缆敷设。电缆沿桥架敷设前，应先将电缆敷设位置排列好，规划出排列表，按图表进行施工，避免电缆在桥架中出现交叉现象。

施放电缆时，对于单端固定的托臂可以在地面上设置滑轮施放，放好后再拿到托盘或梯架内；对于在双吊杆固定的托盘或梯架内敷设电缆，应将电缆放在托盘或梯架内的滑轮上进行施放，不得直接在托盘或梯架内拖拉。

电缆沿桥架敷设时，应单层敷设，电缆之间可以无间距，电缆在桥架上应排列整齐，不应交叉，并应敷设一根、整理一根、卡固一根。

垂直敷设的电缆应每隔 1.5～2m 进行固定；水平敷设电缆，应在电缆的首尾两端、转弯及每隔 5～10m 处固定，对电缆不同标高的端部也应进行固定，固定的方法可用尼龙卡带、绑线和电缆卡子等。

电缆桥架内敷设的电缆，应在电缆的首端、尾端、转弯及每隔 50m 处，设有编号、型号及起止点等标记，标记应清晰齐全，挂装整齐无遗漏。

电缆敷设完毕后，应及时清理桥架内的杂物，有盖的可盖好盖板，并进行最后调整。

(7) 电缆的进户

电缆引入建筑物时，应穿钢管保护，钢管内径不应小于电缆外径的 1.5 倍。穿墙钢管应配合土建施工进行预埋，并向室外倾斜，防止积水流入室内。如图 2-24 所示为电缆引入建筑物做法示意图。

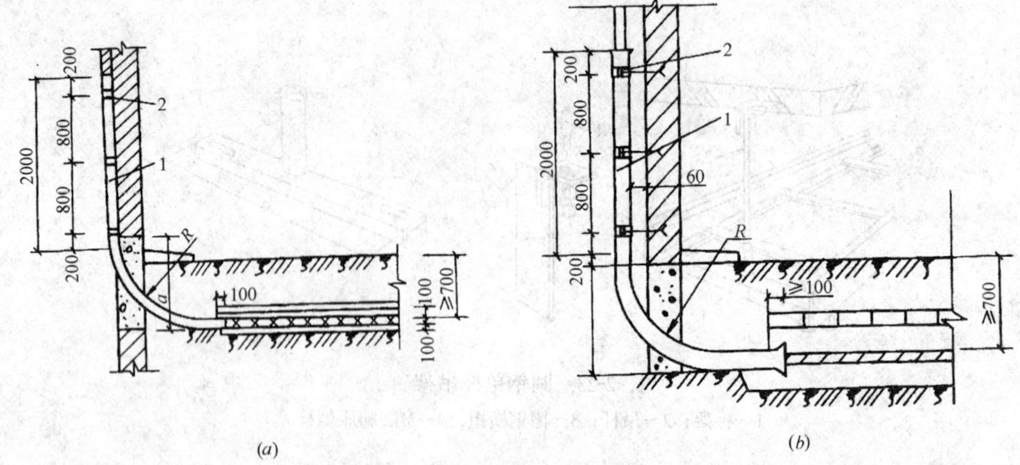


图 2-24 直埋电缆进入建筑物做法

（a）室内保护管靠墙安装；（b）室内保护管离墙安装

1—保护管；2—U 形管卡

## 2.4 电缆工程施工质量检查及验收方法

### 2.4.1 电缆沟敷设施工质量检查及验收

(1) 电缆沟敷设施工工序交接确认

1）电缆沟内的施工临时设施、模板及建筑废料等清除，测量定位后，才能安装支架。

2）电缆沟内支架安装及电缆导管敷设结束，接地（PE）或接零（PEN）连接完成，经检查确认，才能敷设电缆。

3）电缆敷设前绝缘测试合格，才能敷设。

4）电缆交接试验合格，且对接线去向、相位和防火隔堵措施等检查确认，才能通电。

(2) 电缆保护管敷设施工工序交接确认

1）除埋入混凝土中的非镀锌钢导管外壁不做防腐处理，其他场所的非镀锌钢导管内外壁均做防腐处理，经检查确认，才能配管。

2）室外直埋导管的路径、沟槽深度、宽度及垫层处理经检查确认，才能敷设导管。

(3) 电缆头制作工序交接确认

电缆连接位置、连接长度和绝缘测试经检查确认，才能制作电缆头。

(4) 施工质量检查及验收方法

1）电缆规格应符合规定。电缆应排列整齐，无机械损伤。电缆标示牌应装设齐全、正确、清晰。

2）电缆固定、弯曲半径、有关距离和单芯电力电缆的金属护层的接线、相序排列等应符合要求。

3）电缆终端、电缆接头及充油电缆的供油系统应安装牢固，不应有渗漏现象。充油电缆的油压及表计整定值应符合要求。

4）应接地良好。充油电缆及护层保护器的接地电阻应符合设计。

5）电缆终端的相别标志色应正确。电缆支架等的金属部件防腐层应完好。

6）电缆沟、电缆隧道内无杂物，盖板齐全，照明、通风、排水等设施应符合设计。

7）直埋电缆路径标志，应与实际路径相符。路径标志应清晰、牢固，间距适当，在直埋电缆直线段每隔 50～100m 处、电缆接头处、转弯处、进入建筑物等处，都应有明显的方位标志或标桩。

8）防火措施应符合设计，且施工质量合格。

9）隐蔽工程应在施工过程中进行中间验收，并做好签证。

(5) 在验收时应提交下列资料和技术文件

1）电缆线路路径的协议文件。

2）设计资料图样、电缆清单、变更设计的证明文件和竣工图。

3）直埋电缆的敷设位置图，比例宜为 1∶500。地下管线密集的地段不应小于1∶100；在管线稀少、地形简单的地段可为 1∶1000；平行敷设的电缆线路，宜合用一张图样。在图上必须标明各线路的相对位置，并有标明地下管线的剖面图。

4）制造厂提供的产品说明书、试验纪录、合格证件及安装图样等技术文件。

5）隐蔽工程的技术纪录。

6）电缆线路的原始记录：电缆的型号、规格及其实际敷设总长度及分段长度，电缆终端和接头的形式及安装日期；电缆终端和接头中填充的绝缘材料名称、型号。

7）试验纪录。

### 2.4.2 电缆桥架敷设施工质量检查及验收

(1) 电缆桥架敷设的工序交接确认

1）测量定位，安装桥架的支架，经检查确认，才能安装桥架。

2）桥架安装检查合格，才能敷设电缆。

3）电缆敷设前绝缘测试合格，才能敷设。

4）电缆电气交接试验合格，且对接线去向、相位和防火隔堵措施等检查确认，才能通电。

(2) 电缆在电缆竖井内支架上敷设时的工序交接确认

1）电缆竖井内的施工临时设施、模板及建筑废料等清除，测量定位后，才能安装支架。

2）电缆竖井内支架安装及电缆导管敷设结束，接地线（PE）或接零线（PEN）连接完成，经检查确认，才能敷设电缆。

3）电缆敷设前绝缘测试合格，才能敷设。

4）电缆交接试验合格，且对接线去向、相位和防火隔堵措施等检查确认，才能通电。

(3) 电缆桥架施工质量检查及验收方法

1）电缆规格应符合设计规定；电缆应排列整齐、无机械损伤；标志牌应装设齐全、正确、清晰。

2）电缆的固定、弯曲半径、有关距离和单芯电力电缆的金属护层接线、相序排列等应符合要求。

3）电缆桥架的接地应良好。

4）电缆桥架的金属部件防腐层应完好。

5）防火措施应符合设计，且施工质量合格。

(4) 电缆桥架工程验收时应提交的文件资料

1）设计资料图样、电缆清单、变更设计的证明文件和竣工图。

2）制造厂提供的产品说明书、试验纪录、合格证件及安装图样等技术文件。

3）试验纪录。

# 课题3　母线安装

## 3.1　母线的种类

母线是变电所中的总干线，线路分支均从母线分支而出。母线的种类较多，按材料分，有铜母线、铝母线等；按结构分，有裸母线、母线槽、封闭式母线等。

封闭式母线是把铜（铝）母线用绝缘夹板夹在一起、用空气绝缘或缠包绝缘带绝缘，再将其置于优质钢板外壳内形成的，封闭式插接母线内部结构如图 2-25 所示。封闭式母线适用于干燥和无腐蚀性气体的室内场所。

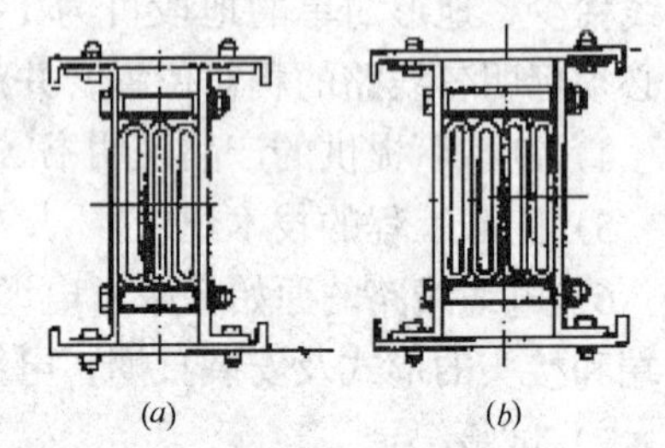


图 2-25　封闭式母线内部结构
（a）三线；（b）四线

## 3.2　母线的固定安装

封闭式母线安装如图 2-26 所示。

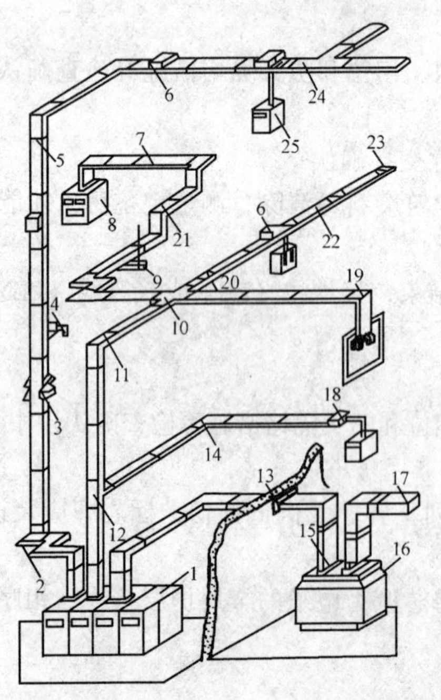


1—配电柜；
2—特殊母线；
3—支承器；
4—中心主承配件；
5—伸缩母线；
6—插接箱；
7—普通型母线槽；
8—分电盘；
9—吊架；
10—十字形水平弯头；
11—L形垂直弯头；
12—T形垂直弯头；
13—穿墙用配件；
14—L形水平弯头；
15—馈电母线；
16—变压器；
17—高压母线；
18—终端母线；
19—接线母线；
20—变容量接线；
21—Z形垂直弯头；
22—带插孔母线；
23—终端盖；
24—T形水平弯头；
25—分线箱

图 2-26　封闭插接母线安装示意图

### 3.2.1 母线用支架安装

母线支架一般采用 50mm × 50mm × 5mm 的角钢制作，支架上的螺孔应用电钻钻孔，宜加工成长孔，螺孔中心距离偏差应小于 5mm。

支架在墙上安装固定时，需把支架在土建施工时预先埋入墙内或预留安装孔，支架埋入深度要大于 150mm，采用螺栓固定时，要使用 M20 × 150mm 镀锌膨胀螺栓，安装在户外时应使用热镀锌制品。当母线水平敷设时，支架架设间距不超过 3m，垂直敷设时，不超过 2m。成排支架的安装应排列整齐，间距应均匀一致，两支架之间的距离偏差不大于 50mm。母线在支架上安装如图 2-27 所示。

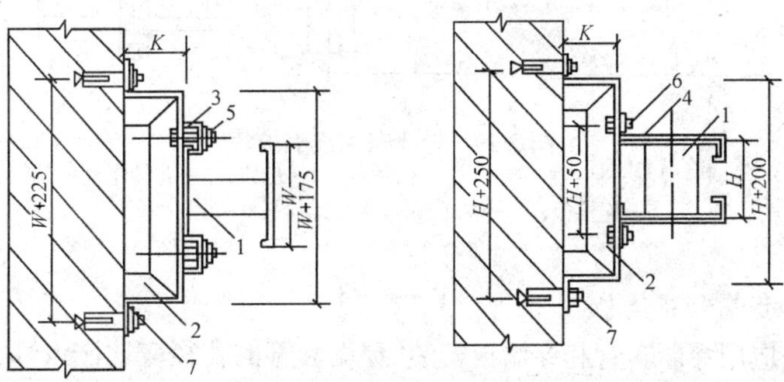


图 2-27 母线在支架上安装

1—母线；2—支架；3—平卧压板；4—侧卧压板；5—M8 × 45mm 六角螺栓；6—M8 × 20mm 六角螺栓；7—M8 × 110mm 膨胀螺栓

### 3.2.2 母线用吊杆安装

封闭式插接母线的悬吊安装，除使用压板固定外，还可用吊装夹板以及吊装夹具安装，如图 2-28 所示。

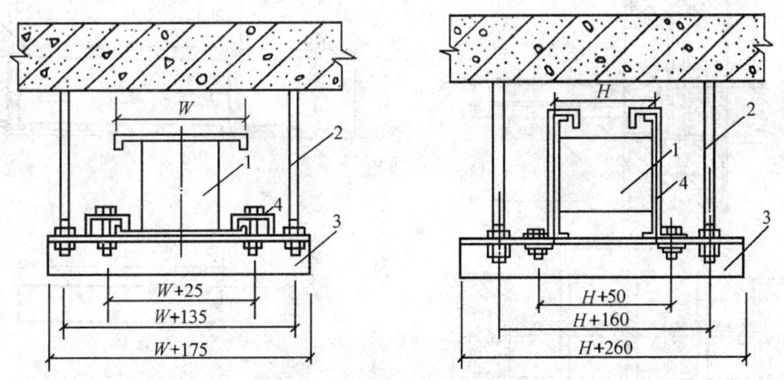


图 2-28 母线悬吊式安装

1—母线；2—$\phi$12 圆钢吊杆；3—平卧压板；4—螺栓

### 3.2.3 母线用钢索吊装

封闭式插接母线在四周无墙的柱间安装时可用吊索吊装。先用 $\phi$7.2 钢丝绳两端固定在柱上的支架，用张紧螺栓拉紧，再将母线吊挂在钢索上，吊线间距不应大于 2m。如图 2-29所示。

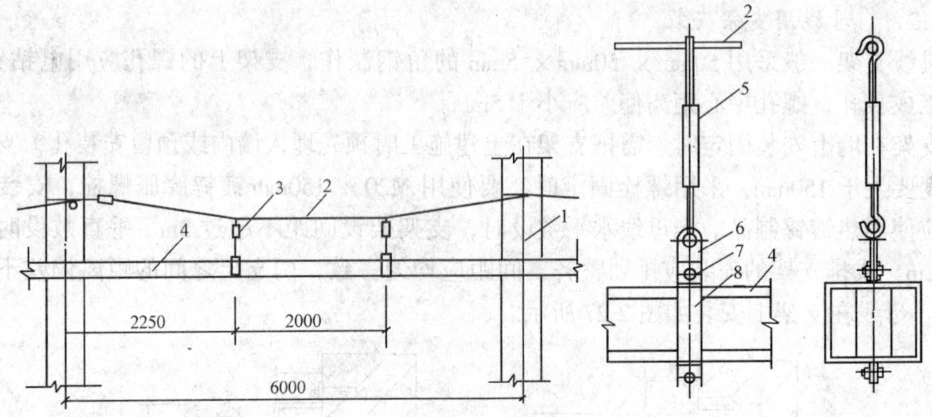


图 2-29　母线在钢索上吊装

1—混凝土柱；2—钢索；3—吊挂件；4—母线；5—花篮螺栓；6—连接板；7—M8 × 25mm 六角螺栓；8—吊装夹板

### 3.2.4　穿墙套管和穿墙板

母线穿墙时，应用穿墙套管和穿墙板安装。穿墙套管的孔径应比嵌入部分大5mm 以上，混凝土安装板的最大厚度不得超过50mm。额定电流在1500A 及以上的穿墙套管直接固定在钢板上时，套管周围不应成闭合磁路。穿墙套管垂直安装时，法兰应在上；水平安装时，法兰应在外。

穿墙板可采用硬质聚氯乙烯板（厚度不应小于 7mm）或耐火石棉板制成，下部夹板上开洞让母线通过。低压母线穿墙夹板应装在固定支架角钢的内侧。上下夹板合成后中间空隙不得大于 1mm，夹板孔洞缺口处与母线应保持 2mm 空隙，母线穿过夹板孔洞处应加缠三层绝缘带。穿墙套管和穿墙板的做法如图 2-30 所示。

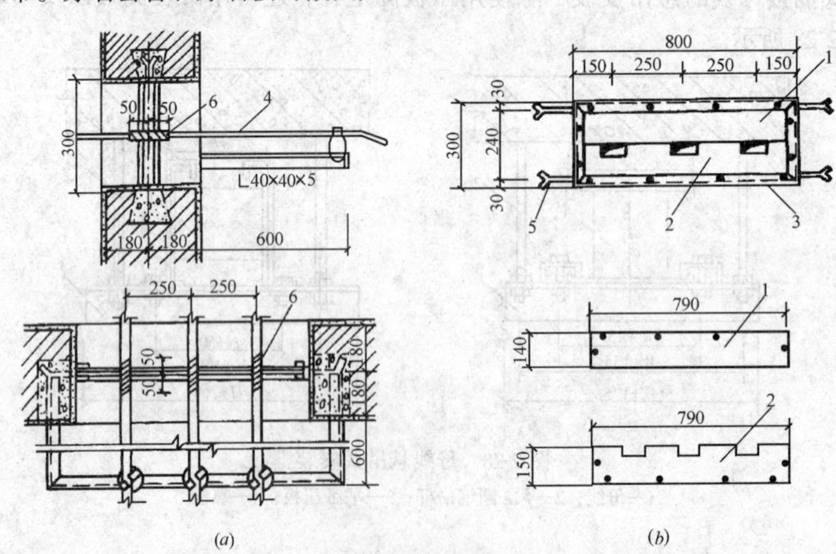


(a)　(b)

图 2-30　母线穿墙做法

(a) 母线穿墙做法；(b) 穿墙板

1—耐火石棉上夹板；2—耐火石棉下夹板；3—30mm × 30mm × 4mm 角钢；4—母线；5—$\phi$10 × 100mm 燕尾螺栓；6—绝缘带

母线在穿过墙及防火楼板时，应在母线周围填充防火堵料，如图 2-31 所示。

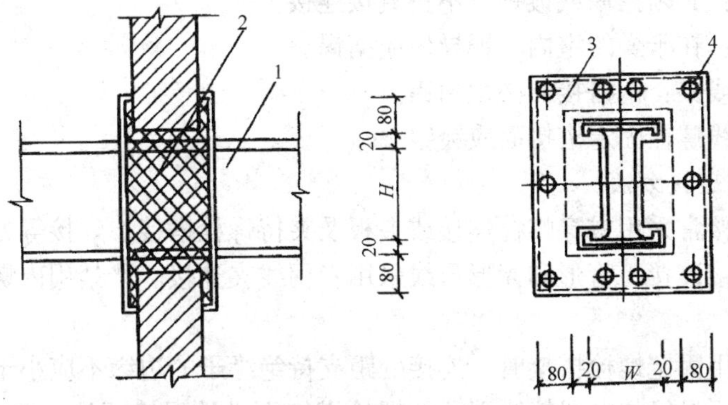


图 2-31　母线槽穿墙防火做法

1—母线槽；2—防火堵料；3—防火隔板；4—M6×60mm 金属膨胀螺栓

### 3.2.5　母线安装安全距离

安装母线时，室内、室外配电装置的安全净距应符合表 2-15 中的规定。当电压值超过本级电压时，其安全净距应采用高一级电压的安全净距规定值。

室内、室外配电装置安全净距　　表 2-15

| 安全净距（mm）　额定电压（kV）<br>适用范围 | 0.4 | 1~3 | 6 | 10 |
|---|---|---|---|---|
| 带电部分至接地部分之间网状和板状遮拦向上延伸线距地 2.3m 处与遮拦上方带电部分之间 | 20 | 75 | 100 | 125 |
| 不同相带电部分之间断路器和隔离开关的断口两侧带电部分之间 | 20 | 75 | 100 | 125 |
| 栅状遮拦至带电部分之间交叉的不同时停电检修的无遮拦带电部分之间 | 800 | 825 | 850 | 875 |
| 网状遮拦至带电部分之间 | 100 | 175 | 200 | 225 |
| 无遮拦裸导体至地（楼）面之间 | 2300 | 2375 | 2400 | 2425 |
| 平行的不同时停电检修的无遮拦裸导体之间 | 1875 | 1875 | 1900 | 1925 |
| 通向室外的出线套管至室外通道路面 | 3650 | 4000 | 4000 | 4000 |

## 3.3　母线的连接

### 3.3.1　母线连接处的处理

母线与母线，母线与分支线，母线与电器接线端子搭接时，其搭接面的处理应符合下列规定：

（1）铜与铜：室外、高温且潮湿或对母线有腐蚀性气体的室内，必须搪锡，在干燥的室内可直接连接。

（2）铝与铝：直接连接。

（3）钢与钢：必须搪锡或镀锌，不得直接连接。

（4）铜与铝：在干燥的室内，铜导体应搪锡。

（5）钢与铜或铝：钢搭接面必须搪锡。

（6）封闭母线螺栓固定搭接面应镀银。

3.3.2　母线连接方法

硬母线的连接常采用贯穿螺栓连接或夹板及夹持螺栓搭接、焊接等方式。矩形母线的连接采用螺栓搭接连接，管形和棒形母线采用专用线夹连接。严禁用内螺纹管接头或锡焊连接。

矩形母线采用固定螺栓搭接时，连接处距支持绝缘子的边缘不应小于50mm。

母线与母线或母线与电器接线端子的螺栓搭接面必须保持清洁，并涂以电力复合脂。母线平置时，贯穿螺栓应由下往上穿，其余情况下，螺母应置于维护侧，螺栓长度宜露出螺母2～3扣。贯穿螺栓连接的母线两外侧匀应有平垫圈，相邻螺栓垫圈间应有3 mm以上的净距，螺母侧应装有弹簧垫圈或锁紧螺母。螺栓受力应均匀，不应使电器的接线端子受到额外应力。母线的接触面应紧密，连接螺栓应用力矩板手紧固。

## 3.4　母线的排列

母线上、下布置时，交流母线由上而下排列为L1 、L2 、L3 相；直流母线正极在上，负极在下。交流母线水平布置时，由后至前排列为L1 、L2 、L3 相。引下线的交流母线由左至右排列为L1 、L2 、L3 相；直流母线正极在左，负极在右。

## 3.5　母 线 涂 色

母线安装好后应涂标志色，三相交流母线涂漆的颜色为：L1 相为黄色、L2 相为绿色、L3 相为红色。单相交流母线应与引出相的相色相同，不另外标志相色。直流母线涂漆的颜色为：正极为红色，负极为蓝色。直流均衡汇流母线及交流中性汇流母线，不接地者为紫色，接地者为紫色带黑色条纹。

单片母线的所有面及多片、管形母线的所有可见面均应涂相色漆,铜母线的所有表面应涂防腐相色漆。母线的螺栓连接处及支持连接处,母线与电器的连接处以及距所有连接处10 mm以内的地方不应刷相色漆。供携带式接地线连接用的接触面上,不刷漆部分的长度应为母线的宽度或直径,且不应小于50mm,并在其两侧涂以宽度为10mm的黑色标志带。

## 3.6　母 线 接 地

绝缘子的底座、套管的法兰、保护网（罩）及母线支架等可接近的裸金属物体应接地（PE）或接零（PEN）可靠，不应作为接地（PE）或接零（PEN）的接地导体。接地线宜排列整齐、方向一致。

## 3.7　母线安装质量检查及验收方法

3.7.1　母线安装工序交接确认

（1）变压器、高低压成套配电柜、穿墙套管及绝缘子等安装就位，经检查合格，才能安装变压器和高低压成套配电柜的母线。

(2) 封闭、插接式母线安装，在结构封顶、室内底层地面施工完成或已确定地面标高、场地清理、层间距离复核后，才能确定支架设置位置。

(3) 与封闭、插接式母线安装位置有关的管道、空调及建筑装修工程施工基本结束，确认扫尾施工不会影响已安装的母线，才能安装母线。

(4) 封闭、插接式母线的每段母线组对接前，应测试绝缘电阻，测试合格后（绝缘电阻值大于 20MΩ），才能安装对接。

(5) 母线支架和封闭、插接式母线外壳接地（PE）或接零（PEN）连接完成，母线绝缘电阻测试和交流工频耐压试验合格，才能通电。

### 3.7.2 母线安装质量检查及验收方法

(1) 金属构件加工、配制、螺栓连接、焊接等应符合国家现行标准的有关规定。

(2) 所有螺栓、垫圈、闭口销、锁紧销、弹簧垫圈、锁紧螺母等应齐全、可靠。

(3) 母线配制及安装架设应符合设计规定，且连接正确，螺栓紧固，接触可靠，相间及对地电气距离符合要求。

(4) 瓷件应完整、清洁；瓷件和瓷件胶合处均应完整无损；充油套管应无渗油，油位应正常。

(5) 母线油漆应完好，相色正确，母线接地良好。

### 3.7.3 验收时应提交的资料和文件

(1) 设计变更部分的实际施工图。

(2) 设计变更的证明文件。

(3) 制造厂提供的产品说明书、试验纪录、合格证件、安装图样等技术文件。

(4) 安装技术纪录。

(5) 电气试验纪录。

(6) 备品备件清单。

## 实训课题封闭式插接母线的安装

实训内容：封闭式插接母线的安装。

实训要求：一段封闭式插接母线和其他配件的组装连接。

实训工具：(1) 台虎钳、钢锯、手锤、油压煨弯器、电钻、电锤、电焊机、扳手等。

(2) 钢角尺、钢卷尺、水平尺、绝缘摇表等。

实训材料：(1) 封闭插接母线；

(2) 各种规格的型钢、卡件，各种螺栓、垫圈等均应是镀锌制品；

(3) 樟丹、油漆、电焊条等。

实训条件：(1) 设备及附件应存放在干燥的房间。

(2) 封闭插接母线安装部位的建筑装饰工程应全部结束，门窗齐全。室内封闭母线的安装宜在管道及空调工程基本施工完毕后进行，防止其他专业施工时损伤母线；

(3) 高空作业脚手架搭设完毕，安全技术部门验收合格。

评分标准：

操作结束后，由指导教师检查验收，填写检查评分表，评定出实训成绩。检查评分标准见表 2-16。

封闭式插接母线安装实训项目及评分标准　　表 2-16

| 项　目 | 实 训 要 求 | 分值 | 评 分 标 准 | 得　分 |
|---|---|---|---|---|
| 选择母线 | 选择母线，符合要求 | 5 | 有一处选用不合理扣 1 分 | |
| 支架的制作 | 切断工具合理，支架制作合理，满足要求 | 10 | 有一处选用不合理扣 2 分 | |
| 支架的安装 | 安装位置正确，横平竖直，固定牢固 | 10 | 有一处选用不合理扣 2 分 | |
| 母线组装 | 组装和卡固位置正确，固定牢固，间距均匀 | 10 | 有一处选用不合理扣 2 分 | |
| 母线接地 | 接地方法合理，牢固可靠 | 5 | 有一处选用不合理扣 1 分 | |
| 绝缘性能 | 母线绝缘电阻满足要求 | 5 | 有一处选用不合理扣 2 分 | |
| 调试运行 | 空载运行无异常现象 | 10 | 有一处不合格扣 2 分 | |
| 工艺程序 | 合理科学，工作效率高 | 10 | 有一项不合要求扣 2 分 | |
| 操作时间 | 3h | 15 | 超过 10min 扣 2 分 | |
| 文明生产与环境保护 | 材料无浪费，现场干净，废品清理分类符合要求 | 10 | 有一项不合要求扣 2 分 | |
| 安全操作 | 遵守安全操作规程，不发生任何安全事故 | 10 | 有违反安全规程时扣 10 分 | |
| 合　计 | | 100 | 满分 100 分 | |

# 课题 4　高、低压配电柜安装

## 4.1　配电柜的类型

配电柜分为高压配电柜和低压配电柜两大类。

### 4.1.1　高压配电柜

高压配电柜又称为高压开关柜，有固定式和手车式两类。固定式高压开关柜的所有电气元件都是固定安装的。手车式高压开关柜中的主要电气元件如高压断路器、电压互感器和避雷器等，安装在可移开的手车上，因此手车式又称移开式。固定式开关柜较为简单经济，而手车式开关柜则可大大提高供电可靠性。当断路器发生故障或需要检修时，可随时拉出，再推入同类备用手车，即可恢复供电。在一般中小型工厂中，普遍采用较为经济的固定式高压开关柜。

近年来我国设计生产了一些技术性能指标接近或达到国际电工委员会（IEC）标准的新型先进的高压开关柜，固定式有 KGN-10 等型交流金属铠装固定式开关柜，移开式（手车式）有 KYN□-10 型交流金属铠装移开式开关柜和 JYN2-10 型交流金属封闭型移开式开关柜等。

图 2-32 所示为装有 SN10-10 型少油断路器的 GG-1A(F)-07S 型高压开关柜的外形结构图，该型开关柜属于"五防"产品。所谓"五防"即防止误分、合高压断路器，防止带负荷拉、合隔离开关，防止带电挂接地线，防止带接地线合隔离开关，防止人员误入带电隔离区。

图 2-33 所示为 KYN28C-12（MDS）型高压开关柜结构示意图，该型开关柜主开关可选用性能优良的 ABB 公司的 VD4 型抽出式真空断路器和国产的 ZN63A-12（VBI）、VK 型等抽出式真空断路器。二次回路可配置传统的继电保护装置，也可装置 WZJK 型综合智能检测保护装置。该型开关柜是多种老型金属封闭开关设备的替代产品，并且同国外同类型产品相比，具有较优越的性能价格比。

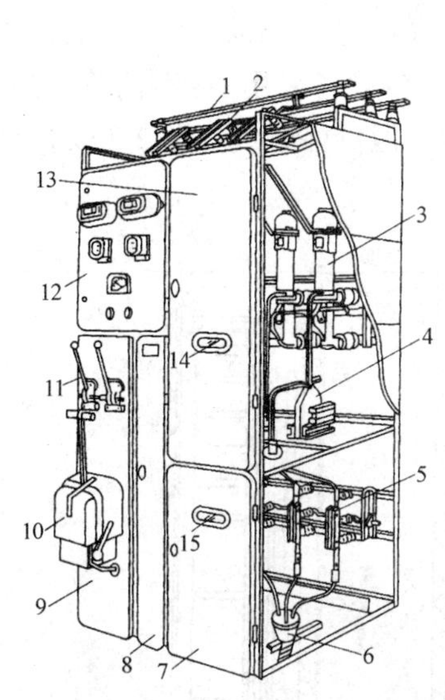

图 2-32　GG-1A（F）-07S 型高压开关柜

1—母线；2—母线侧隔离开关（QS1，GN8-10 型）；3—少油断路器（QS1，SN10-10 型）；4—电流互感器（TA，LQJ-10 型）；5—线路侧隔离开关（QS2，GN6-10 型）；6—电缆头；7—下检修门；8—端子箱门；9—操作板；10—断路器的手力操作机构（CS2 型）；11—隔离开关操作手柄（CS6 型）；12—仪表继电器屏；13—上检修门；14、15—观察窗孔

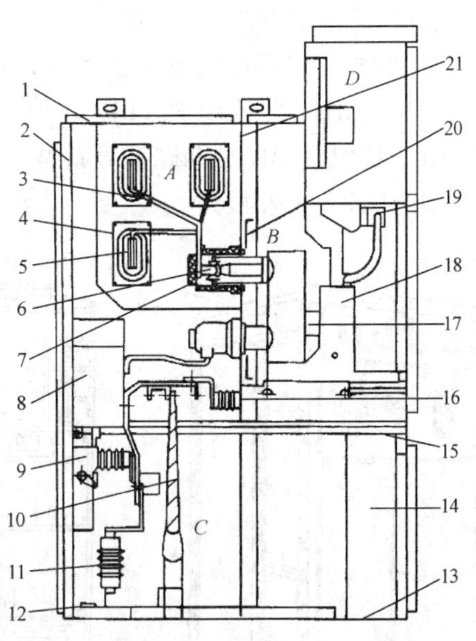


图 2-33　KYN28C-12（MDS）型高压开关柜

*A*—母线室；*B*—断路器手车式；*C*—电缆室；*D*—继电仪表室

1—泄压装置；2—外壳；3—分支小母线；4—母线套管；5—主母线；6—静触头装置；7—静触点盒；8—电流互感器；9—接地开关；10—电缆；11—避雷器；12—接地主母线；13—底板；14—控制线槽；15—接地开关操作机构；16—可抽出式水平隔板；17—加热装置；18—断路器手车；19—二次插头；20—隔板（活门）；21—装卸式隔板

高压开关柜的型号表示如下：

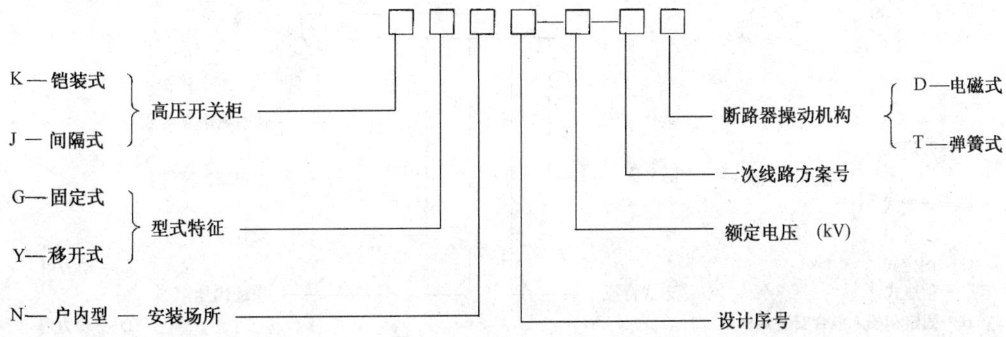

4.1.2 低压配电柜

低压配电柜又称为低压配电屏，有固定式和抽屉式两类。固定式中的所有电器是固定安装的；而抽屉式的某些电器元件按一定线路方案组成若干功能单元，然后灵活组装成配电屏（柜），各功能单元类似抽屉，可按需要抽出或推入，因此又称为抽出式。

常用的固定式低压配电屏有 PGL1 和 PGL2 型、GGD 型、GGL1 型等。如图 2-34 所示为 PGL 型低压配电屏的外形结构图。

常用的抽屉式低压配电屏主要有 BFC 型、GCL 型、GCK 型 、GCS 型 、GHT1 型、MSG 型等。其中 GHT1 型是 GCK（L）-1A 的更新换代产品，该设备采用 NT 型高分断能力熔断器和 ME、CW1、CM1 型断路器等新型元件，性能较好，但价格较贵。图 2-35 示为 GCS 型低压抽出式开关柜外形图。

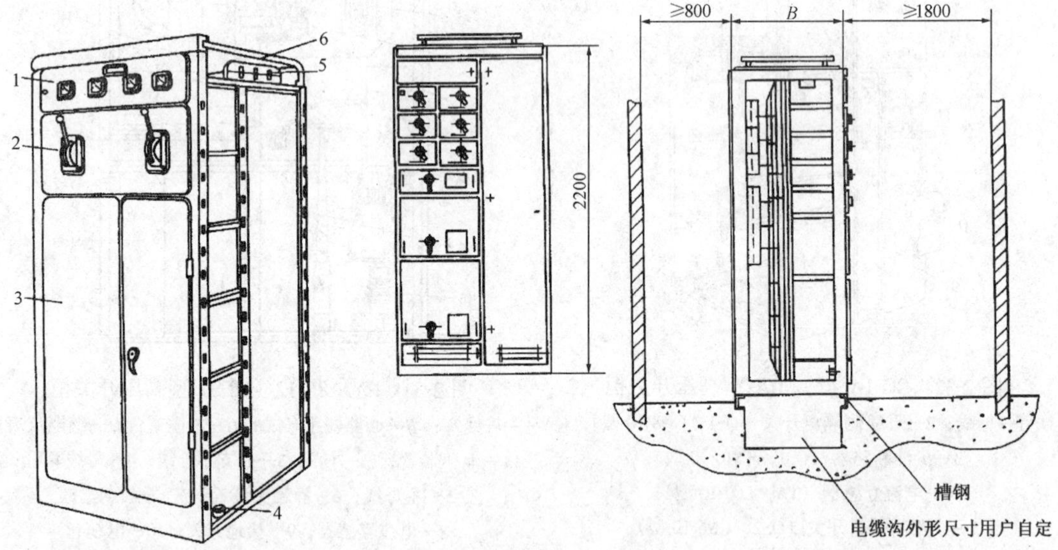


图 2-34　PGL 型低压配电屏外形结构图

1—仪表板；2—操作板；3—检修门；4—中性母线绝缘子；5—母线绝缘；6—母线防护罩

图 2-35　GCS 型低压抽出式开关柜外形图

低压配电屏的型号表示如下：

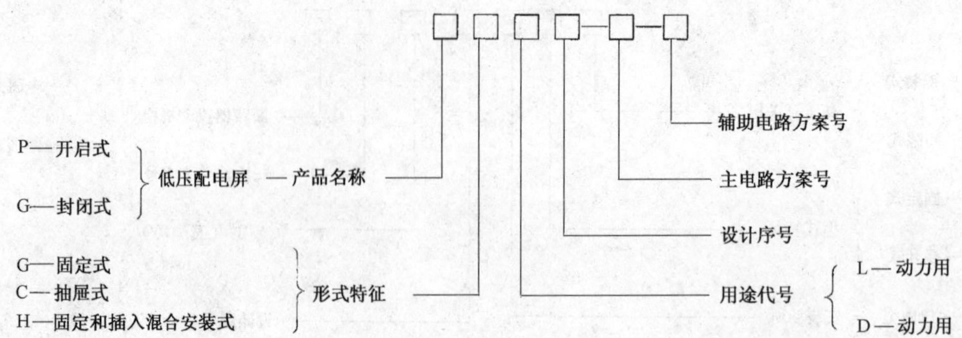

## 4.2 配电柜的布置

### 4.2.1 高压配电柜的布置

高压配电柜安装在高压配电室内,配电装置的各项安全净距应符合要求。当电气设备的套管和最低绝缘部位距地(楼)面小于2.3m时,应装设固定围栏,围栏与上方带电部分的净距,不应小于规定值。位于地(楼)面上面的裸导电部分遮拦下通道的高度不应小于1.9m。

高压配电柜的布置应考虑设备的操作、搬运、检修和试验的方便。10kV高压配电室内各种通道的最小宽度（净距）不应小于表2-2中所列的数值。

### 4.2.2 低压配电柜的布置

低压配电柜安装在低压配电室内，低压配电室内各配电装置的安全净距应符合要求。当配电装置为开启式，屏前未遮护裸导电部分的高度低于2.5m，屏后高度在2.3m以下时，应设置围栏（围栏系指栅栏、网状遮栏或板状遮拦）遮护。

低压配电柜的布置应考虑设备的操作、搬运、检修和试验的方便。低压配电室内的通道宽度不应小于表2-4中所列的数值。场地布置有困难时，可采用最小极限数值。

## 4.3 配电柜的安装

配电柜的安装内容及安装程序为：搬运配电柜至现场→安装基础型钢→配电柜就位、找正、固定→接地→接线→交接试验。

### 4.3.1 基础型钢制作安装

配电柜（屏）的安装通常以角钢或槽钢做基础。为了便于今后维修拆换，一般多采用槽钢。埋设基础型钢之前应将型钢调直，除去铁锈，按图纸要求尺寸下料钻孔。型钢埋设方法如下：

(1) 随土建施工时在混凝土基础上根据型钢固定尺寸,先预埋好地脚螺栓,待基础混凝土强度符合要求后再安放型钢。也可在混凝土基础施工时预先留置孔洞,待混凝土强度符合要求后,将基础型钢与地脚螺栓同时配合土建施工进行安装,再在方洞内浇筑混凝土。

(2) 随土建施工时预先埋设固定基础型钢的底板,待安装基础型钢时与底板进行焊接。

基础型钢安装如图2-36所示。型钢埋设偏差应符合表2-17的规定。型钢顶部宜高出

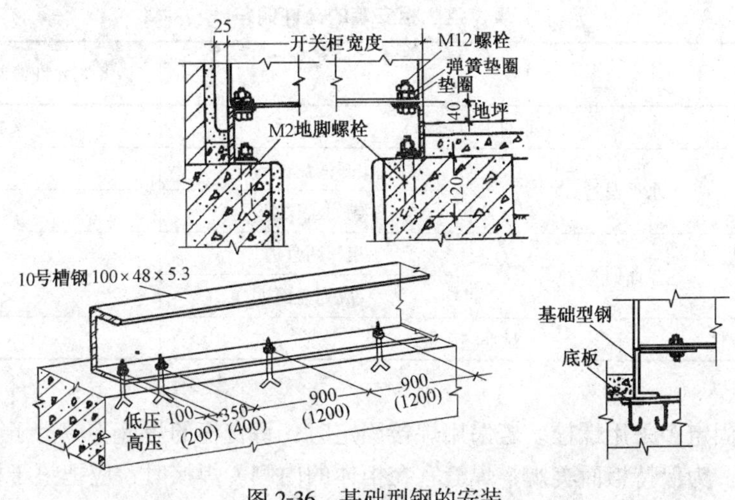


图2-36 基础型钢的安装

室内抹平地面10mm，手车式开关柜应按产品技术要求执行，一般与地面相平。

**配电柜（屏）基础型钢埋设允许偏差　　表2-17**

| 项　　目 | 允许偏差 | |
|---|---|---|
| | mm/m | mm/全长 |
| 不 直 度 | <1 | <5 |
| 水 平 度 | <1 | <5 |
| 位置误差及不平行度 | | <5 |

4.3.2　配电柜的搬运和检查

搬运配电柜（屏）应在较好的天气进行，以免柜内电器受潮。在搬运过程中，要防止配电柜倾倒，且应采取防震、防潮、防止框架变形和漆面受损等安全措施，必要时可将装置性设备和易损元件拆下单独包装搬运。吊装、运输配电柜一般使用吊车和汽车。起吊时的吊绳角度通常小于45°。配电柜放到汽车上应直立，不得侧放或倒置，并应用绳子进行可靠固定。

配电柜运到现场后应进行开箱检查。开箱时要小心谨慎，不要损坏设备。开箱后用抹布把配电柜擦干净，检查其型号、规格应与工程设计相符，制造厂的技术文件、附件备件应齐全、无损伤。整个柜体应无机械损伤，柜内所有电器应完好。仪表、继电器可从柜上拆下送交实验室进行检验和调校，等配电柜安装固定完毕后再装回。

4.3.3　配电柜的固定

在浇筑基础型钢的混凝土凝固之后，即可将配电柜就位。就位时应根据图纸及现场条件确定就位次序，一般情况下以不妨碍其他柜（屏）就位为原则，先内后外，先靠墙处后入口处，依次将配电柜放在安装位置上。

配电柜就位后，应先调到大致的水平位置，然后再进行精调。当柜较少时，先精确调整第一台柜，再以第一台柜为标准逐个调整其余柜，使其柜面一致、排列整齐、间隙均匀。当柜较多时，宜先安装中间一台柜，再调整安装两侧其余柜。调整时可在柜体下面加垫铁（同一处不宜超过三块），直到柜体偏差满足表2-18的要求，才可进行固定。

**表、盘、柜安装的允许偏差　　表2-18**

| 序　号 | 项　　目 | | 允许偏差（mm） |
|---|---|---|---|
| 1 | 垂直度（每米） | | <1.5 |
| 2 | 水平偏差 | 相邻两盘顶部 | <2 |
| | | 成列盘顶部 | <5 |
| 3 | 盘面偏差 | 相邻两盘边 | <1 |
| | | 成列盘面 | <5 |
| 4 | 盘间接缝 | | <2 |

配电柜的固定多采用螺栓。若采用焊接固定时，每台柜的焊缝不应少于4处，每处焊缝长约100mm。为保持柜面美观，焊缝宜在柜体的内侧。焊接时，应把垫于柜下的垫片也

焊在基础型钢上。但要注意，主控制柜、继电保护盘、自动装置盘等不宜与基础型钢焊死。

装在震动场所的配电柜，应采取防震措施，一般在柜下加装厚度约为10mm的弹性垫。

（1）成套柜的安装应符合下列要求

1）机械闭锁、电气闭锁应动作准确、可靠。

2）动触头与静触头的中心线应一致，触头接触紧密。

3）二次回路辅助开关的切换接点应动作准确，接触可靠。

4）柜内照明齐全。

（2）抽屉式配电柜的安装应符合下列要求

1）抽屉推拉应灵活轻便，无卡阻、碰撞现象，抽屉应能互换。

2）抽屉的机械连锁或电气连锁应动作正确可靠，断路器分闸后，隔离开关才能分开。

3）抽屉与柜体间的二次回路连接插件应接触良好。

4）抽屉与柜体间的接触及柜体、框架的接地应良好。

（3）手车式配电柜的安装应符合下列要求

1）防止电气误操作的“五防”装置齐全，并动作灵活可靠。

2）手车推拉应灵活轻便，无卡阻、碰撞现象，相同型号的手车应能互换。

3）手车推入工作位置后，动触头顶部与静触头底部的间隙应符合产品要求。

4）手车与柜体间的二次回路连接插件应接触良好。

5）安全隔离板应开启灵活，随手车的进出而相应动作。

6）柜内控制电缆的位置不应妨碍手车的进出，并应牢固。

7）手车与柜体间的接地触头应接触紧密，当手车推入柜内时，其接地触头应比主触头先接触，拉出时接地触头比主触头后断开。

#### 4.3.4 配电柜接地

配电柜的接地应牢固良好。每台柜宜单独与基础型钢做接地连接，每台柜从后面左下部的基础型钢侧面焊上接地鼻子，用不小于6mm$^2$的铜导线与柜上的接地端子连接牢固。基础型钢用40mm×4mm镀锌扁钢做接地连接线，在基础型钢的两端分别与接地网用电焊焊接，搭接面长度为扁钢宽度的两倍，且至少应在3个棱边焊接。

配电柜上装有可开启的金属门时，应用裸铜软线与接地的金属框架可靠连接。成套柜应装有供检修用的接地装置。

#### 4.3.5 配电柜上的电器安装

配电柜上的电器安装应符合下列要求：

（1）电器元件质量良好，型号、规格应符合设计要求，外观应完好，且附件齐全，排列整齐，固定牢固，密封良好。

（2）各电器应能单独拆装更换而不影响其他电器及导线束的固定。

（3）发热元件宜安装在散热良好的地方；两个发热元件之间的连线应采用耐热导线或裸铜线套瓷管。

（4）熔断器的熔体规格、自动开关的整定值应符合设计要求。

（5）切换压板应接触良好，相邻压板间应有足够的安全距离，切换时不应碰及相邻的压板；对于一端带电的切换压板，应使在压板断开的情况下，活动端不带电。

(6) 信号回路的信号灯，光字牌、电铃、电笛、事故电钟等应显示准确，工作可靠。

(7) 盘上装有装置性设备或其他有接地要求的电器，其外壳应可靠接地。

(8) 带有照明的封闭式盘、柜应保证照明完好。

4.3.6 二次设备的接线

敷设二次线路一般应在配电柜（盘）安装完毕，盘上的仪表、继电器和其他电器全部装好后进行。接线端子排一般装在配电盘的下边或两侧，便于更换及接线。端子排可装成一排或并列组装。在并列组装时，其间要有 150 ~ 200mm 的距离。端子排安装应固定牢固、绝缘良好、无损坏，端子应有序号，回路电压超过 400V 时，端子板应有足够的绝缘并涂以红色标志。

为防止强电对弱电的干扰，强、弱电端子宜分开布置，当有困难时，应有明显标志并设空端子隔开或设加强绝缘的隔板。正、负电源之间以及经常带电的正电源与合闸或跳闸回路之间，宜以一个空端子隔开。接线端子应与导线截面匹配。

柜(盘)上的小母线应采用截面不小于 6mm$^2$ 的铜棒或钢管。小母线两侧应有标明其代号或名称的绝缘标志牌,字迹应清晰、工整且不易褪色。柜(盘)的正面及背面各电器、端子牌等应标明编号、名称、用途及操作位置,其标明的字迹应清晰、工整且不易褪色。

屏顶上小母线不同相或不同级的裸露载流部分之间，裸露载流部分与未经绝缘的金属体之间，间隙不得小于 12mm，爬电距离不得小于 20mm。盘柜内两导体间，导电体与裸露的不带电的导体间的电气间隙及爬电距离应符合表 2-19 中的规定。

**盘柜内两导体间，导电体与裸露的不带电的导体间的电气间隙及爬电距离　　表 2-19**

| 额定电压（V） | 电气间隙（mm） | | 爬电距离（mm） | |
|---|---|---|---|---|
| | 额定工作电流（A） | | 额定工作电流（A） | |
| | ≤63 | >63 | ≤63 | >63 |
| ≤60 | 3.0 | 5.0 | 3.0 | 5.0 |
| 60 < $U$ ≤ 300 | 5.0 | 6.0 | 6.0 | 8.0 |
| 300 < $U$ ≤ 500 | 8.0 | 10.0 | 10.0 | 12.0 |
| 300 < $U$ ≤ 500 | 8.0 | 10.0 | 10.0 | 12.0 |

当二次线路敷设在配电柜（盘上时），一般采用带扣的塑料抱箍绑扎导线而不另设支持点。如果绑扎的导线较少，可采用铝片卡绑扎。如图 2-37 所示为单层导线排列及绑扎示意图，如图 2-38 所示为三层导线排列及绑扎示意图，如图 2-39 所示为导线扇形排列及绑扎示意图。

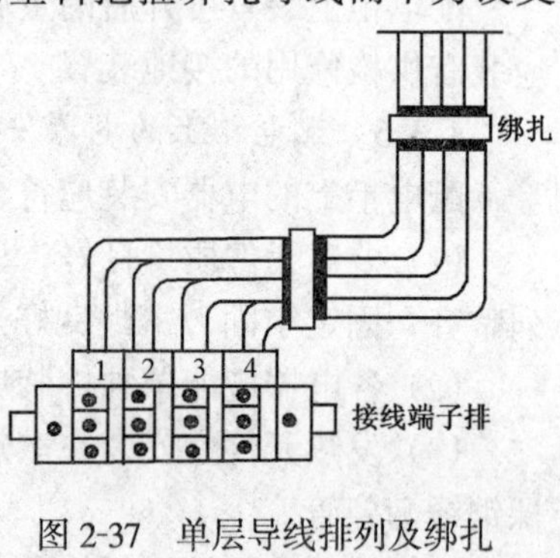

图 2-37　单层导线排列及绑扎

4.3.7 柜体涂色

柜（盘）的漆层应完整，无损伤，固定电器的支架等应刷漆。安装在同一室内且经常监视的柜、盘面颜色宜和谐一致。当漆层被破坏或成列的柜（盘）面颜色不一致时，应重新喷漆。主控制柜面应有模拟母线。模拟母线的标志颜色，应符合表 2-20 中的规定。

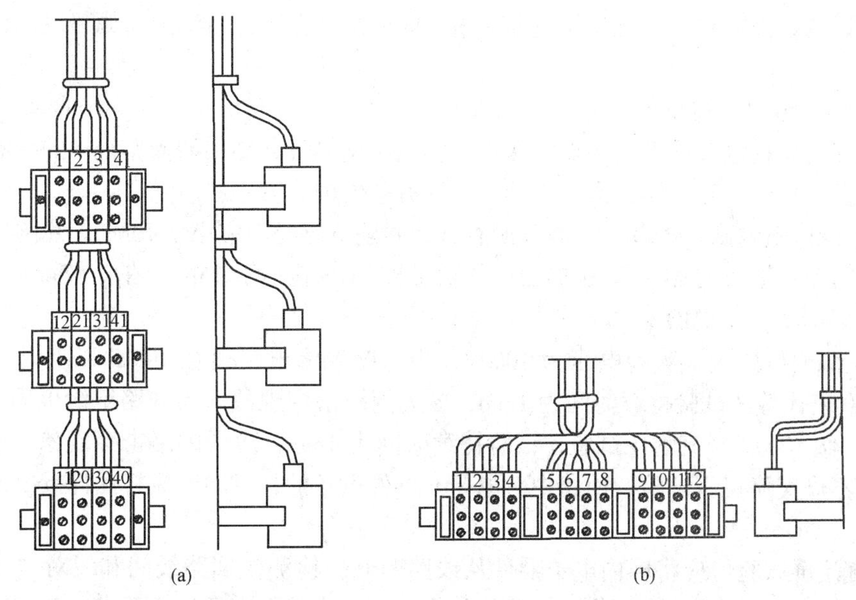


图 2-38　三层导线的排列及绑扎

(a) 垂直分列；(b) 水平分列

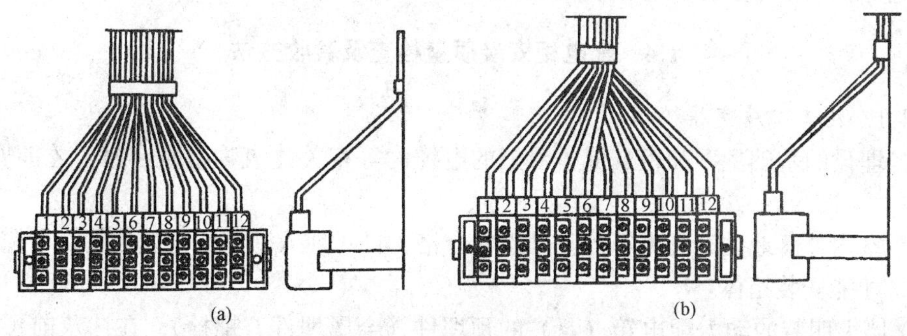


图 2-39　导线扇形分列及绑扎

(a) 单层导线；(b) 双层导线

4.3.8　试验调整

试验和调整是安装工程最重要的环节。柜(盘)试验调整包括高压试验和二次控制回路试验调整。

(1) 高压试验

高压试验应当由当地供电部门许可的试验单位进行。试验应符合《电气装置安装工程电气设备交接试验标准》(GB 50150—1991)的有关规定。试验内容有:高压柜框架、母线、避雷器、高压瓷瓶、电压互感器、电流互感器、高

**模拟母线的标志颜色　表 2-20**

| 电压（kV） | 颜　色 |
|---|---|
| 交流 0.23 | 深　灰 |
| 交流 0.40 | 黄　褐 |
| 交流 6 | 深　蓝 |
| 交流 10 | 绛　红 |
| 交流 35 | 浅　红 |
| 直　流 | 褐 |

压开关等。调整内容有：过电流继电器调整、时间继电器、信号继电器调整以及机械连锁调整等。

(2) 二次控制回路试验调整

二次回路是指电气设备的操作、保护、测量、信号等回路中的操作机构的线圈、接触器、继电器、仪表、互感器二次绕组等。试验调整的内容有：

1) 绝缘电阻测试。小母线在断开所有其他并联支路时不应小于10MΩ。线路导体对地间绝缘电阻值：馈线必须大于0.5MΩ，二次回路均不应小于1MΩ，在比较潮湿的地方，绝缘电阻可不小于0.5MΩ。

2) 交流耐压试验。实验电压为1000V，当回路绝缘电阻值在10MΩ以上时，可采用2500V兆欧表代替。试验持续时间为1min，应无闪络击穿现象。当回路绝缘电阻值在1~10MΩ时，做1000V交流耐压试验，试验持续时间为1min，应无闪络击穿现象。48V及以下回路可不做交流耐压试验。回路中有电子元器件设备的，试验时应将插件拔出或两端短接。

3) 直流屏试验。应将屏内电子器件从线路断开，检测主回路线间和线对地间绝缘电阻值应大于0.5MΩ；直流屏所附蓄电池组的充、放电应符合产品技术要求；整流器的控制调整和输出特性试验应符合产品技术要求。

4) 模拟试验。按图样要求，接通临时控制和操作电源，分别模拟试验控制、连锁、操作继电保护和信号动作，应正确无误、灵敏可靠。

## 4.4 配电柜安装质量检查及验收方法

### 4.4.1 施工工序交接确认

(1) 埋设的基础型钢和柜、屏、台下的电缆沟等相关建筑物检查合格，才能安装柜、屏、台。

(2) 室内外落地动力配电箱的基础验收合格，且对埋入基础的电线导管、电缆导管进行检查，才能安装箱体。

(3) 墙上明装的动力配电箱（盘）的预埋件（金属埋件、螺栓），在抹灰前预留和预埋；暗装的动力配电箱的预留孔和动力配线的线盒及电线导管等，经检查确认到位，才能安装配电箱（盘）。

(4) 接地（PE）或接零（PEN）连接完成后，核对柜、屏、台、箱、盘内的元件规格、型号，且交接试验合格，才能投入使用。

### 4.4.2 施工质量检查及验收方法

(1) 盘、柜的固定及接地应可靠，盘、柜漆层应完好、清洁整齐。

(2) 盘、柜内所装电器元件应齐全完好，安装位置正确，固定牢固。

(3) 所有二次回路接线应准确，连接可靠，标志齐全清晰，绝缘符合要求。

(4) 手车或抽屉式开关柜在推入或拉出时应灵活，机械闭锁可靠，照明装置齐全。

(5) 柜内一次设备的安装质量验收要求应符合国家现行有关标准规范的规定。

(6) 用于热带地区的盘、柜应具有防潮、抗霉和耐热性能，按国家现行标准《热带电工产品通用技术》要求验收。

(7) 盘、柜及电缆管道安装完后，应作好封堵。可能结冰的地区还应有防止管内积水结冰的措施。

(8) 操作及联动试验正确，符合设计要求。

4.4.3 验收时应提交的资料和文件

(1) 工程竣工图。

(2) 变更设计的证明文件。

(3) 制造厂提供的产品说明书、调试大纲、试验方法、试验纪录、合格证件及安装图样等技术文件。

(4) 根据合同提供的备品备件清单。

(5) 安装技术纪录。

(6) 调整试验纪录。

## 实训课题配电柜的安装

实训内容：配电柜的安装。

实训要求：配电柜的基础安装、接线及配电柜的调试。

实训工具：(1) 台钻、手电钻、电焊机、砂轮、气焊工具、台虎钳、扳手、锉刀、钢锯、手锤、克丝钳、电工刀、螺钉旋具、卷尺等。

(2) 水准仪、兆欧表、万用表、水平尺、靠尺板、高压检测仪器、试电笔、塞尺、线坠等。

实训材料：(1) 高压开关柜、低压配电屏、电容器柜等。

(2) 型钢、镀锌螺栓、螺母、垫圈 、弹簧垫、地脚螺栓等。

(3) 塑料软管、异型塑料管、尼龙卡带、小白线、绝缘胶垫、标志牌、电焊机、氧气、乙炔气、锯条等。

实训条件：(1) 与（盘）柜安装有关建筑物的土建工程施工标高、尺寸、结构及工程质量均应符合设计要求。

(2) 室内地面工程结束，预埋件及预留孔符合设计要求，预埋件应牢固，安装场地干净，道路畅通。

(3) 设备、材料齐全，并运至现场。

检查评分：实训结束后，指导教师根据实操过程进行评定，评出实训成绩。实训项目及检查评分标准见表 2-21。

**配电柜安装实训项目及评分标准** **表 2-21**

| 项　目 | 实 训 要 求 | 分值 | 评 分 标 准 | 得分 |
|---|---|---|---|---|
| 选择配电柜 | 选择配电柜、符合要求 | 5 | 有一处选用不合理扣 1 分 | |
| 基础型钢的制作 | 工艺合理，满足安装要求、工具使用正确 | 10 | 有一处选用不合理扣 2 分 | |
| 安装间距 | 前后通道满足施工安装要求 | 10 | 有一处不合要求扣 2 分 | |
| 配电柜的固定 | 固定牢靠，方法合理 | 10 | 有一处不合要求扣 2 分 | |
| 配电柜的电器安装 | 固定牢靠，安装合理 | 5 | 有一处不合要求扣 1 分 | |

续表

| 项　　目 | 实　训　要　求 | 分值 | 评分标准 | 得分 |
|---|---|---|---|---|
| 柜内配线 | 接线正确，配线美观 | 5 | 有一处不合要求扣2分 | |
| 尺寸定位 | 定位准确，符合要求，尺寸偏差不超标 | 10 | 每一处超标扣2分 | |
| 工艺程序 | 合理科学，工作效率高 | 10 | 有一项不合要求扣2分 | |
| 操作时间 | 3h | 15 | 超过10min扣2分 | |
| 文明生产与环境保护 | 材料无浪费，现场干净，废品清理分类符合要求 | 10 | 有一项不合要求扣2分 | |
| 安全操作 | 遵守安全操作规程，不发生任何安全事故 | 10 | 有违反安全规程处扣5分 | |
| 合　　计 | | | 满分100分 | |

# 课题5　电力变压器安装

## 5.1　电力变压器型号及技术参数

### 5.1.1　电力变压器的结构及类型

电力变压器是10kV变电所的主要设备，又称主变压器。电力变压器用来将10kV高压转换为三相四线制的低压（220/380V），供给建筑物内的用电设备使用。

电力变压器的种类较多，按相数分，有单相和三相两种；按冷却介质分，有干式和油浸式两大类；按冷却方式分，有油浸自冷式、油浸风冷式以及强迫油循环风冷式和水冷式等。在防火要求高的民用建筑物内应采用干式变压器或SF6变压器。

三相油浸式电力变压器如图2-40所示；三相干式电力变压器如图2-41所示。

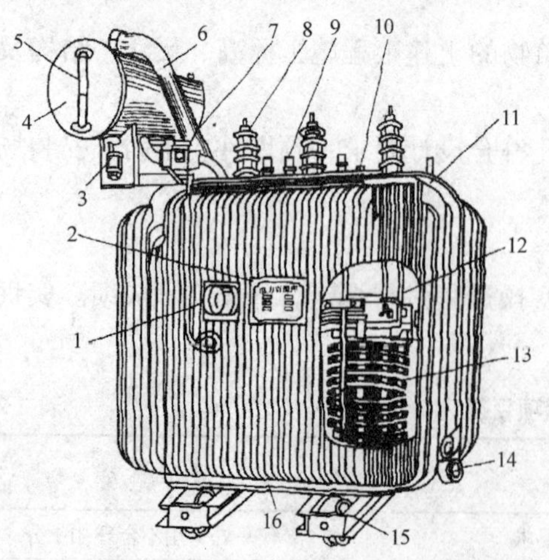


图2-40　三相油浸式电力变压器

1—信号温度计；2—铭牌；3—吸湿器；4—油枕；5—油标；
6—防爆管；7—瓦斯继电器；8—高压套管；
9—低压套管；10—分接开关；11—油箱；
12—铁心；13—绕组及绝缘；14—放油阀；
15—小车；16—接地端子

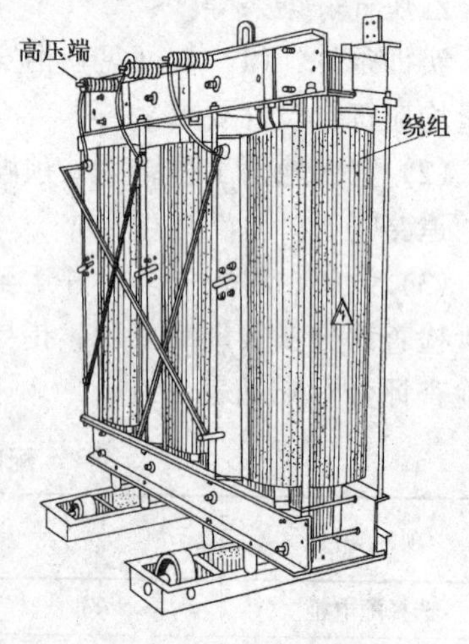


图2-41　三相干式电力变压器

### 5.1.2 电力变压器的型号

电力变压器的型号命名方法及各部分的意义为：

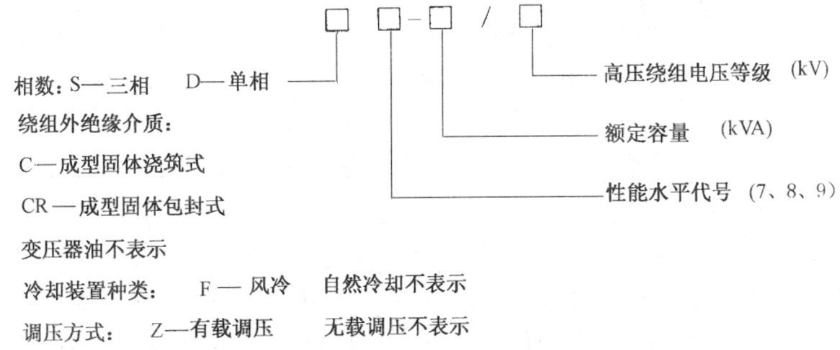


### 5.1.3 电力变压器的连接组标号

电力变压器的连接组标号用来反映变压器高、低压绕组的连接方式及电压之间的相位差。三相变压器的绕组连接方式有星形、三角形、曲折形三种方式，高压绕组分别用大写字母 Y、D、Z 表示，低压绕组用小写字母 y、d、z 表示，有中性线引出的星形、曲折形连接方式，在其字母之后加 N 或 n。

6～10kV 电力变压器其低压侧多为三相四线制系统，其连接组有 Yyn0（即 Y/Y0-12）和 Dyn11（即△/Y0-11）两种。建筑供配电系统中所用的三相电力变压器一般采用 Dyn11 连接组。

### 5.1.4 电力变压器的技术参数

电力变压器的技术参数主要有额定容量、额定电压、额定电流、短路电压、连接组标号、功率损耗等。表 2-22 为 S9 型油浸式变压器技术数据，表 2-23 为 SCL6 系列浇注式干式变压器技术数据，表中各变压器连接组均有 Yyn0 和 Dyn11 两种。

**S9 型油浸式变压器技术数据** **表 2-22**

| 容量 (kVA) | 额定电压 (kV) | | 损耗 (kW) | | 阻抗电压 (%) | 空载电流 (%) | 质量 (kg) | | | 外形尺寸 (mm) | | |
|---|---|---|---|---|---|---|---|---|---|---|---|---|
| | 高压 | 低压 | 空载 | 负载 | | | 器身 | 油重 | 总重 | 长 | 宽 | 高 |
| 100 | (10,6,3) ±5% | 0.4 | 0.29 | 1.50 | 4.0 | 2.0 | 380 | 140 | 650 | 1220 | 800 | 1400 |
| 125 | | | 0.35 | 1.75 | | 1.8 | 440 | 175 | 790 | 1310 | 850 | 1430 |
| 160 | | | 0.42 | 2.10 | | 1.7 | 530 | 195 | 930 | 1340 | 870 | 1460 |
| 200 | | | 0.50 | 2.50 | | 1.7 | 605 | 215 | 1045 | 1380 | 980 | 1490 |
| 250 | | | 0.59 | 2.95 | | 1.5 | 730 | 255 | 1245 | 1410 | 1000 | 1540 |
| 315 | | | 0.70 | 3.50 | | 1.5 | 855 | 280 | 1430 | 1460 | 1010 | 1580 |
| 400 | | | 0.84 | 4.20 | | 1.4 | 1010 | 320 | 1645 | 1500 | 1230 | 1630 |
| 500 | | | 1.00 | 5.00 | | 1.4 | 1155 | 360 | 1890 | 1570 | 1250 | 1670 |
| 630 | | | 1.23 | 6.00 | 4.5 | 1.2 | 1720 | 605 | 2825 | 1880 | 1530 | 1980 |
| 800 | | | 1.45 | 7.20 | | 1.2 | 1965 | 680 | 3215 | 2200 | 1550 | 2320 |
| 1000 | | | 1.72 | 10.00 | | 1.1 | 2180 | 870 | 3945 | 2280 | 1560 | 2480 |
| 1250 | | | 2.00 | 11.80 | | 1.1 | 2615 | 980 | 4650 | 2310 | 1910 | 2630 |
| 1600 | | | 2.45 | 14.00 | | 1.0 | 2960 | 1115 | 5205 | 2350 | 1950 | 2700 |

**SCL6 系列浇注式干式变压器技术数据** 表 2-23

| 容量 (kVA) | 额定电压 (kV) | | 损耗 (kW) | | 阻抗电压 (%) | 噪声 (dB) | 总质量 (kg) | 外形尺寸 (mm) | | |
|---|---|---|---|---|---|---|---|---|---|---|
| | 高压 | 低压 | 空载 | 负载 | | | | 长 | 宽 | 高 |
| 100 | 10 | 0.4 | 0.53 | 1.60 | 4 | 55 | 710 | 1030 | 535 | 930 |
| 160 | | | 0.74 | 2.15 | 4 | 58 | 910 | 1100 | 545 | 1040 |
| 200 | | | 0.83 | 2.59 | 4 | 58 | 920 | 1120 | 533 | 1150 |
| 250 | | | 0.98 | 3.03 | 4 | 58 | 1160 | 1245 | 590 | 1200 |
| 315 | | | 1.15 | 3.58 | 4 | 60 | 1360 | 1295 | 615 | 1235 |
| 400 | | | 1.40 | 4.30 | 4 | 60 | 1550 | 1330 | 640 | 1290 |
| 500 | | | 1.60 | 5.34 | 4 | 60 | 1900 | 1445 | 665 | 1360 |
| 630 | | | 1.80 | 6.22 | 4 | 62 | 2080 | 1495 | 690 | 1485 |
| 800 | | | 2.1 | 6.83 | 6 | 64 | 2300 | 1550 | 690 | 1540 |
| 1000 | | | 2.40 | 8.04 | 6 | 64 | 2730 | 1610 | 750 | 1665 |
| 1250 | | | 2.90 | 9.50 | 6 | 65 | 3390 | 1760 | 810 | 1800 |
| 1600 | | | 3.40 | 11.57 | 6 | 66 | 4220 | 1850 | 850 | 1900 |
| 2000 | | | 4.70 | 13.99 | 6 | 66 | 5140 | 2035 | 880 | 1975 |
| 2500 | | | 5.80 | 16.94 | 6 | 70 | 6300 | 2090 | 1300 | 2590 |

## 5.2 变压器基础的做法

在室外安装的变压器基础为墩状，一般应高出地面 300mm 以上。室内安装的变压器基础有不抬高式和抬高式两种形式。不抬高式基础也可为墩状，高出地坪 300mm，其基础也可与地面平齐。基础抬高式多采用基础梁，相对标高为 0.8～1.2m，下方悬空，上表面与抬高的地坪平齐。

变压器基础梁或基础墩上的预埋件，采用 200mm × 8mm 扁钢，并在扁钢上焊接固定 $\phi$16圆钢作为变压器滚轮导轨，两圆钢（及扁钢）应平行，其间距与变压器轮距相同，如图 2-42（*a*）所示，预埋件尺寸要求见表 2-24。

低压母线过墙孔洞的预埋件，采用 50mm × 50mm × 5mm 角钢，孔洞高 300mm，宽度（*W*）见表 2-25，安装方法如图 2-42（*b*）所示。

变压器室檐口上架空进户支架预埋件用 $\phi$16 圆钢，预埋时注意与屋面主筋焊牢，如图 2-42（*c*）所示。此外，还有安装固定变压器的预埋件、变压器吊芯检查用的屋顶吊钩预埋件等。各种预埋件均须电气设计人员向土建设计人员提出荷重要求和埋设具体位置。

**变压器轨道预埋件安装要求尺寸** 表 2-24

| 变压器容量 (kVA) | $F_1$ (mm) | $F_2$ (mm) | $F_0$ (mm) | 变压器总重量 (kg) |
|---|---|---|---|---|
| 200～400 | 550 | 660 | 605 | 1049.3～1740.7 |
| 500～630 | 660 | 820 | 740 | 2015.3～2691.9 |
| 800～1250 | 820 | 1070 | 945 | 3241.1～4932.7 |

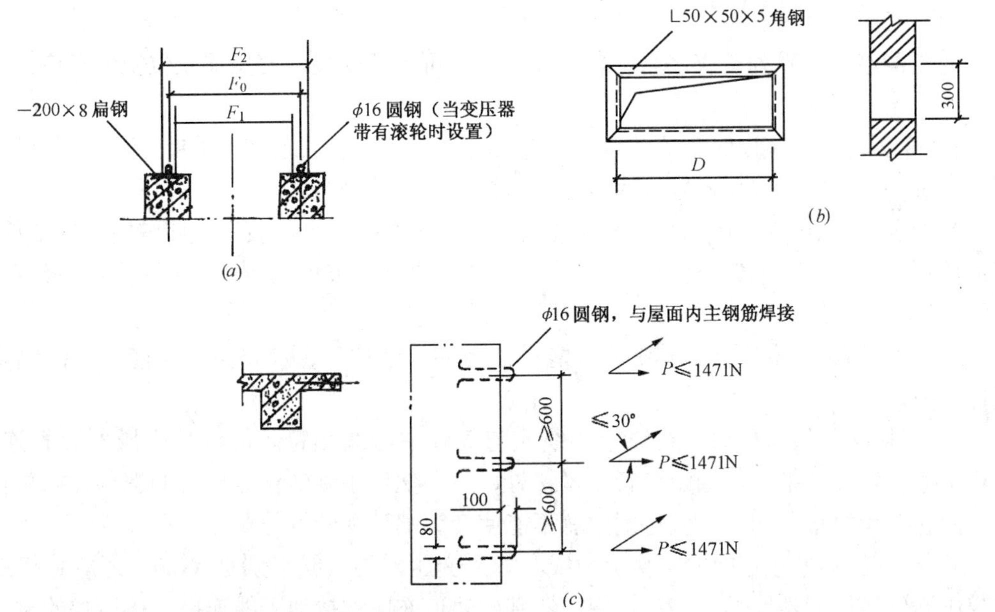


图 2-42　变压器室的部分预埋件（mm）

（a）基础梁、墩上的预埋件；（b）低压母线过墙穿孔洞预埋件；（c）变压器室檐口上的架空进户支架预埋件

**低压母线过墙孔洞内预埋件**　　　　**表 2-25**

| 变压器容量（kVA） | 过墙孔洞宽 W（mm） | 变压器容量（kVA） | 过墙孔洞宽 W（mm） |
|---|---|---|---|
| 200～630 | 900 | 800～1250 | 900 |

## 5.3　变压器的安装

变压器运输到现场之后，在安装之前还应做好以下几方面的工作。

(1) 资料检查

变压器应有产品出厂合格证，技术文件应齐全；型号、规格应和设计相符，附件、备件应齐全完好；变压器外表无机械损伤，无锈蚀；若为油浸式变压器，油箱应密封良好；变压器轮距应与设计轨距相符。

(2) 器身检查

变压器到达现场后，应进行器身检查。进行器身检查的目的是检查变压器是否有因长途运输和搬运，由于剧烈振动或冲击使芯部螺栓松动等一些外观检查不出来的缺陷，以便及时处理，保证安装质量。

(3) 变压器的干燥

变压器是否需要进行干燥，应根据“新装电力变压器不需要干燥的条件”进行综合分析判断后确定。电力变压器常用的干燥方法有铁损干燥法、铜损干燥法、零序电流干燥法、真空热油喷雾干燥法、煤油气相干燥法、热风干燥法以及红外线干燥法等。干燥方法的选用应根据变压器绝缘受潮程度及变压器容量大小、结构形式等具体条件确定。

(4) 变压器就位安装

变压器经过一系列检查之后，若无异常，即可就位安装。变压器就位安装时应注意以下问题：

1) 变压器推入室内时，要注意高、低压侧方向应与变压器室内的高低压电气设备的装设位置一致，否则变压器推入室内之后再调转方向就困难了。

2) 变压器基础导轨应水平，轨距应与变压器轮距相吻合。装有气体继电器的变压器，应使其顶盖沿气体继电器气流方向有1%～1.5%的升高坡度（制造厂规定不需安装坡度者除外）。

3) 装有滚轮的变压器，其滚轮应能灵活转动，就位后，应将滚轮用能拆卸的制动装置加以固定。

4) 装接高、低压母线。母线中心线应与套管中心线相符。母线与变压器套管连接，应用两把扳手。一把扳手固定套管压紧螺母，另一把扳手旋转压紧母线的螺母，以防止套管中的连接螺栓跟着转动。应特别注意不能使套管端部受到额外拉力。

5) 在变压器的接地螺栓上接上地线。如果变压器的接线组别是Yyn0，还应将接地线与变压器低压侧的零线端子相连。变压器基础轨道亦应和接地干线连接。接地线的材料可采用铜绞线或扁钢，其接触处应搪锡，以免锈蚀，并应连接牢固。

6) 当需要在变压器顶部工作时，必须用梯子上下，不得攀拉变压器的附件。变压器顶盖应用油布盖好。严防工具材料跌落，损坏变压器附件。

7) 变压器的油箱外表面如有油漆剥落，应进行喷漆或补刷。

## 5.4 变压器的试运行

(1) 补充注油

在施工现场给变压器补充注油应通过油枕进行。为防止过多的空气进入油中，开始时，先将油枕与油箱间联管上的控制阀关闭，把合格的绝缘油从油枕顶部注油孔注入油枕，至油枕额定油位。让油枕里面的油静止15～30min，使混入油中的空气逐渐逸出。然后，适当打开联管上的控制阀，使油枕里面的绝缘油缓慢地流入油箱。重复这样的操作，直到绝缘油充满油箱和变压器的有关附件，并且达到油枕额定油位为止。

补充油工作完成以后，在施加电压前，应保持绝缘油在电力变压器里面静置24h，再拧开瓦斯继电器的放气阀，检查有无气体积聚，并加以排放，同时，从变压器油箱中取出油样做电气强度试验。在补充注油过程中，一定要采取有效措施，使绝缘油中的空气尽量排出。

(2) 整体密封检查

变压器安装完毕，补充注油以后应在油枕上用气压或油压进行整体密封试验，其压力为油箱盖上能承受0.03MPa压力，试验持续时间为24h，应无渗漏。整体运输的变压器，可不进行整体密封试验。

(3) 试运行

变压器试运行，是指变压器满负荷连续运行24h所经历的过程。变压器在试运行前，应进行全面检查，确认其符合运行条件后，方可投入使用。变压器第一次运行合闸时，一般由高压侧投入。中性点接地的变压器，在进行冲击合闸时，其中性点必须接地。受电后，持续观察10min，变压器无异常情况，即可继续进行。变压器应进行五次空载全电压冲击合闸，应无异常情况；励磁涌流不应引起保护装置的误动。冲击合闸正常，带负荷运行 24h，无任何异常情况，则可认为试运行合格。

### 5.5 变压器安装质量检查及验收方法

#### 5.5.1 变压器安装交接程序

（1）变压器、箱式变电所的基础验收合格，且对埋入基础的电线导管、电缆导管和变压器进、出线预留孔及相关预埋件进行检查确认后，才能安装变压器、箱式变电所。

（2）杆上变压器的支架紧固检查确认后，才能吊装变压器并就位固定。

（3）变压器及接地装置交接试验合格后，才能通电。

#### 5.5.2 变压器安装质量检查及验收方法

（1）质量检查主控项目

1）变压器安装应位置正确，附件齐全，油浸变压器油位正常，无渗油现象。

2）接地装置引出的接地干线与变压器的低压侧中性点直接连接；接地干线与箱式变电所的 N 母线和 PE 母线直接连接；变压器箱体、干式变压器的支架或外壳应接地（PE）。所有连接应可靠，紧固件及防松零件齐全。

3）变压器必须按现行国家标准《电气装置安装工程电气设备交接试验标准》（GB 50150—1991）规定交接试验合格。

4）箱式变电所及落地式配电箱的基础应高于室外地坪，周围排水通畅。用地脚螺栓固定的螺帽齐全，拧紧牢固；自由安放的应垫平放正。金属箱式变电所及落地式配电箱，箱体应接地（PE）或接零（PEN）可靠，且有标识。

（2）质量检查一般项目

1）有载调压开关的传动部分润滑应良好，动作灵活，点动给定位置与开关实际位置一致，自动调节符合产品的技术文件要求。

2）绝缘件应无裂纹、缺损和瓷件瓷釉损坏等缺陷，外表清洁，侧温仪表指示准确。

3）装有滚轮的变压器就位后，应将滚轮用能拆卸的制动部件固定。

# 课题 6 柴油发电机安装

### 6.1 柴油发电机的种类及型号

常用的柴油发电机组有两大类：一类是进口机组，如美国的康明斯、卡特彼勒，英国的佩特波等产品。另一类是国产机组，生产厂家及产品很多。柴油发电机的外形如图 2-43 所示。表 2-26 所列为卡特彼勒柴油发电机组的型号及技术参数。

图 2-43 柴油发电机外形

### 6.2 柴油发电机的选用

#### 6.2.1 柴油发电机的容量选择

在初步方案设计阶段，可按供电变压器

**卡特彼勒柴油发电机组技术参数** **表 2-26**

| 柴油机机组型号 | | 输出功率 | | 燃油耗用量 | 气缸数量 | 机组尺寸 | | | 重量 |
|---|---|---|---|---|---|---|---|---|---|
| | | 50Hz（1500转/分） | | 100%负荷带风扇 | | 长 | 宽 | 高 | |
| | | kVA | kW | L/h | | mm | mm | mm | kg |
| 卡特彼勒 | 3406 | 350 | 280 | 80 | 6 | 3800 | 1105 | 2091.2 | 3720 |
| | 3406 | 400 | 320 | 86 | 6 | 3800 | 1105 | 2091.2 | 3740 |
| | 3456 | 450 | 360 | 89.1 | 6 | 4086 | 1100 | 2075 | 4226 |
| | 3456 | 500 | 400 | 99.9 | 6 | 4086 | 1100 | 2075 | 4240 |
| | 3412 | 550 | 440 | 121 | 12 | 4485 | 1699 | 1940 | 4585 |
| | 3412 | 600 | 480 | 138 | 12 | 4485 | 1748.4 | 1940 | 4630 |
| | 3412 | 650 | 520 | 148 | 12 | 4485 | 1748.4 | 1940 | 4630 |
| | 3412 | 700 | 560 | 153 | 12 | 4485 | 1748 | 1940 | 5500 |
| | 3412 | 750 | 600 | 159 | 12 | 4485 | 1742 | 1940 | 5700 |
| | 3412 | 800 | 640 | 169 | 12 | 4485 | 1741.7 | 1940 | 5900 |
| | 3412 | 900 | 720 | 192 | 12 | 4485 | 1742 | 1940 | 6130 |
| | 3508 | 1000 | 800 | 216.5 | 8 | 4720.4 | 2038.4 | 2250.7 | 8410 |
| | 3512 | 1250 | 1000 | 267.4 | 12 | 5140.2 | 2317.8 | 2545.1 | 10770 |
| | 3512 | 1400 | 1120 | 301.4 | 12 | 5171.2 | 2317.8 | 2545.1 | 11130 |
| | 3516 | 2000 | 1600 | 420.9 | 16 | 5731.2 | 2317.8 | 2545.1 | 14780 |
| | 3508B | 1100 | 880 | 227 | 8 | 4899.3 | 2038.4 | 2258.8 | 8780 |
| | 3512B | 1500 | 1200 | 321.2 | 12 | 5198.2 | 2317.8 | 2545.1 | 11550 |
| | 3512B | 1600 | 1280 | 333.3 | 12 | 5168.2 | 2317.8 | 2545.1 | 11750 |
| | 3512B | 1750 | 1400 | 358.1 | 12 | 5517.2 | 2317.8 | 2545.1 | 13220 |
| | 3512B | 1875 | 1500 | 292.7 | 12 | 5517.2 | 2317.8 | 2545.1 | 13580 |
| | 3516B | 2250 | 1800 | 457.5 | 16 | 5917.3 | 2317.8 | 2545.1 | 15440 |
| | 3516B | 2500 | 2000 | 519.7 | 16 | 6227.9 | 2546.3 | 2545.1 | 16790 |

容量的10%～20%估算柴油发电机容量。

在施工图设计阶段可根据一级负荷、消防负荷以及某些重要的二级负荷的容量计算选择发电机容量，也可以按最大单台电动机或成组电动机启动的需要，计算选择发电机的容量。

柴油发电机宜选用无刷型自动励磁的机组。当容量不超过800kW时，可以选择单台发电机，如果容量超过800kW，宜选择两台机组，且应选择相同的机组型号。发电机组一般不宜超过3台。

### 6.2.2 柴油发电机的启动要求

柴油发电机作为建筑供配电系统的应急备用电源，要求市电中断后应能立即投入运行，故所选择的柴油发电机组应有自启动装置，一旦市电中断，应在15s内启动且投入供电，当市电恢复后，机组延时 2～15min 不卸载运行，5min 后，主开关自动跳闸。

## 6.3 柴油发电机的供电范围

按照我国《高层民用建筑设计防火规范》（GB 50045—95）的有关要求，柴油发电机应向建筑物内的消防设施和其他重要的一、二级负荷供电。供电范围一般包括以下几个方面：

（1）消防设施用电。

（2）楼梯及客房走道照明用电的 50%。

（3）重要场所的动力、照明、空调用电。

（4）消防电梯、消防水泵。

（5）中央控制室与经营管理电脑系统。

（6）保安、通信设施和航空障碍灯用电。

（7）重要的会议厅堂和演出场所用电。

## 6.4 柴油发电机的安装

### 6.4.1 柴油发电机房的布置

柴油发电机机房应靠近变电所、外墙或内天井、楼梯间等，布置方案如图 2-44 所示，排烟由地下竖井升至一层，在一层对外开百叶窗；进风靠近进入地下室的楼梯。排烟管可在排风口上部进入排风竖井，由竖井引至室外，但在排风竖井内的这段管道应用耐火材料进行保温隔热处理。

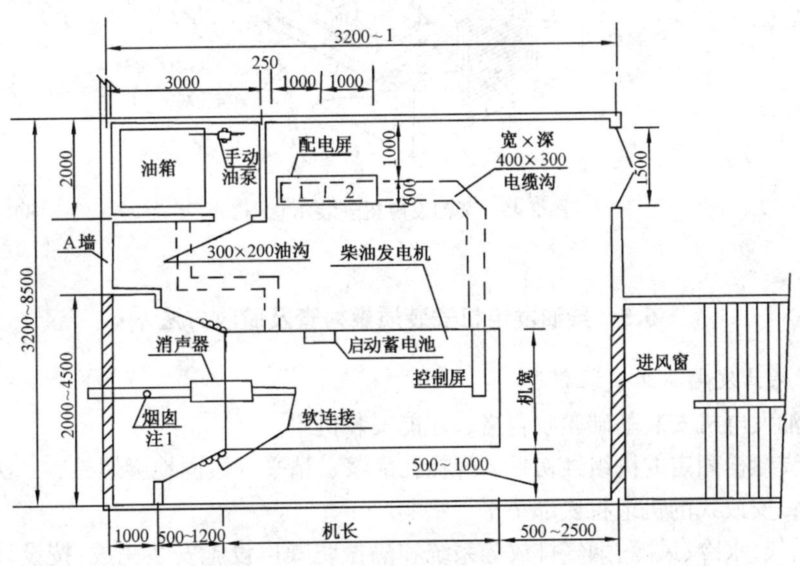


图 2-44 柴油发电机房在地下室的平面布置

### 6.4.2 柴油发电机的安装

柴油发电机的安装应符合所用发电机组的技术要求，其安装示意图如图 2-45 所示。机组不操作的一侧离墙最小距离为 500mm；机组散热器距墙 800～1500mm；机尾发电机端距墙最小距离 500 ~ 1000mm；单面操作侧面距墙 1500 ~ 2500mm；两台并列时，机组之间相距 1200 ~ 1500mm。机组出线屏装在机房内，屏后离墙 800 ~ 1000mm，屏前操作距离最小为 1500mm。启动蓄电池安装在机组基础上。机组自带防振垫，因此基础台可不作防振处理。柴油发电机房应作隔声处理，以使其噪声符合规定。

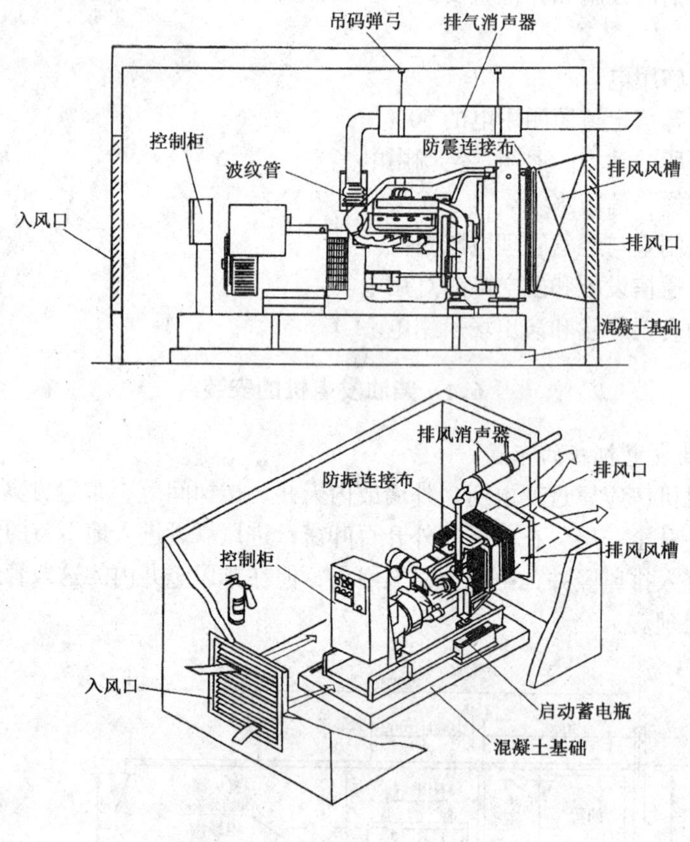


图 2-45　柴油发电机安装示意图

## 6.5　柴油发电机安装质量检查及验收方法

6.5.1　柴油发电机组安装程序

（1）柴油发电机安装基础验收合格，才能安装机组。

（2）地脚螺栓固定的机组经初平、螺栓孔灌浆、精平、紧固地脚螺栓、二次灌浆等机械安装程序；安放式的机组将底部垫平、垫实。

（3）油、气、水冷、风冷、烟气排放等系统和隔振防噪声设施安装完成；按设计要求配置的消防器材齐全到位；发电机静态试验、随机配电盘控制柜接线检查合格，才能空载试运行。

（4）发电机空载试运行和试验调整合格，才能负荷试运行。

（5）在规定时间内，连续无故障负荷试运行合格，才能投入备用状态。

6.5.2　质量检查及验收方法

（1）质量检查及验收主控项目

1）发电机的试验必须符合规定。由于电气交接试验是在空载情况下对发电机性能的考核，而负载情况下的考核要和柴油机有关试验一并进行，包括柴油机的调速特性能否满足供电质量的要求等。

2）发电机组至低压配电柜馈电线路的相间、相对地间的绝缘电阻值应大于 0.5MΩ。

3）柴油发电机组馈电线路连接后，两端的相序必须和原供电系统的相序一致。

4）发电机中性线（工作零线）应与接地干线直接连接，螺栓及防松零件齐全，且有标识。

（2）质量检查及验收一般项目

1）发电机组随带的控制柜接线应正确，紧固件紧固状态良好，无遗漏脱落。开关、保护装置的型号、规格正确，验证出厂试验的锁定标记应无位移，有位移应重新按制造厂要求试验标定。

2）发电机本体和机械部分的可接近裸露导体应接地（PE）或接零（PEN）可靠，且有标识。

3）受电侧低压配电柜的开关设备、自动或手动切换装置和保护装置等试验合格，应按设计的自备电源使用分配预案进行负荷试验，机组连续运行 12h 无故障。

## 单 元 小 结

（1）变电所通常由高压配电室、电力变压器室和低压配电室等三部分组成，所内的布置应合理紧凑，便于值班人员操作、检修、试验和搬运，配电装置的安放位置应保证具有规定的最小允许通道宽度。

（2）10kV 线路有架空线路和电缆线路两类。架空线路是利用电杆架空敷设裸导线或绝缘导线的方式，其特点是投资少、易于架设、维护检修方便、易于发现和排除故障、占用地面位置、易受环境影响、安全可靠性差等。电缆线路是利用电力电缆敷设的线路，具有成本高、不便维修、运行可靠、不受外界影响、施工方便、耐腐蚀、有较好的防火、防雷性能等特点，电缆的敷设方式很多，一般有直埋电缆敷设，敷设于沟道、隧道、支架、穿管、竖井等。

（3）母线是变电所中的总干线，线路分支均从母线分支而出。母线安装时，与室内、室外配电装置的安全净距应符合规定。高压配电柜的布置应考虑设备的操作、搬运、检修和试验的方便。配电柜的安装内容及安装程序为：搬运配电柜至现场→安装基础型钢→配电柜就位、找正、固定→接地→接线→交接试验。

## 思考题与习题

1. 选址布置变电所时应注意哪些事项？
2. 高压开关柜离墙布置安装时应注意哪些事项？对通道有何规定？
3. 低压配电柜布置安装时应注意哪些事项？对通道有何规定？
4. 架空线路敷设时应注意哪些事项？对最小安全距离的规定有哪些？
5. 简述电缆敷设的方式及其注意事项。

6. 什么叫做封闭式插接母线？封闭式插接母线的安装方法有哪几种？

7. 安装母线时，对母线的排列及涂色有何规定？

8. 什么叫做配电柜的“五防”？

9. 简述配电柜的安装程序及安装方法？

10. 电力变压器的作用和分类有哪些？

11. 安装变压器时应注意哪些事项？

12. 设置和选用柴油发电机时应如何进行？

13. 结合项目 4 中配电柜的安装实训过程，简述配电柜安装的质量检查及验收方法。

14. 仔细阅读图 2-4，小组讨论并归纳该变电所布置方案所包含的工程内容。

# 单元3　动力配电工程

**知识点**：本单元围绕动力配电工程的施工过程，详细介绍了空调配电工程所包含的内容，给排水配电工程所包含的内容，动力配电箱的制作及安装，电动机的安装及验收方法等知识。

**教学目标**：掌握动力配电工程的主要内容；掌握动力配电箱、设备控制箱的安装方法；掌握电动机的安装、调试方法及质量验收方法；掌握电力线路的敷设方法及电缆线路的连接方法。

## 课题1　动力配电工程的内容

在民用建筑中，设置安装有许多动力设备，常见的动力设备有：水泵、喷淋泵、风机、空调冷冻机组、电梯及热水器等设备。民用建筑的动力设备都是通过电动机来驱动其工作的，因此电动机是整个动力设备的核心。

### 1.1　动力设备及其控制系统

1.1.1　中央空调机组

空调机组按其功能分为制冷、空气处理和电气控制三部分。空调机组的组成如图3-1所示。

(1) 制冷部分

制冷部分是机组的冷源，主要由压缩机、冷凝器、膨胀阀和蒸发器等组成。为了调节室内需要的冷负荷，将蒸发器制冷管分成两条，利用两个电磁阀分别控制两条管路的接通和断开。

(2) 空气处理设备

空气处理设备的主要任务是将新风和回风经空气过滤器过滤后，处理成所需要的温度和相对湿度，以满足房间的空调要求。空气处理设备主要由新风采集口、回风口、空气过滤器、电加热器和通风机等组成。

(3) 供电系统及要求

重要建筑物的中央空调系统应用两路电源供电，一路是来自市电，另外一路来自柴油发电机，两路电源通过自动切换箱来实现自动切换。由于空调机组的用电量很大，一般采用电缆或者低压封闭母线进行供电。采用电缆供电时，可采用电缆桥架、电缆沟等敷设，具体敷设方法见单元2。

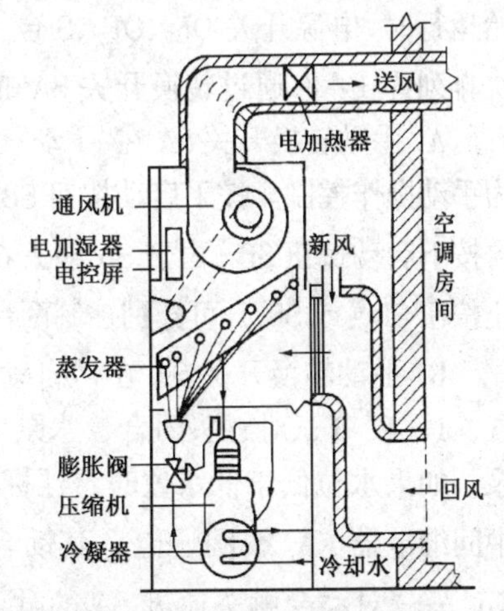

图3-1　空调机组安装示意图

(4) 电气控制部分

空调机组可采用一用一备的方式进行工作，由于传统继电控制方式的连锁控制线路比较复杂，也可采用可编程控制器或计算机控制系统。电气控制部分还包括恒温恒湿的自动调节，由检测元件、调节器、接触器和开关等组成。

1.1.2 给排水设备

给排水设备主要是各种不同用途的水泵，民用建筑中的水泵按其用途可分为：生活给水泵、消防给水泵、排水泵等几种。

(1) 供电系统及要求

水泵特别是消防水泵属于重要负荷，因此需要采用两路电源供电，一路是来自市政电源，另一路来自柴油发电机组，以提高其使用的可靠性。两路电源可通过自动切换箱来实现自动切换。

(2) 电气控制

水泵的运行常采用水位控制器和压力控制器等组成自动控制系统，控制系统有单台泵独立控制、两台泵一用一备、两台泵互为备用等方案。

1）水位控制器。水位控制器有干簧管式、水银开关式、电极式等多种类型，常用的是干簧管式水位控制器。干簧管式水位控制器由干簧管、永久磁钢浮标和塑料管等部分组成。如图 3-2 所示为干簧管水位控制器安装和接线示意图。其工作原理是：将上、下水位干簧管 $SL_2$ 和 $SL_1$ 固定在塑料管内，塑料管下端密封防水进入，连线在上端接线盒引出；在塑料管外部套入一个能随水位移动的浮标(或浮球)，浮标中固定一个永久磁环，当浮标移动到上水位或下水位时，相对应的干簧管接受到磁信号即动作，发出水位控制的电信号。

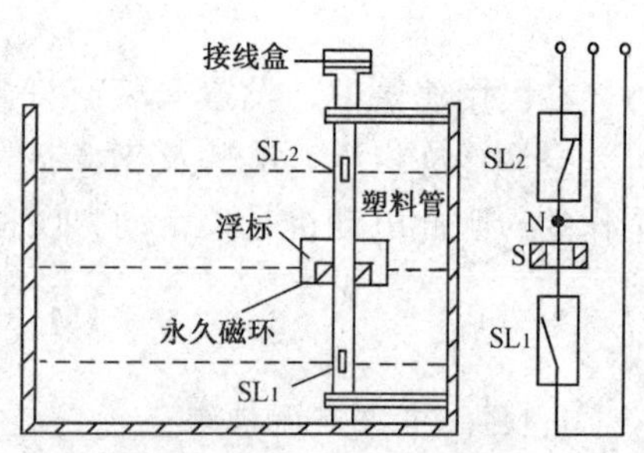

图 3-2 干簧管水位控制器安装和接线示意图

2）两台水泵控制电路。两台水泵一用一备直接投入控制电路如图 3-3 所示。水泵开始运行时，电源开关 $QF_1$、$QF_2$、S 合上。SA 为转换开关，其手柄有三档，共有 8 对触头，可依次排列为 1～8，通过转换开关 SA 的手柄转换来改变水泵的运行状态。电路原理如下：

A. 手动转换开关 SA 在“手动”位置。将 SA 手柄置于中间位置，3 和 6 两对触头闭合，水泵为手动操作控制。按下启动按钮 SB1，由于 $SA_3$ 已闭合，则 $KM_1$ 通电吸合，使 1 号泵投入运行。再按下启动按钮 $SB_3$，由于 SA 触头 6 已闭合，则 $KM_2$ 通电吸合，2 号泵依次投入运行。按下停止按钮 $SB_2$(或 $SB_4$)，可分别控制两台泵的停止。此时两台泵不受水位控制器的控制。

B. 手动转换开关 SA 在“自动：1 号运行、2 号备用”位置。将 SA 手柄板向左侧位置，1、4、8 三对触头闭合，水泵为自动操作控制，此时 1 号泵位常开泵，2 号泵为备用泵。如果水位低于低水位时，浮标磁环对应于 $SL_1$ 处，此时 $SL_1$ 闭合。水位信号电路中的中间继电器 $KA_1$ 线圈通电，其动合触头闭合，与 $SL_1$ 并联的 $KA_1$ 动合触头起自锁作用，$KA_1$ 另一对动合触头通过 SA 的触点 4 和 $KM_1$ 通电，1 号泵投入运行加压送水。当水位处于高水位时，浮标磁环进入 $SL_2$，此时 $SL_2$ 动断触头断开使 $KA_1$ 断电，$KA_1$ 动合触头复位

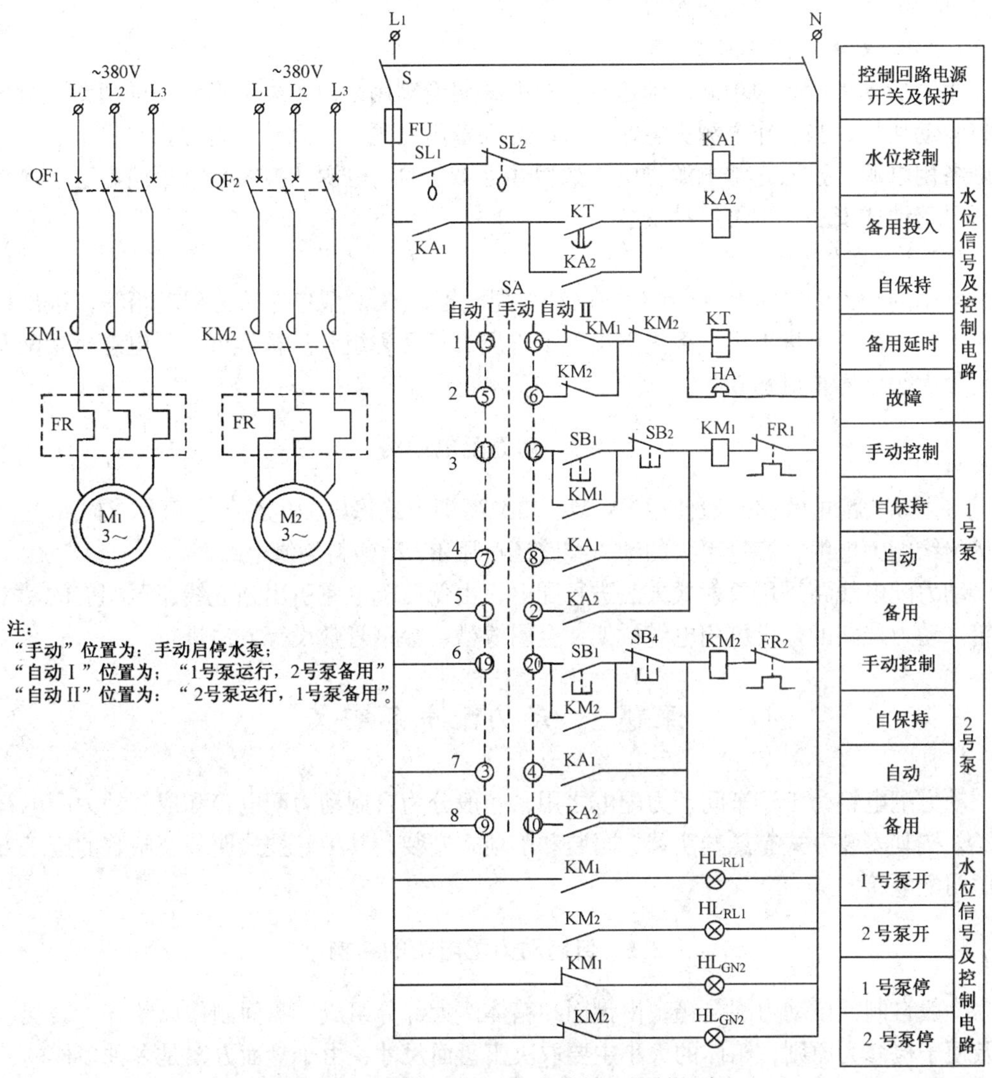


图 3-3 两台泵一用一备直接投入控制电路

切断 $KM_1$ 回路，$KM_1$ 失电释放，1 号水泵停止运行。

若 1 号泵在投入运行时发生过载或者交流接触器 $KM_1$ 接受信号不动作，由于 SA 的触头点 1 闭合，故时间继电器 KT 通电，同时警铃 HA 声响报警，接通备用延时和故障回路。KT 延时闭合动合触头（约延时 5～10s）闭合后使中间继电器 $KA_2$ 通电，接通备用泵投入回路。$KA_2$ 动合触点闭合，由于 SA 的触点 8 已闭合，故交流接触器 $KM_2$ 通电，接通 2 号泵回路，使 2 号泵自动投入运行。当 $SA_2$ 通电时其动断触点断开，使 KT 和 HA 均断电。

C. 手动转换开关 SA 在“自动：2 号运行、1 号备用”位置。将 SA 手柄板向右侧位置，2、5、7 三对触头闭合，水泵为自动操作控制，此时 2 号泵为常用泵，1 号泵为备用泵。其控制原理与上述相同。

## 1.2 动力配电设备

动力配电设备主要有双电源切换箱、动力配电箱、控制箱、插座箱、无功功率补偿箱以及低压电缆、低压绝缘导线等。

1.2.1　双电源切换箱

重要的动力设备应不间断地运行，双电源切换箱用来对重要动力设备的两路供电电源进行自动切换，当工作电源失电时，自动投入备用电源，一旦工作电源恢复供电，再自动切断备用电源，投入正常电源供电。如型号为BZJ的双电源切换箱具有短路和过载保护功能，可落地式安装，也可壁挂安装。

1.2.2　动力配电箱

常用的动力配电箱有XL系列户内动力配电箱、XLW型户外动力配电箱等，进出线形式有上进上出、上进下出、下进下出、下进上出等几种组合。箱体可以与电缆桥架配套组装，最大额定容量可达630A。

### 1.3　动力配电线路

室内动力配电线路一般使用VV型、VLV型塑料绝缘电力电缆，也可用YJV型交联聚乙烯绝缘电力电缆，容量不大的动力线路还可用BV型塑料绝缘电线。

动力配电线路采用放射式方法进行配电，由低压配电室引出独立线路至相应的动力控制箱。动力线路的敷设可用电缆桥架、金属线槽、穿钢管敷设等方法进行。

## 课题2　动力配电箱安装

动力配电箱为工厂车间动力配电之用，一般分为自制动力配电箱和成套动力配电箱两大类，按其安装方式有悬挂明装、暗装和落地式安装，其中悬挂式明装及暗装的施工方法同照明配电箱。

### 2.1　自制动力配电箱的结构

一般自制低压动力配电箱，由盘面和箱体两大部分组成。盘面制作以整齐、美观、安全及便于检修为原则，箱体的大小主要取决于盘面尺寸，由于盘面方案是多种多样的，所以箱体的大小也是多种多样的，根据需要自行设计加工。

2.1.1　盘面布置原则

盘面上电器元件的布置应根据设计进行，以便于观察仪表和便于工作。通常是仪表在上，开关在下，总电源开关在上，负荷开关在下。盘面排列布置时必须注意各电器之间的尺寸，如图3-4所示为盘面上电器元件布置示意图，表3-1所示为各电器排列布置的最小间距。

盘面上设备位置和相互之间的距离确定后，在盘上钻好穿线孔，装上绝缘管头，对需要嵌入安装的设备作好嵌入孔，再将电器用螺钉或卡子固定在盘面上。

**电器排列最小间距　　表3-1**

| 间距 | 最小尺寸(mm) | | |
|---|---|---|---|
| *A* | 60以上 | | |
| *B* | 50以上 | | |
| *C* | 30以上 | | |
| *D* | 20以上 | | |
| *E* | 电器规格 | 10～15A | 20以上 |
| | | 20～30A | 30以上 |
| | | 60A | 50以上 |
| *F* | 80以上 | | |

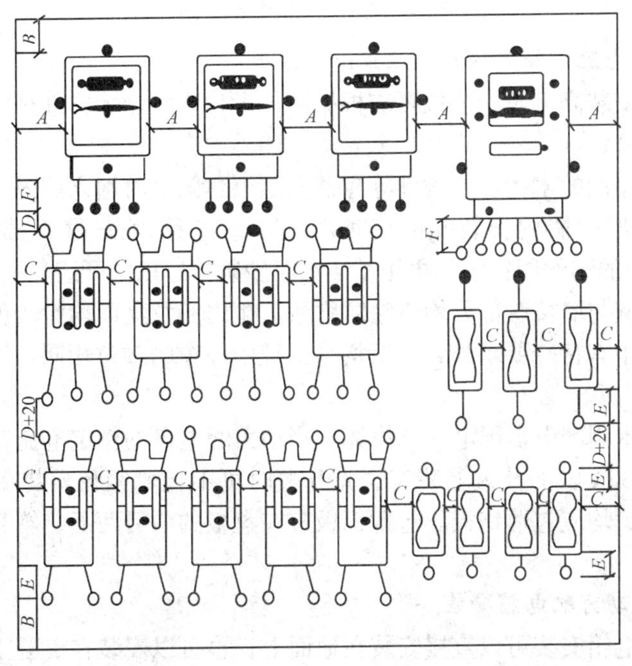

图 3-4 盘面电器排列示意图

2.1.2 盘面配线

盘面上的电器元件安装好之后，就可以进行配线，配线时要求按图施工、接线正确；电气连接可靠、良好；导线绝缘无损伤、整齐、清晰、美观。配线时的具体要求如下：

(1) 配电箱中配线用的导线，要使用铜芯绝缘导线。为保证必要的机械强度，一般测量、信号、继电保护、电气自动装置和控制装置的盘，其二次回路导线截面，电流回路不得小于 $2.5mm^2$，其他回路不得小于 $1.5mm^2$。导线绝缘按工作电压不低于 500V 来选择。

(2) 导线必须可靠连接，不得有错接和接触不良等现象。进入盘内的控制线须经过端子排连接，盘内各电器之间的连接可用导线直接连接，但导线本身不应有接头。

(3) 盘后面的配线须排列整齐，绑扎成束，并用卡钉固定在盘板上，盘后引出及引入的导线应留有适当的余量以便检修。

(4) 为了加强盘后配线的绝缘强度和便于维护管理，导线均应按相位颜色套以黄、绿、红、黑色塑料管，导线交叉亦应套软塑料管加强绝缘。

(5) 盘上的闸刀开关、熔断器等电器一般是上接电源，下接负荷。横装的插入式熔断器一般是左侧（面对配电箱）接电源，右侧接负荷。盘上指示灯的电源应从总闸的进线前端接引。

(6) 导线穿过盘面木板时须装瓷管头，铁盘须安装橡胶护圈，工作零线穿过木盘面可不加瓷管头，只套以塑料管即可。

盘面上所有电器下方均应安装“卡片框”，注明相序、线路编号、额定电流以及所控制的设备名称，并应在箱门的里面贴上线路图。

## 2.2 动力配电箱安装

2.2.1 自制动力配电箱安装时应注意以下事项：

（1）配电箱的安装高度及安装位置应根据图纸设计确定。无详细规定者，配电箱底边距地面高度为1.5m。

（2）安装配电箱用的木砖、铁构件等应预先随土建砌墙时埋入墙内。

（3）在240mm厚的墙内安装配电箱时，其后壁需用10mm厚石棉板及钢丝直径为2mm、空洞为10mm的钢丝网钉牢，再用1:2水泥砂浆抹好以防开裂。

（4）配电箱外壁与墙接触部分均应涂防腐漆。箱内壁及盘面均涂灰色油漆两道，箱门油漆颜色除施工图中有特殊要求外，一般均与工程中门窗的颜色相同。铁制配电箱均需先涂樟丹再涂油漆。

（5）为了防止木制配电盘因电火花烧坏，当动力配电盘的额定电流在30A以上时应加包镀锌薄钢板，在30A以下及盘上装有铁壳开关时可不包薄钢板。装在重要负荷及易燃场所的木制配电盘，均应包薄钢板。包薄钢板应在盘板的前后两面，箱身及箱内壁不包薄钢板。

2.2.2 落地式动力配电箱安装

落地式动力配电箱安装可以直接安装在地面上，也可以安装在混凝土台上，两种形式实为一种。安装时都要预先埋设地脚螺栓，以固定配电箱，落地式动力配电箱的安装方式如图3-5所示。

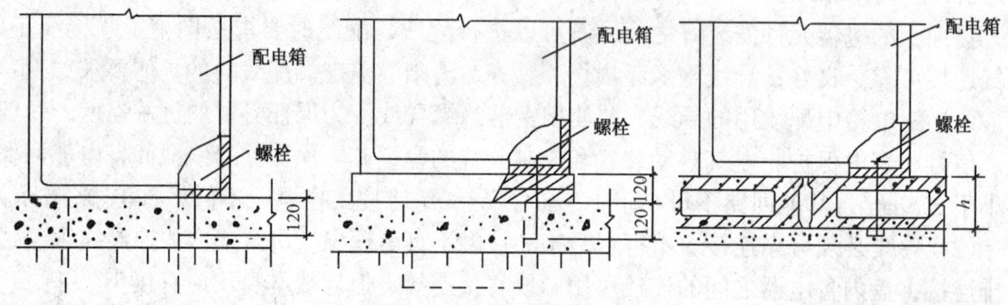


图3-5 落地式配电箱的安装方式

埋设地脚螺栓时，要使地脚螺栓之间的距离和配电箱安装孔尺寸一致，且地脚螺栓不可倾斜，其长度要适当，使紧固后的螺栓高出螺帽3~5扣为宜。

配电箱安装在混凝土台上时，混凝土台的尺寸应视贴墙或不贴墙两种安装方法而定。不贴墙时，四周尺寸均应超出配电箱50mm为宜；贴墙安装时，除贴墙的一边外，其余各边应超出配电箱50mm，使配电箱固定牢固、美观。

待地脚螺栓或混凝土干固后，即可将配电箱就位，进行水平和垂直的调整，水平误差不应大于1/1000，垂直误差不应大于其高度的1.5/1000，符合要求后，即可将螺帽拧紧固定。

安装在振动场所时应采取防振措施，可在盘与基础间加以厚度适当的橡皮垫（一般不小于 10mm)，防止由于振动使电器发生误动作，造成事故。

# 课题3　电动机安装

## 3.1　电动机安装的工作内容

对于三相鼠笼式异步电动机，凡中心高度为 80 ~ 135mm、定子铁心外径为 120 ~ 500mm 的称为小型电动机；凡中心高度为 135 ~ 630mm、定子铁心外径为 500 ~ 1000mm 的称为中型电动机。

电动机的安装质量直接影响它的安全运行，如果安装质量不好，不仅会缩短电动机的寿命，严重时还会损坏电动机和被拖动的机器，造成损失。电动机安装的工作内容主要包括设备的起吊、运输、定子、转子、轴承座和机轴的安装调整等钳工装配工艺，以及电机绕组接线、电机干燥等工序。根据电机容量的大小，其安装工作内容也有所区别。

## 3.2　电动机的安装方法

### 3.2.1　电动机的搬运和安装前的检查

搬运电动机时，应注意不应使电动机受到损伤、受潮或弄脏。

如果电动机由制造厂装箱运来，在没有运到安装地点前，不要打开包装箱，宜将电动机存放在干燥的仓库内，也可以放置室外，但应有防雨、防潮、防尘等措施。

中小型电动机从汽车或其他运输工具上卸下来时，可使用起重机械；如果没有起重机械设备，可在地面与汽车间搭斜板，慢慢滑下来。但必须用绳子将机身拖住，以防滑动太快或滑出木板。

重量在 100kg 以下的小型电动机，可以用铁棒穿过电动机上的吊环，由人力搬运、但不能用绳子套在电动机的皮带轮或转轴上，也不要穿过电动机的端盖孔来抬电动机，所用各种索具，必须结实可靠。

电动机就位之前应进行如下检查工作：

(1) 检查电动机的功率、型号、电压等应与设计相符。

(2) 检查电动机的外壳应无损伤，风罩风叶完好，转子转动灵活，无碰卡声，轴向窜动不应超过规定的范围。

(3) 拆开接线盒，用万用表测量三相绕组是否断路。引出线鼻子的焊接或压接应良好，编号应齐全。

(4) 使用兆欧表测量电动机的各相绕组之间以及各相绕组与机壳之间的绝缘电阻，其绝缘电阻值不得小于 0.5MΩ，如果不能满足要求应对电动机进行干燥。

(5) 对于绕线式电动机需检查电刷的提升装置。提升装置应标有“启动”、“运行”的标志，动作顺序是先短路集电环，然后提升电刷。

如果电动机出厂日期超过了制造厂保证期限，或当制造厂无保证期限时，出厂日期超过一年，或经外观检查、电气试验，质量可疑时应进行抽芯检查。如果电动机在试运转时有异常情况亦要抽芯检查，对开启式电动机经端部检查有可疑时也应进行抽芯检查。

### 3.2.2 电动机的安装和校正

（1）电动机的安装

电动机通常安装在机座上，机座固定在基础上，电动机的基础一般用混凝土浇筑。浇灌混凝土时应先根据电机安装尺寸，将地脚螺栓和钢筋绑在一起。为保证位置的正确，上面可用一块定型板将地脚螺栓固定，待混凝土达到标准强度后，再拆去定型板。也可以根据安装孔尺寸预留孔洞（100mm × 100mm），待安装电机时，再将地脚螺栓穿过机座，放在预留孔内，进行二次浇筑。地脚螺栓埋设不可倾斜，等电动机紧固后应高出螺帽 3 ~ 5 扣。

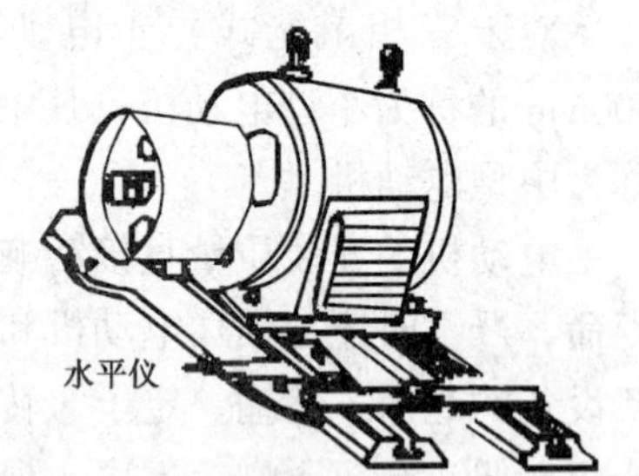

图 3-6　用水平仪校正电机水平

电动机就位时，重量在 100kg 以上的电动机，可用滑轮组或手拉葫芦将电动机吊装就位。较轻的电动机，可用人力抬到基础上就位。

（2）电动机的校正

电动机就位后，即可进行纵向和横向的水平校正，如图 3-6 所示。如果不平，可用 0.5 ~ 5mm 的钢片垫在电动机机座下，找平找正直到符合要求为止。

## 3.3 电动机的配线和接线

电动机的配线施工是车间动力配线的一部分，是指由动力配电箱至电动机的配电线路，通常采用穿管埋地敷设。

电动机的接线在电动机安装中是一项非常重要的工作，如果接线不正确，不仅使电动机不能正常运行，还可能造成事故。接线前应检查电动机铭牌上的说明或电动机接线板上的接线端子号，然后根据接线图接线。当电动机没有铭牌，或端子标号不清楚时，应先用仪表或其他方法进行检查，判断出端子号后再确定接线方法。

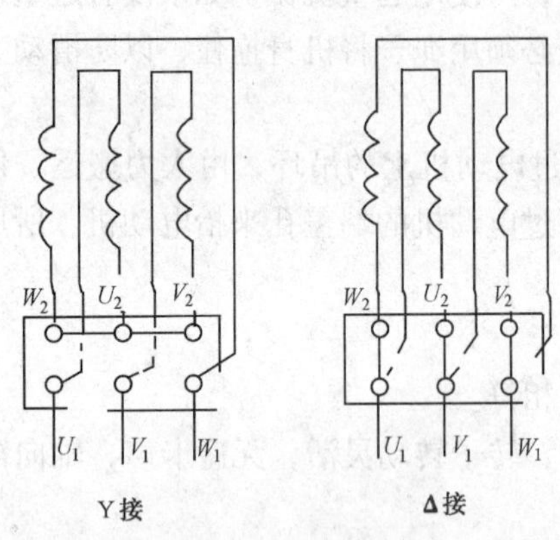

图 3-7　电动机接线

三相感应式电动机共有 3 个绕组，计有 6 个引出端子，各相的始端用 $U_1$、$V_1$、$W_1$ 表示，终端用 $U_2$、$V_2$、$W_2$ 表示。标号 $U_1$ ~ $U_2$ 为第一相，$V_1$ ~ $V_2$ 为第二相，$W_1$ ~ $W_2$ 为第三相。

如果三相绕组接成星形，$U_2$、$V_2$、$W_2$ 连接在一起，$U_1$、$V_1$、$W_1$ 接电源线。如果接成三角形，$U_1$ 和 $W_2$、$V_1$ 和 $U_2$、$W_1$ 和 $V_2$ 相连，如图 3-7 所示。

如果不知道电动机绕组的首尾端，可用万用表按以下方法判断：

（1）绕组并联法

将万用表的转换开关放在欧姆挡上，利用万用表先分出每相绕组的两个出线端，然后将万用表的转换开关转到直流毫安挡上，并将三相绕组接成图 3-8 所示的线路。用手转动电动机的转子，如果万用表指针不动，则说明三相绕组的头尾区分是正确的，如果万用表指针动了，说明有一相绕组的头尾反了，应一相一相分别对调后重新试验，直到万用表的指针不动为止。该方法是利用转子铁心中的剩磁在定子三相绕组内感应出电动势的原理进行的。

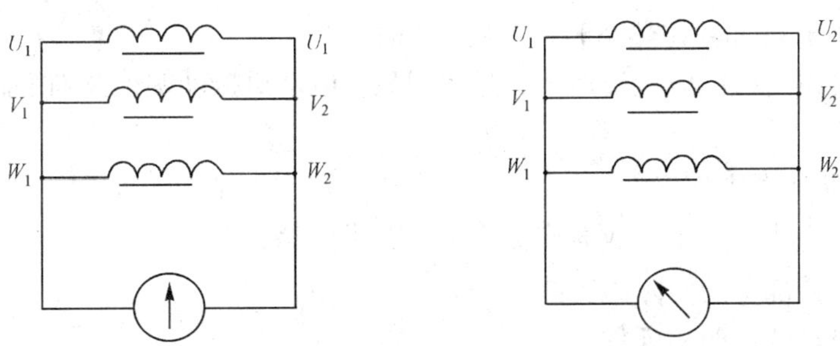


图 3-8　用万用表判别绕组首尾端

(2) 绕组串联法

先用万用表分出三相绕组，在假定每相绕组的头尾，并接成如图 3-9 所示的线路。将一相绕组接通 36V 交流电，另外两相绕组串联起来接上灯泡，如果灯泡发亮，说明所连两相绕组头尾假定是正确的。如果灯泡不亮，则说明所连两相绕组不是头尾相连，如此便可确定两相绕组的首尾端。再用同样的方法判别第三相绕组的首尾端。

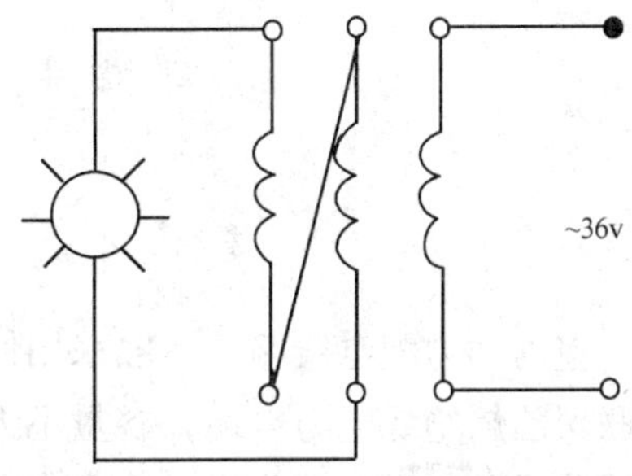


图 3-9　用万用表区分绕组头尾法

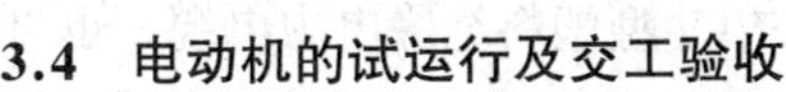

## 3.4　电动机的试运行及交工验收

### 3.4.1　电动机的试运行

电动机的试运行应注意以下事项：

(1) 电动机在启动前，应进行检查，确认其符合条件后，才可启动。检查项目如下：

1）安装现场清扫整理完毕，电动机本体安装检查结束；

2）电源电压应与电动机额定电压相符，且三相电压应平衡；

3）根据电动机铭牌，检查电动机的绕组接线是否正确，启动电器与电动机的连接应正确，接线端子要求牢固，无松动和脱落现象；

4）电动机的保护、控制、测量、信号、励磁等回路调试结束，动作正常；

5）检查电动机绕组和控制线路的绝缘电阻应符合要求，一般不应低于 0.5MΩ；

6）电动机的引出线端与导线（或电缆）的连接应牢固正确，引出线端与导线间的连接要垫弹簧垫圈；

7）电动机及启动电器金属外壳接地线应明显可靠，接地螺栓不应有松动和脱落现象；

8）盘动电动机转子时应转动灵活，无碰卡现象；

9）检查传动装置，皮带不能过松过紧，皮带连接螺钉应紧固，皮带扣应完好，无断裂和割伤现象。联轴器的螺栓及销子应紧固；

10）检查电动机所带动的机器是否已做好启动准备，准备妥善后，才能启动。如果电动机所带的机器不允许反转，应先单独试验电动机的旋转方向，使其与机器的旋转方向一致后，再进行联机启动。

(2) 电动机应按操作程序操作启动，并指定专人操作。

电动机空载运行 2h，正常后，再进行带负荷运行。交流电动机带负荷启动次数，应符合产品技术条件的规定。当产品技术条件无规定时，一般在冷态时，可启动两次，每次间隔时间不得小于 5min。在热态时，可启动一次。

（3）电动机在运行中应无异声，无过热现象；电动机振动幅值及轴承温升应在允许范围之内。

3.4.2 电动机安装验收

电动机试车完毕，交工验收时应提交下列技术资料：

（1）变更设计部分的实际施工图；

（2）变更设计的证明文件；

（3）制造厂提供的产品说明书、检查及试验纪录、合格证件及安装使用图纸等技术文件；

（4）安装验收技术记录（包括干燥记录、抽芯检查记录等）、签证等；

（5）调整试验记录及报告。

# 课题 4 动力配电线路的敷设

## 4.1 动力配电线路的敷设方法

室内动力配电线路，一般采用低压 VV 型、VLV 型塑料绝缘电力电缆，也可用 YJV 型交联聚乙烯绝缘电力电缆，容量不大的动力线路还可用 BV 型塑料绝缘电线。室内动力配电线路通常敷设在地沟里、装在支架上、悬吊在梁下或用金属线槽、电缆桥架敷设。具体敷设方式由设计决定，相应的施工方法参见 10kV 变电所工程和电气照明工程的相关内容。

敷设电缆的各种支架，都应在敷设电缆前预先固定好，并涂上防腐漆，固定支架时，支架间距应满足如下要求：水平敷设时，电力电缆为 1m，控制电缆为 0.8m；垂直敷设时，电力电缆为 1.5m，控制电缆为 1m。在建筑物的伸缩缝、电缆接头的两侧以及电缆转弯的部分，要有一定的预留长度。

电缆沿墙、地沟及梁下敷设时，应在以下各处加以固定：

（1）水平直线敷设的两端点上，线路转弯处的两端点上。

（2）垂直敷设或超过 45°的斜坡敷设时，在所有的支点上。

（3）电缆中间接头的两侧支点上，终端头的顶部支点上。

（4）电缆穿过伸缩缝的两侧支点上。

## 4.2 电缆线路的连接方法

电缆敷设好之后，电缆线路的两端必须和配电设备或用电设备相连接，电缆两端的接头装置叫做终端头，电缆线路中间的接头装置叫做中间接头。制作电缆接头是电缆施工中最重要的一道工序，接头质量的好坏直接关系到电缆线路的运行安全。因此，无论是终端接头还是中间接头的制作都必须满足基本要求：密封性好、绝缘强度高、接头接触电阻小、有足够的机械强度。

### 4.2.1 制作电缆头的一般方法

制作电缆头的方法较多，主要有：

（1）铸铁（铝合金）电缆头。把电缆接头封闭在铸铁（铝合金）壳内，用沥青或环氧树脂浇铸，主要用于室外。

（2）尼龙斗电缆头。外壳为尼龙材料，用环氧树脂浇铸，主要用于室内。

（3）干包电缆头。用绝缘带缠包，用于10kV以下的塑料电缆。

（4）热缩式电缆头。用热缩塑料材料制成管材，受热后收缩紧包在电缆头上，使用较普遍。

（5）插接装配式电缆头。用弹性材料制成管材，夹紧包在电缆头上，用于10kV以下的塑料电缆。

（6）冷缩式电缆头。用弹性材料制成管材，抽出支撑件，利用弹性紧包在电缆头上。

### 4.2.2 制作安装电缆头的注意事项

（1）在接头制作安装的过程中，施工人员必须保持手和工具、材料的清洁与干燥，安装时不准吸烟。

（2）做接头前，电缆应经过试验并合格。对油浸纸绝缘电缆，在安装前应严格检验潮气，有潮气的电缆不能使用。将绝缘纸用钳子撕下，浸入150℃的电缆油中，不应有泡沫或响声。

（3）做电缆头用的全套零部件、配套材料及专用工具、模具必须备齐。检查各种材料规格与电缆规格是否相符，全部零部件是否完好。

（4）尽量避免在雨天、雾天、大风天及湿度较大的环境下工作，如果无法避免，应做好防护措施。

（5）在寒冷天气施工时，要将电缆预先加热后方可进行工作。

（6）尽量缩短接头制作的操作时间，以减少电缆绝缘层裸露在空气中的时间。

### 4.2.3 接头的导体连接方法

电缆终端头与其他电器连接时要使用接线鼻子，铜芯电缆使用铜线鼻子，铝芯电缆使用铝线鼻子，如果设备接点材料与电缆芯材料不同，则要使用铜—铝过渡线鼻子，保证铜接铜、铝接铝。

电缆中间头连接要使用连接套管，同样有铜连接管、铝连接管和铜—铝过渡连接管，保证同种材料连接。

接线鼻子与连接管的规格要与电缆芯线的规格相符。连接时，铝芯电缆的接头一律采用压接，铜芯电缆的接头可以采用压接或焊接。

（1）接头压接的施工方法

接头压接前要准备好如下材料：油压接钳、与接头规格相符的压模、连接管、钢丝刷、钢挫、凡士林、铝箔、毛刷、汽油、抹布、常用电工工具。压接时，按如下步骤进行：

1）按连接管的孔深再加5～10mm的长度，剥去电缆芯线的绝缘。

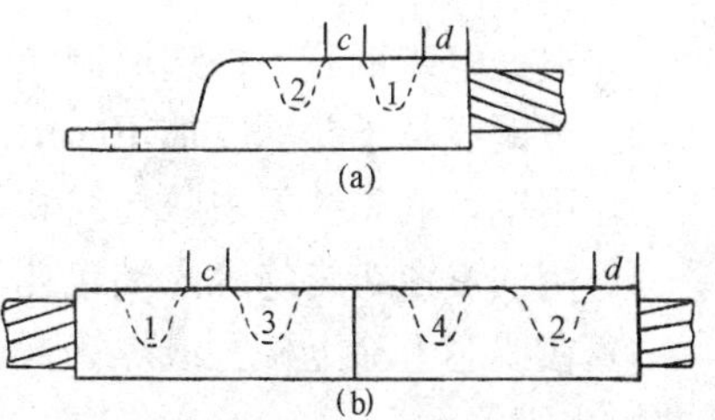

图3-10　点压接顺序及压坑间距

（a）接线鼻子；（b）连接管

2）用钢丝刷和锉刀去除导线表面和连接管内

壁的氧化膜，清扫干净并涂上一层凡士林油。

3）连接管压接的坑数为4个，线鼻子压接的坑数为两个。要求压坑位置在同一条直线上，压坑与压坑之间、压坑与边缘间的距离及压接顺序要符合图3-10和表3-2的要求。

压坑顺序及压坑间距（mm） 表3-2

| 电缆标称截面（mm²） | 压坑之间和压坑边缘的距离 | | 压接顺序 |
|---|---|---|---|
| | c | d | |
| 50 | 3 | 3 | 1→2<br>或<br>1→2→3→4 |
| 70 | 3 | 4 | |
| 95 | 3 | 4 | |
| 120 | 4 | 5 | |
| 150 | 4 | 5 | |
| 185 | 5 | 6 | |
| 240 | 5 | 6 | |

4）压接时加压要均匀，不要太快，以阳模压至与阴模接触为止，保持压力5～30s再除去压力，压接后连接管不应有裂纹，管子边不翘起。压点断面及深度如图3-11和表3-3所示。

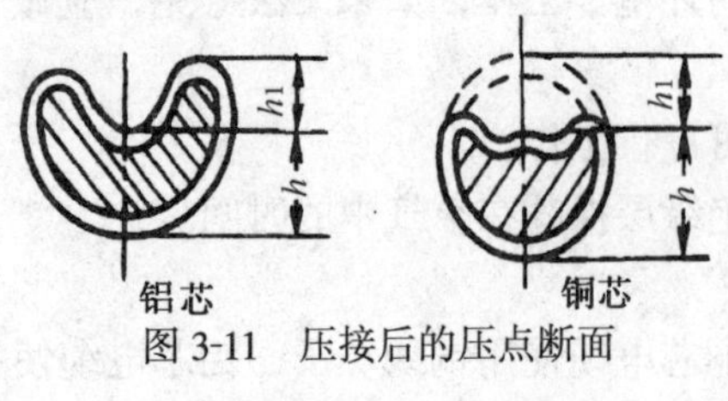

图3-11 压接后的压点断面

压接后的管断面尺寸（mm） 表3-3

| 电缆标称截面（mm²） | 铝芯 | | 铜芯 | |
|---|---|---|---|---|
| | $h_1$ | $h$ | $h_1$ | $h$ |
| 16 | 5.4 | 4.6 | 4.5 | 4.5 |
| 25 | 5.9 | 6.1 | 5.0 | 5.0 |
| 35 | 7.0 | 7.0 | 5.5 | 5.5 |
| 50 | 8.3 | 7.7 | 6.5 | 6.5 |
| 70 | 9.2 | 8.8 | 7.5 | 7.5 |
| 95 | 11.4 | 9.6 | 9.0 | 9.0 |
| 120 | 12.5 | 10.5 | 10.0 | 10.0 |
| 150 | 12.8 | 12.2 | 11.0 | 11.0 |
| 185 | 13.7 | 13.3 | 12.5 | 12.5 |
| 240 | 16.1 | 14.9 | 12.5 | 14.5 |
| 300 | — | — | 13.0 | 17.0 |
| 400 | — | — | 15.0 | 19.0 |

5）6kV以上电缆的接头压接后，应将管边缘及其他部分的尖刺打磨光滑，清扫干净，连接管上的压坑用铝箔填平，并在连接管上包两层铝箔，以消除压坑引起的电场畸变。

（2）接头焊接的施工方法

1）根据电缆铜芯规格选取铜线鼻子。

2）按铜线鼻子孔深度加10mm剥去线芯绝缘。

3）用钢丝刷和锉刀去除导线和线管表面的氧化层。扇形线芯要整圆扎紧。

4）用油浸白布将绝缘末端包扎住，防止绝缘被破坏。

5）在线芯上涂上松香或焊锡膏，用熔化的焊锡反复浇透线芯，使线芯镀上锡。扇形线芯拆去绑线。

6）把线鼻子用熔锡浇热套在线芯上，用熔化的焊锡把线管内浇满。

7）停止浇锡并用汽油抹布冷却，冷却过程中不得触动焊接部分，防止内部产生裂纹。

焊接质量以没有裂纹和小孔为合格。

8）用砂布打磨外表，再用汽油擦净，拆去临时油浸包带，去除烫焦的绝缘。

## 4.3 预制分支电缆

预制分支电缆是国内外新一代中低压供电线路，它是把电缆的中间接头、分支接头及分支电缆等在工厂预先制好，运往现场后直接安装即可。预制分支电缆具有供电可靠、价格便宜、安装简单、环境要求低、免维护等优点，广泛用于高层住宅楼、办公楼、宾馆、工厂等。

预制分支电缆的外形及结构如图 3-12 所示。

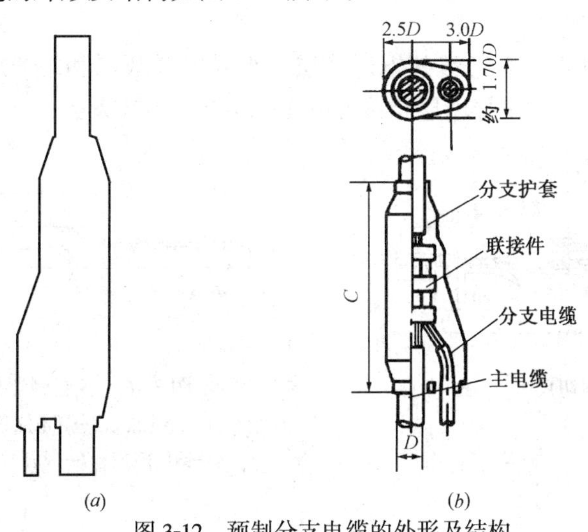


图 3-12　预制分支电缆的外形及结构

（*a*）外形；（*b*）内部结构

安装预制分支电缆时，要求电气竖井间楼板按图 3-13 所示尺寸开孔，在顶层安装横担、挂钩，用卷扬机吊装电缆，每层用支架和线夹固定电缆。如图 3-14 所示为预制分支电缆的安装示意图。

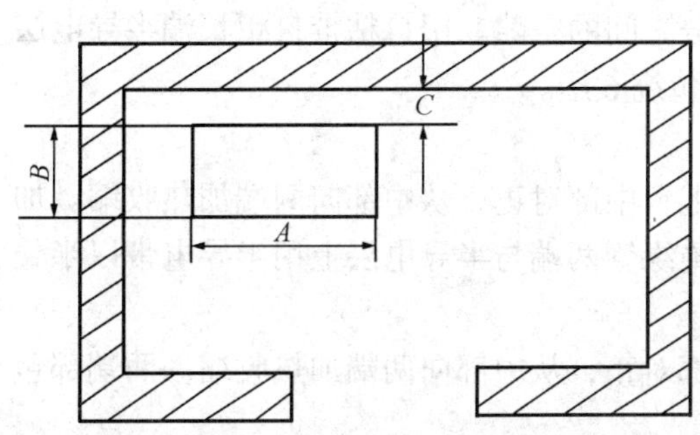


图 3-13　楼板开孔示意图

*A*——预留孔长度：主干电缆根数 × 主干电缆外径 × 3（mm）；

*B*——预留孔宽度：200～300（mm）；

*C*——离墙距离：50（mm）

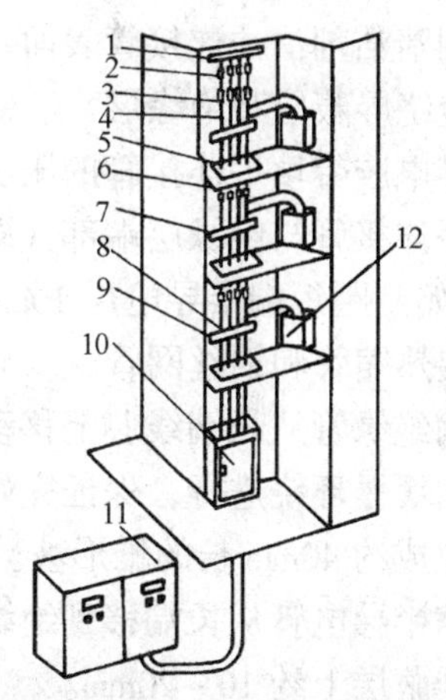


图 3-14　预制分支电缆安装示意图

1—横担；2—尾夹；3—油浸体；4—分支电缆；5—主电缆；6—楼地板；7—安装螺栓；8—线夹；9—支架；10—进出线箱；11—配电柜；12—楼层配电箱

## 4.4 交联聚乙烯绝缘电缆热缩中间头的制作

交联热缩中间头附件中有外护套热缩管、铠装铁盒套、内护套热缩管、线芯热缩绝缘管、半导电热缩管、铜丝网管等。热缩中间头制作的施工方法如下：

(1) 剥切电缆

剥切电缆的方法及尺寸如图 3-15 所示。剥切顺序从外向内依次为：外护套、钢铠、内护套。剥切后，把电缆芯线适当分开，在图中接头中心处重叠 200mm，从中心处锯断线芯，锯口要平齐。

(2) 剥切屏蔽层、绝缘层

按图 3-16 所示尺寸剥切各芯线的铜屏蔽层、半导电屏蔽层和绝缘层。绝缘层的前端削成铅笔头形，在绝缘层与半导电层相接处刷 15mm 长的导电漆。

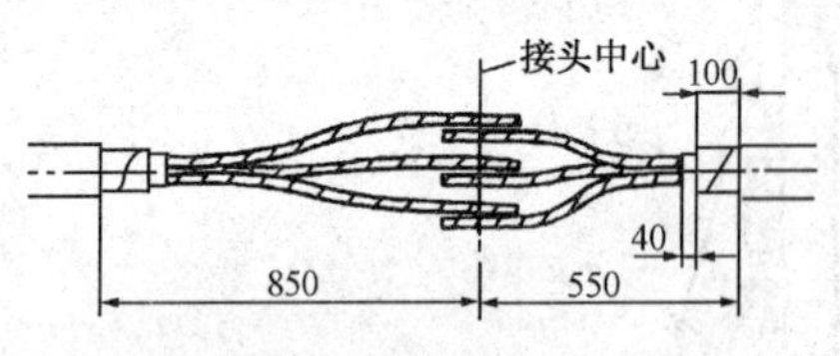


图 3-15 电缆剥切尺寸（mm）

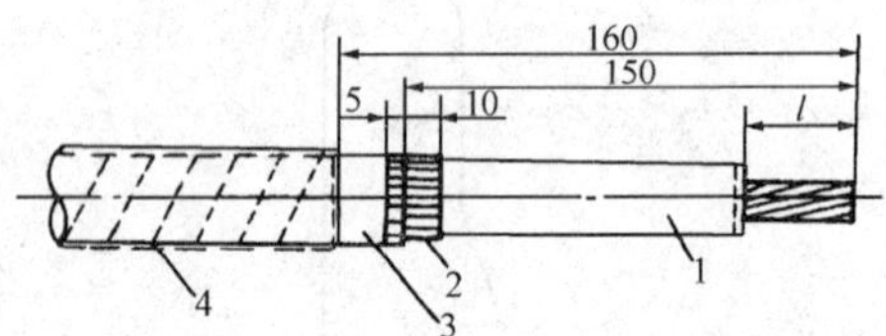


图 3-16 各层剥切尺寸（mm）

1—绝缘层；2—导电漆；3—半导电层；4—铜屏蔽带；$l$—（压接管长/2）+5mm

(3) 套上各种热缩管

将内护套、铠装铁盒、外护套依次套在电缆上，将热缩绝缘管、半导电管、铜丝网管依次套在各线芯长端上，铜丝网管要扩张缩短。

(4) 压接连接管

将各线芯分别插入已清洁好的连接管，进行点压接。用锉刀去除连接管表面毛刺，校直电缆，用清洁剂清洁连接管表面，准备包绕屏蔽和绝缘。

(5) 包绕屏蔽层和绝缘层

用半导电胶带填平连接管的压坑，并用半叠绕方式在连接管上包绕两层。用自粘带拉伸包绕填平连接管与绝缘层端部（即铅笔头部分）间的空隙。用自粘带自距长端半导电层 10mm 处开始到距短端半导电层 10mm 处半叠绕包绕 6 层。

(6) 装热缩管和铜丝网管

将热缩绝缘管从长端线芯上移动到连接管上，中部对正，从中部向两端加热收缩。加热时要均匀缓慢环绕进行，保证完好收缩。在绝缘管两端与半导电层上用半导电带以半叠绕方式绕包成约 40mm 长的锥形坡。

将热缩半导电管从长端移到绝缘管上，中部对正，从中部向两端加热收缩。两端部包压在铜带屏蔽层上约 10~20mm。

将铜丝网从长端移到半导电管上，中部对正，将铜丝网拉紧拉直，平滑紧凑地包在半导电管上，两端用铜丝绑在铜带屏蔽层上并用焊锡焊好。

(7) 热缩内护层

将三线芯并拢收紧，用塑料带绑扎紧，在内护套端部用热熔胶带缠绕 1 ~ 2 层或涂密封胶。将热缩内护套移到线芯外，从中部开始加热收缩。

(8) 装铠装铁盒、焊接地线

把铠装铁盒移到热缩内护套外，用油麻分 5 点扎紧，在两端钢铠上及铁盒上焊铜编织接地线进行跨接。

(9) 装热缩外护套

在铁盒两端用热熔胶带缠绕 1 ~ 2 层或涂密封胶，将热缩外护套套在铠装铁盒外，从中部向两端加热收缩。收缩完毕后，在热缩外护套两端用自粘带绕包 3 层，包在热缩外护套上和电缆外护套上各 100mm。待中间头完全冷却后才可移动。

## 4.5 插接装配式电缆头制作

插接装配式电缆头用弹性硅橡胶制成预制件。其终端头附件如图 3-17 所示，主要包括：分支手套、应力锥、绝缘套管、端封头管、雨裙、接地套箍、线鼻子。

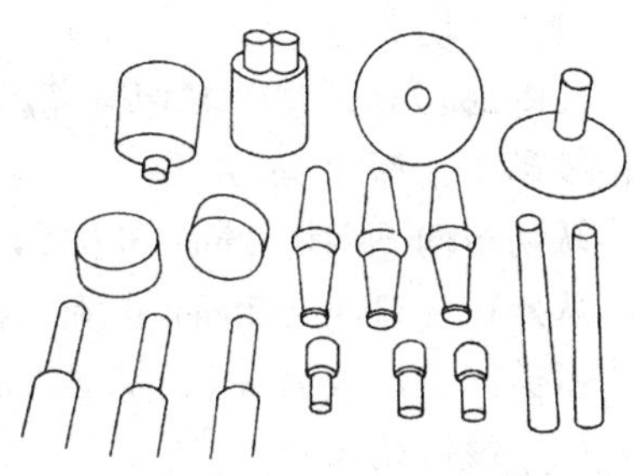

图 3-17 装配式电缆终端头附件

装配式中间头只有一根套管，外面用热缩管封固。

装配式电缆终端头的制作步骤如下：

(1) 剥外护层。户外头由电缆末端量取 750mm，户内头量取 550mm，剥除外护层。

(2) 装地线下套箍并固定。

(3) 剥除内护层留 10mm，其余切除。

(4) 装地线上套箍。上套箍内有铜衬套，套在铜屏蔽层上，并固定。

(5) 装分支手套。在电缆分支处及上下套箍段涂硅油润滑剂，装分支手套，用力套到位。

(6) 剥去外屏蔽层。从分支手套分支口量取 90mm，剥去 90mm 以外铜屏蔽层，再量取 20mm，剥去半导电层，用溶剂清洁干净。

(7) 装应力锥。在每相线芯上涂硅油润滑，将应力锥套到分支手套指根部。

(8) 装绝缘套管。绝缘套管与应力锥搭接 20mm。

(9) 装雨裙。每相三个。

(10) 压接线鼻子。从绝缘套管末端量取线鼻子孔深加 10mm，截去多余线芯，剥去线芯绝缘，套上接线鼻子，环压。

(11) 装端封头管。在线鼻子上涂硅油，把端封头管套入。

## 4.6 冷缩电缆头制作

冷缩电缆头附件是由弹性橡胶制成，用螺旋状塑料衬圈支撑而成的，分为分支手套、直套管和终端头（内附应力管）等 3 种。使用时只要把附件套在电缆上，抽出塑料衬圈，附件就会紧密封固在电缆上。弹性橡胶弹性极大，同一规格的附件可用于 95 ~ 150mm$^2$ 的电缆。冷缩管装配方法如图 3-18 所示。

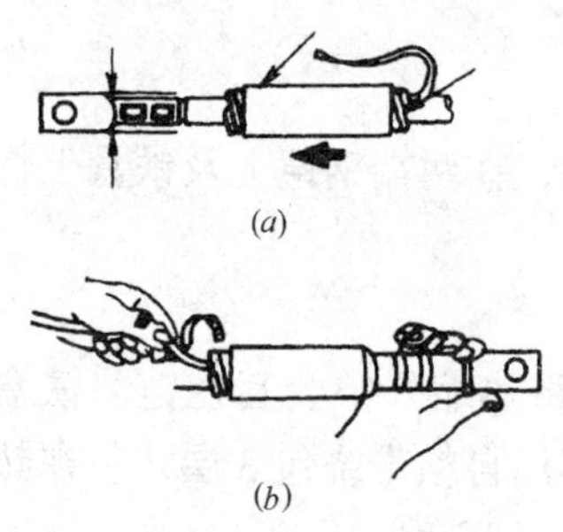


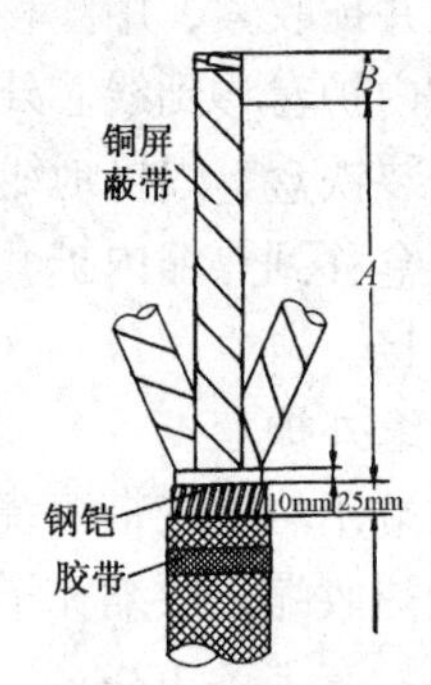


图 3-18　冷缩管

a）冷缩前；（b）抽出衬圈收缩

图 3-19　剥切电缆尺寸

冷缩电缆终端头的制作步骤如下：

（1）剥切电缆

按图 3-19 所示尺寸剥切电缆。剥切钢铠长度为 $A+B$，其中 $A$ 为冷缩头规格长度，$B$ 为接线鼻子孔深加 5mm。

从切口向下剥切 25mm 外护套，露出钢铠，擦洗钢铠及切口以下 50mm 长的外护套。

从外护套口向下 25mm 包绕两层自粘胶带，并用胶带把铜屏蔽带端部固定。

钢铠向上保留 10mm 内护套，剥去其余内护套。

（2）装接地线

从外护套口向上 90mm 在各相线芯上装接地铜环，将三条铜带一起搭在钢铠上，用卡簧将其与接地编织线一同卡住。如图 3-20 所示。

把接地编织线贴放在护套口下的自粘胶带上，再用胶带绕包两层。

将接地铜环处和钢铠卡环处用 PVC 胶带绕包。如图 3-21 所示。

（3）装分支手套

将三叉分支手套套到电缆根部，抽掉衬圈，先收缩颈部，再收缩分支。图 3-22 所示。

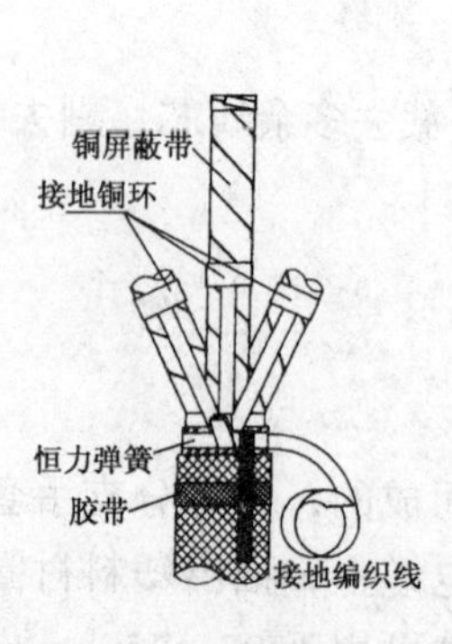


图 3-20　装接地线

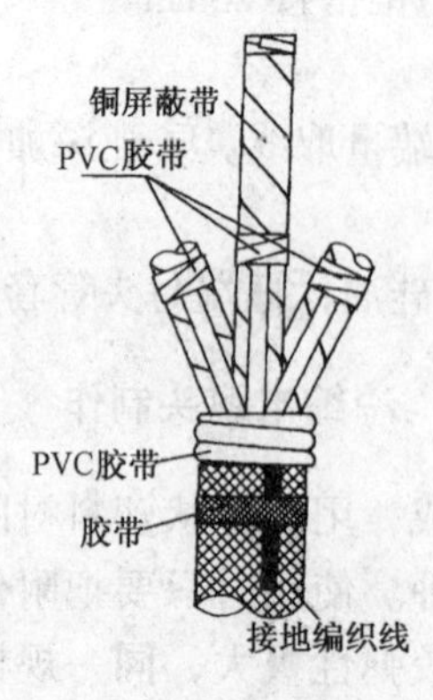


图 3-21　接地环绕包

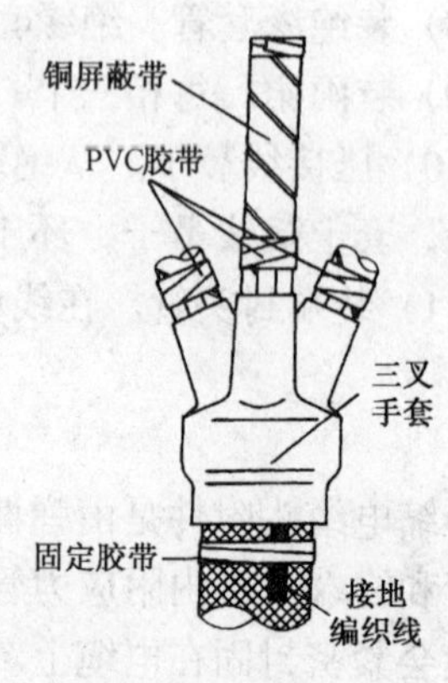


图 3-22　装分支手套

(4) 装冷缩直管

套入冷缩直管，与分支手套搭接 15mm，抽掉衬圈，使其收缩。如图 3-23 所示。

(5) 剥切相线

从直管口向上留 30mm 屏蔽带，其余剥去。

从屏蔽带口向上留 10mm 半导电层，其余剥去。

按图示剥去主绝缘，在直管口下 25mm 处绕包胶带做标记。如图 3-24 所示。

(6) 装冷缩终端头

用半导电胶带绕包半导电层处，长度从半导电层向上 10mm 主绝缘上开始，包到半导电层下 10mm 的铜屏蔽带上，绕包两层。

在半导电带与铜带及主绝缘搭接处涂上硅油。

将冷缩终端头套入至胶带标记处，与直管搭接 25mm，抽出衬圈，使其收缩。如图 3-25 所示。

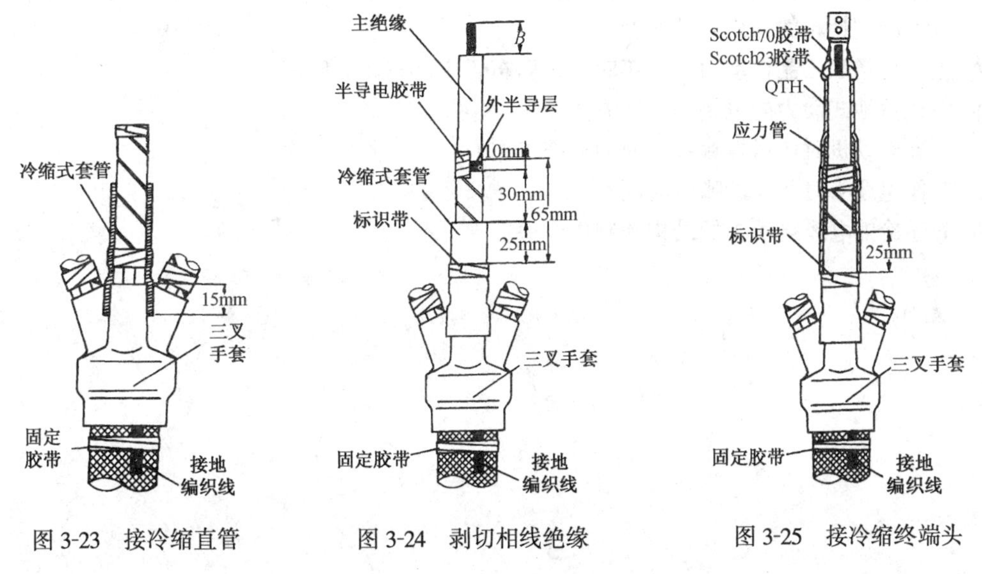


图 3-23　接冷缩直管　　图 3-24　剥切相线绝缘　　图 3-25　接冷缩终端头

(7) 压接线鼻子

将接线鼻子装上并将其环压牢固。用自粘胶带从接线鼻子下部到终端头上部绕包两层。

## 单元小结

(1) 常见的动力设备有水泵、风机、空调冷冻机组、电梯及热水器等。动力配电设备主要有双电源切换箱、动力配电箱、控制箱、插座箱、无功功率补偿箱以及低压电缆、低压绝缘导线等。

(2) 动力配电线路可用电缆采用放射式方法进行配电，由低压配电室引出独立线路至相应的动力控制箱。动力配电线路的敷设可用电缆桥架、金属线槽、穿钢管敷设等方法进行。动力配电箱分为自制动力配电箱和成套动力配电箱两大类，其安装方式有悬挂明装、暗装和落地式安装。

(3) 电动机安装的工作内容主要包括起吊、运输、定子、转子、轴承座和机轴的安装调整、电机绕组接线、电机干燥等工序。

(4) 电缆敷设好之后，电缆线路的两端必须和配电设备或用电设备相连接，电缆两端的接头装置叫做终端头，电缆线路中间的接头装置叫做中间接头。制作电缆接头是电缆施工中的一道重要工序，接头质量的好坏直接关系到电缆线路的运行安全。因此，无论是终端接头还是中间接头的制作都必须满足密封性好、绝缘强度高、接头接触电阻小、有足够的机械强度等基本要求。

## 思考题与习题

1. 建筑给排水设备包括哪几种？消防水泵的供电要求是什么？
2. 简述水位控制器的种类及其工作原理。
3. 双电源切换箱的作用是什么？
4. 施工现场加工制作动力配电箱时，盘面布置应遵守什么原则？
5. 简述落地式动力配电箱的安装方法。
6. 安装电动机时应做好哪些方面的检查工作？
7. 制作电缆头时要注意哪些问题？
8. 简述冷缩电缆终端头的结构和制作方法。

# 单元4　电气照明工程

**知识点：**本单元围绕建筑电气照明工程的施工与质量检查及验收过程，详细介绍了建筑电气照明工程所包含的内容，灯具的选型方法及布置方法，灯具的控制方法，室内照明配电线路的分支、分配及控制、保护方法等基础知识。介绍了电气照明工程中照明线路、照明配电箱、灯具、灯具开关及插座、风扇等分项工程的安装过程、安装方法及技术要求，以及施工质量的检查标准和验收方法。

**教学目标：**掌握电气照明工程的主要内容。了解选用灯具的一般原则及灯具布置的一般方法。掌握照明配电系统的组成及各组成部分的选型方法。掌握照明器具、照明配电箱、照明线路的安装方法、调试方法及质量验收方法。

## 课题1　电气照明工程基础知识

### 1.1　灯具的选择

在照明工程中，应根据被照场所的实际情况，正确选择照明灯具，达到舒适、美观的照明效果，同时应保证照明的安全，注意照明的节能，使照明工程经济合理。选择灯具时，一般按以下几方面进行。

#### 1.1.1　选择灯具的发光源

室内一般照明、无特殊要求的场所：选用荧光灯、白炽灯。

应急照明、要求瞬时启动或连续调光的场所：选用白炽灯、卤钨灯。

高大空间场所：选用高压汞灯、高压钠灯。

广场、运动场：选用金属卤化物灯、高压钠灯、氙灯。

#### 1.1.2　选择灯具的形式

一般室内选用半直接型、漫射型灯具。

高大建筑物内，灯具安装高度较高，可选用配照型、深照型灯具。

室外照明选用广照型灯具。

正常环境中，可选用开启型灯具；潮湿环境中应选用防水防潮的密闭型灯具；有爆炸危险的场所应选用防爆型灯具。

### 1.2　灯具的布置

布置灯具时，应使灯具高度一致、整齐美观。一般情况下，灯具的安装高度应不低于2m。

#### 1.2.1　均匀布置

均匀布置是将灯具作有规律的匀称排列，从而在工作场所或房间内获得均匀照度的布置方式。均匀布置灯具的方案主要有方形、矩形、菱形等几种，如图 4-1 所示。

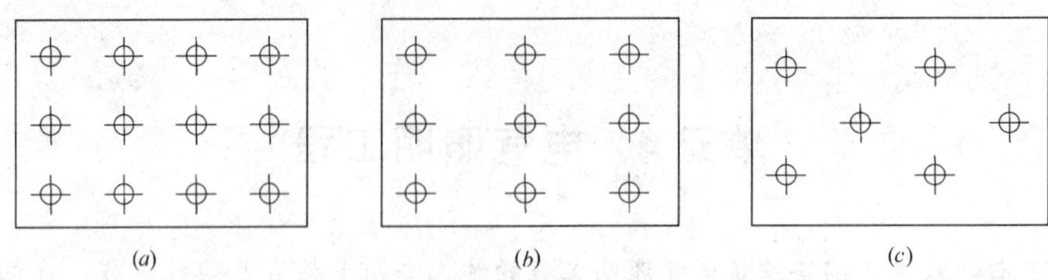


图 4-1　灯具均匀布置示意图

(*a*) 方形布置；(*b*) 矩形布置；(*c*) 菱形布置

均匀布置灯具时，应考虑灯具的距高比（$L/h$）在合适的范围。距高比（$L/h$）是指灯具的水平间距 $L$ 和灯具与工作面的垂直距离 $h$ 的比值。$L/h$ 的值小，灯具密集，照度均匀，经济性差；$L/h$ 的值大，灯具稀疏，照度不均匀，灯具投资小。表 4-1 为部分对称灯具的参考距高比值。表 4-2 为荧光灯具的参考距高比值。

**部分对称灯具的参考距高比值**　　**表 4-1**

| 灯 具 型 式 | 距高比 $L/h$ 值 | |
|---|---|---|
| | 多行布置 | 单行布置 |
| 配 照 型 灯 | 1.8 | 1.8 |
| 深 照 型 灯 | 1.6 | 1.5 |
| 广照型、散照型、圆球形灯 | 2.3 | 1.9 |

**荧光灯具的参考距高比值**　　**表 4-2**

| 灯具名称 | 灯具型号 | 光源功率（W） | 距高比 $L/h$ 值 | | 备　注 |
|---|---|---|---|---|---|
| | | | A-A | B-B | |
| 简式荧光灯 | YG1-1 | 1×40 | 1.62 | 1.22 | 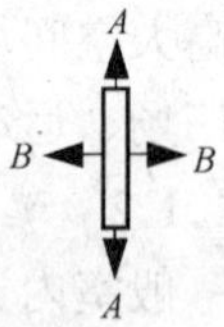 |
| | YG2-1 | 1×40 | 1.46 | 1.28 | |
| | YG2-2 | 2×40 | 1.33 | 1.28 | |
| 吸顶荧光灯具 | YG6-2 | 2×40 | 1.48 | 1.22 | |
| | YG6-3 | 3×40 | 1.5 | 1.26 | |
| 嵌入式荧光灯具 | YG15-2 | 2×40 | 1.25 | 1.2 | |
| | YG15-3 | 3×40 | 1.07 | 1.05 | |

灯具离墙边的距离一般取灯距 $L$ 的 1/2～1/3。

1.2.2　选择布置

选择布置是把灯具重点布置在有工作面的区域，保证工作面有足够的照度。当工作区域不大且分散时可以采用这种方式以减少灯具的数量，节省投资。

## 1.3　灯具数量及功率的确定

室内照明所需灯具的数量及每盏灯具的功率，应根据房间的照度标准经计算后确定。

对照度值要求较高的房间（如教室、会议室、阅览室、绘图室等），采用利用系数法计算所需灯具的数量。要求不高时，可按表 4-3 所列的单位面积照明灯具安装功率进行估算，估算方法为：用查表得到的单位面积安装功率乘以房间面积，再除以每盏灯具的额定功率即得所需的灯具数量。

**照明灯具单位面积安装功率估算表** **表 4-3**

| 房 间 名 称 | 安装功率（W/m²） | | 参 考 照 度（lx） |
|---|---|---|---|
| | 荧 光 灯 | 白 炽 灯 | |
| 教 室 | 4.5 ~ 6 | 19 ~ 25 | 75 ~ 100 |
| 阅览室、绘图室 | 6 ~ 11.2 | 25 ~ 40 | 100 ~ 200 |
| 办公室、会议室 | 6 ~ 8.4 | 25 ~ 37 | 100 ~ 150 |
| 一 般 商 场 | 2.8 ~ 4.4 | 13 ~ 19 | 50 ~ 75 |
| 高 级 商 场 | 6 ~ 11.2 | 25 ~ 40 | 100 ~ 200 |
| 大厅、休息厅 | 3 ~ 4.5 | 13 ~ 19 | 50 ~ 75 |
| 餐 厅 | 3 ~ 6 | 13 ~ 25 | 50 ~ 100 |
| 车 库 | 1 ~ 2 | 3 ~ 7 | 10 ~ 20 |
| 仓 库 | 2 ~ 3 | 8 ~ 13 | 20 ~ 50 |

住宅一般每房间布置 1 ~ 2 盏灯，长走廊一般每隔 8 ~ 10m 布置一盏灯，楼梯、卫生间一般 1 ~ 2 盏灯即可。

## 1.4 照明配电系统

建筑照明配电系统通常按照“三级配电”的方式进行，由照明总配电箱、楼层配电箱、房间开关箱及配电线路组成。

### 1.4.1 照明总配电箱

照明总配电箱把引入建筑物的三相总电源分配至各楼层的配电箱。当每层的用电负荷较大时，采用独立线路（放射式）对该层配电，如图 4-2（*a*）所示；当每层的用电负荷不大时，采用树干式方法对该层配电，如图 4-2（*b*）所示。总配电箱内的进线及出线应装设具有短路保护和过载保护功能的断路器。

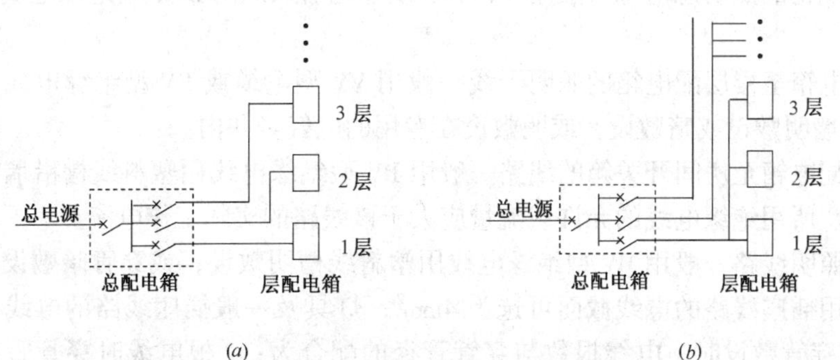


图 4-2 总配电箱配电示意图

（*a*）放射式配电；（*b*）树干式配电

楼层配电箱把三相电源分为单相，分配至该层的各房间开关箱以及楼梯、走廊等公共场所的照明电器进行供电。当房间的用电负荷较大时（如大会议室、大厅、大餐厅等），则由楼层配电箱分出三相支路给该房间的开关箱，再由开关箱分出单相线路给房间内的照明电器供电。楼层配电箱内的进线及出线也应装设断路器进行保护，如图 4-3 所示。

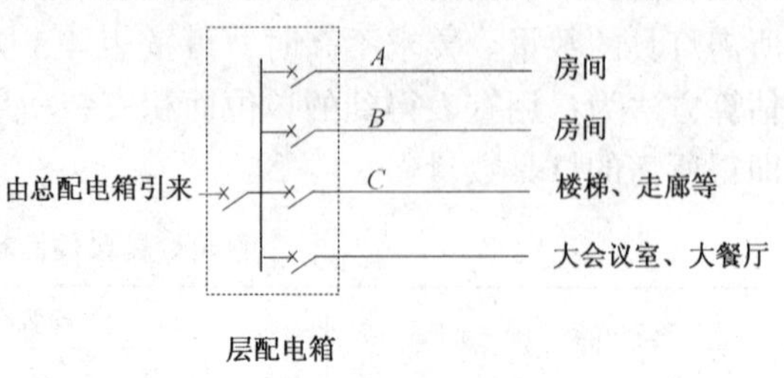


图 4-3　层配电箱配电示意图

房间开关箱分出插座支线、照明支线以及专用支线（如空调器、电热水器等）给相应电器供电。插座支线应在开关箱内装设断路器及漏电保护器，其他支线应装设断路器。一般房间内的照明灯具由其邻近的、装在墙壁上的灯具开关控制，如图 4-4（*a*）所示；灯数较多且同时开、关的大房间（如大会议室、大厅、大餐厅等），则由开关箱内的断路器分组控制，如图 4-4（*b*）所示。

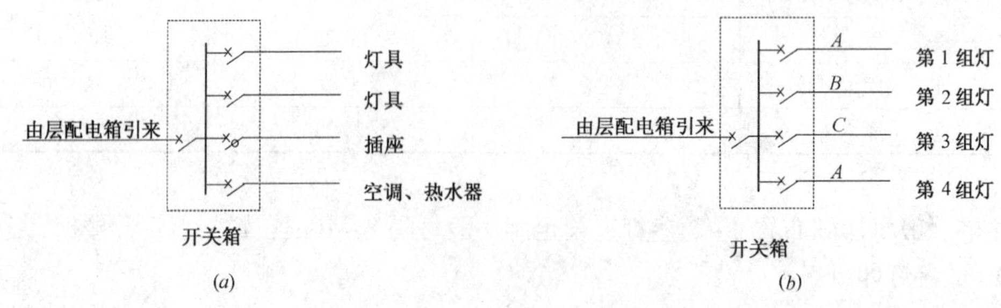


图 4-4　房间开关箱配电示意图

（*a*）小房间配电；（*b*）大房间配电

房间开关箱、楼层配电箱、总配电箱一般明装或暗装在墙壁上，配电箱底边距地 1.5～1.8m。体积较大且较重的配电箱则落地安装。安装在配电箱内的断路器，其额定电流应大于所控制线路的正常工作电流；漏电保护器的漏电动作电流一般为 30mA，潮湿场所为 15mA。

#### 1.4.2　照明配电线路

引入建筑物的照明总电源一般用 VV 型电缆埋地引入或用 BVV 型绝缘电线沿墙架空引入。

由总配电箱至楼层配电箱的照明干线一般用 VV 型电缆或 BV 型绝缘电线，穿钢管或穿 PVC 管沿墙明敷设或暗敷设，或明敷设在专用的电气竖井内。

由楼层配电箱至房间开关箱的线路一般用 BV 型绝缘电线用塑料线槽沿墙明敷设，或穿管暗敷设。所用绝缘电线的允许载流量应大于该线路的实际工作电流。

房间内照明线路一般用 BV 型绝缘电线用塑料线槽明敷设，或穿管暗敷设。空调、电热水器等专用插座线路的电线截面可选为 $4mm^2$，灯具及一般插座线路的电线截面一般选为 $2.5mm^2$。穿管敷设时，电线根数与穿管管径的配合为：2 根电线时穿管管径为 15mm，3～5 根时穿管管径为 20mm，6～9 根时穿管管径为 25mm。

#### 1.4.3　应急照明

通向楼梯的出口处应有"安全出口"标志灯，走廊、通道应在多处地方设置疏散指示灯。楼梯、走廊及其他公共场所应设置应急照明灯具，在市电停电时起到临时照明的作用。应急照明灯、疏散指示灯、出口标志灯用独立的配电线路进行供电，供电电源应为不会同时停电的双路电源。一般建筑物也可用自带可充电蓄电池的灯具作应急照明。

## 1.5 照明灯具的控制

室内照明灯具一般每灯用一只开关控制，灯数较多时可用一只开关控制多盏灯，面积较大且灯具同时开、关时，可用房间开关箱内的断路器直接控制。

### 1.5.1 灯具的基本控制线路

灯具开关应串接在相线（俗称火线）上，线路中间不应有接头。根据电气照明平面图进行配线时，可参照接线口诀进行：相线、零线并排走，零线直接进灯头，相线接在开关上，经过开关进灯头。如图 4-5 所示。

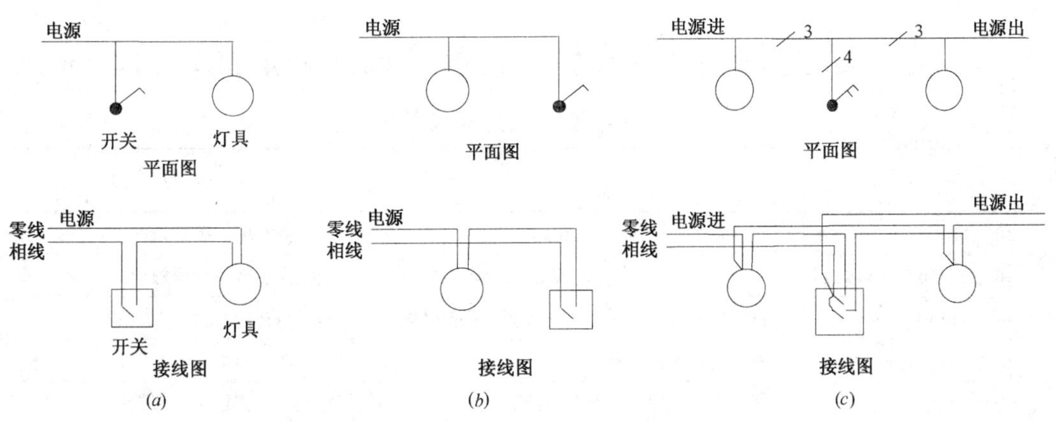


图 4-5 灯具的基本控制线路

（*a*）开关在灯具之前；（*b*）开关在灯具之后；（*c*）开关在灯具之间且其后还有其他灯具

### 1.5.2 用一只开关控制多盏灯具

用一只开关控制多盏灯具时，把所控制的灯具并接在经过开关后的相线与零线之间即可。如图 4-6 所示。

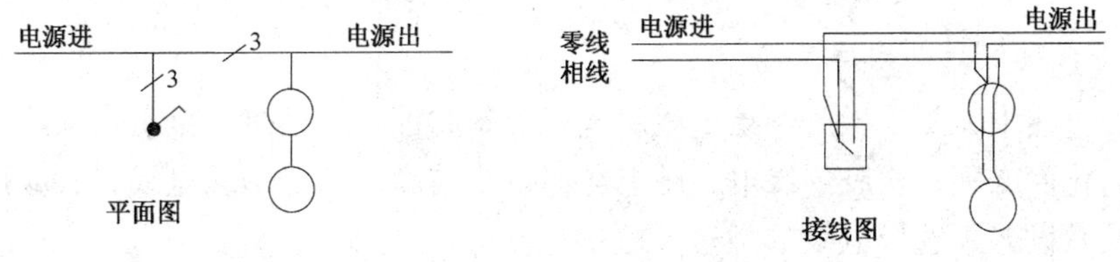


图 4-6 一只开关控制多盏灯具

### 1.5.3 灯具的双控

对于楼梯、走廊的照明，有时需要在两个不同的地方对同一盏灯具进行独立控制，这种控制方式称为灯具的双控。灯具双控时，应采用双控开关。图 4-7 所示为灯具双控的平面图及接线图。

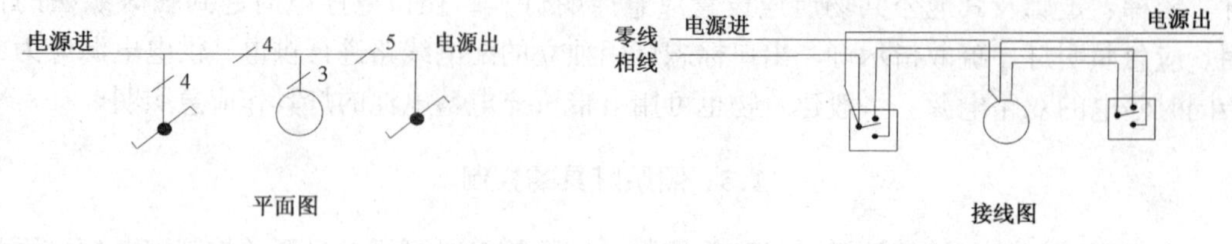


图 4-7　灯具的双控

# 课题 2　照明线路敷设

## 2.1　导线的选择

照明线路一般用绝缘电线明敷或暗敷，常用绝缘电线的型号及用途如表 4-4 所示。

常用绝缘电线的型号及用途　　表 4-4

| 电线型号 | 名称 | 主要用途 |
|---|---|---|
| BV（BLV） | 铜（铝）芯聚氯乙烯绝缘线 | 室内固定明、暗敷设 |
| BV-105（BLV-105） | 耐热 105℃铜（铝）芯聚氯乙烯绝缘线 | 用于温度较高场所敷设 |
| BVV（BLVV） | 铜（铝）芯聚氯乙烯绝缘聚氯乙烯护套线 | 室内直接明敷设 |
| BX（BLX） | 铜（铝）芯橡胶绝缘线 | 固定明、暗敷设 |
| BXF（BLXF） | 铜（铝）芯氯丁橡胶绝缘线 | 室内、外固定明、暗敷设 |
| BXR | 铜芯橡胶绝缘软线 | 用于 250V 以下移动电器 |
| RV | 铜芯聚氯乙烯绝缘软线 | 用于 250V 以下移动电器、灯头接线 |
| RVB | 铜芯聚氯乙烯绝缘扁平软线 | 用于 250V 以下移动电器 |
| RVS | 铜芯聚氯乙烯绝缘软绞线 | 用于 250V 以下移动电器 |
| RVV | 铜芯聚氯乙烯绝缘聚氯乙烯护套软线 | 用于 250V 以下移动电器 |
| RV-105 | 耐热 105℃铜芯聚氯乙烯绝缘软线 | 用于 250V 以下移动电器 |

### 2.1.1　选择电线的型号

在各类电线中，氯丁橡胶绝缘电线耐老化、耐腐蚀、不延燃；聚氯乙烯绝缘电线价格低，但易老化而变硬；橡胶绝缘电线耐老化但价格较高。选择绝缘电线时，应按照电线的敷设环境及敷设方式选择电线的型号。

### 2.1.2　选择电线的截面

选择电线截面时，一般根据该电线所在线路的实际工作电流进行选择，使电线的允许载流量不小于线路的实际工作电流。常用电线的允许载流量如表 4-5、表 4-6 所示。

查表确定电线截面时，若出现配电箱的进线和出线截面相同的情况，一般应把进线截面加大一级。只有当查表时，进线的允许载流量远大于其工作电流时，才可以使进线和出线的截面相同。

表 4-5 和表 4-6 中，绝缘电线的最高允许工作温度 $\theta_c$ 为 65℃，环境温度（敷设地点最热月平均温度）一般分为 25℃、30℃、35℃、40℃四级，查表时应按实际情况在相应等级中查找电线所对应的最大允许载流量。

**聚氯乙烯绝缘电线明敷设的载流量（A）$\theta_c = 65$℃**　　表 4-5

| 截面（$mm^2$） | BV 铜芯 | | | | BLV 铝芯 | | | |
|---|---|---|---|---|---|---|---|---|
| | 25℃ | 30℃ | 35℃ | 40℃ | 25℃ | 30℃ | 35℃ | 40℃ |
| 1.0 | 19 | 17 | 16 | 15 | — | — | — | — |
| 1.5 | 24 | 22 | 20 | 18 | 18 | 16 | 15 | 14 |
| 2.5 | 32 | 29 | 27 | 25 | 25 | 23 | 21 | 19 |
| 4 | 42 | 39 | 36 | 33 | 32 | 29 | 27 | 25 |
| 6 | 55 | 51 | 47 | 43 | 42 | 39 | 36 | 33 |
| 10 | 75 | 70 | 64 | 59 | 59 | 55 | 51 | 48 |
| 16 | 105 | 98 | 90 | 83 | 80 | 74 | 69 | 63 |
| 25 | 168 | 129 | 119 | 109 | 105 | 98 | 90 | 83 |
| 35 | 170 | 158 | 147 | 134 | 130 | 121 | 112 | 102 |
| 50 | 215 | 201 | 185 | 470 | 165 | 154 | 142 | 130 |
| 70 | 265 | 247 | 229 | 209 | 205 | 191 | 177 | 162 |
| 95 | 325 | 303 | 281 | 257 | 250 | 233 | 216 | 197 |
| 120 | 375 | 350 | 324 | 296 | 285 | 266 | 246 | 225 |
| 150 | 430 | 402 | 371 | 340 | 325 | 303 | 281 | 257 |
| 185 | 490 | 458 | 423 | 387 | 380 | 355 | 328 | 300 |

**聚氯乙烯绝缘电线穿管敷设的载流量（A）$\theta_c = 65$℃**　　表 4-6

| 截面（$mm^2$） | | 二根单芯 | | | | | 三根单芯 | | | | | 四根单芯 | | | | |
|---|---|---|---|---|---|---|---|---|---|---|---|---|---|---|---|---|
| | | 25℃ | 30℃ | 35℃ | 40℃ | 管径（mm） | 25℃ | 30℃ | 35℃ | 40℃ | 管径（mm） | 25℃ | 30℃ | 35℃ | 40℃ | 管径（mm） |
| | 1.0 | 14 | 13 | 12 | 11 | 15 | 13 | 12 | 11 | 10 | 15 | 11 | 10 | 9 | 8 | 15 |
| | 1.5 | 19 | 17 | 16 | 15 | 15 | 17 | 15 | 14 | 13 | 15 | 16 | 14 | 13 | 12 | 15 |
| | 2.5 | 26 | 24 | 22 | 20 | 15 | 24 | 22 | 20 | 18 | 15 | 22 | 20 | 19 | 17 | 15 |
| | 4 | 35 | 32 | 30 | 27 | 15 | 31 | 28 | 26 | 24 | 15 | 28 | 26 | 24 | 22 | 20 |
| | 6 | 47 | 43 | 40 | 37 | 20 | 41 | 38 | 35 | 32 | 20 | 37 | 34 | 32 | 29 | 20 |
| | 10 | 65 | 60 | 56 | 51 | 20 | 57 | 53 | 49 | 45 | 20 | 50 | 46 | 43 | 39 | 25 |
| | 16 | 82 | 76 | 70 | 64 | 25 | 73 | 68 | 63 | 57 | 25 | 65 | 60 | 56 | 51 | 32 |
| BV | 25 | 107 | 100 | 92 | 84 | 25 | 95 | 88 | 82 | 75 | 32 | 85 | 79 | 73 | 67 | 40 |
| | 35 | 133 | 124 | 115 | 105 | 32 | 115 | 107 | 99 | 90 | 32 | 105 | 98 | 90 | 83 | 40 |
| | 50 | 165 | 154 | 142 | 130 | 40 | 146 | 136 | 126 | 115 | 40 | 130 | 121 | 112 | 102 | 50 |
| | 70 | 205 | 191 | 177 | 162 | 50 | 183 | 171 | 158 | 144 | 50 | 165 | 154 | 142 | 130 | 50 |
| | 95 | 250 | 233 | 216 | 197 | 50 | 225 | 210 | 194 | 177 | 50 | 200 | 187 | 173 | 158 | 70 |
| | 120 | 290 | 271 | 250 | 229 | 50 | 260 | 243 | 224 | 205 | 50 | 230 | 215 | 198 | 181 | 70 |
| | 150 | 330 | 308 | 285 | 261 | 70 | 300 | 280 | 259 | 237 | 70 | 265 | 247 | 229 | 209 | 70 |
| | 185 | 380 | 355 | 328 | 300 | 70 | 340 | 317 | 294 | 268 | 70 | 300 | 280 | 259 | 237 | 80 |

续表

| 截面 (mm²) | | 二根单芯 | | | | | 三根单芯 | | | | | 四根单芯 | | | | |
|---|---|---|---|---|---|---|---|---|---|---|---|---|---|---|---|---|
| | | 25℃ | 30℃ | 35℃ | 40℃ | 管径 (mm) | 25℃ | 30℃ | 35℃ | 40℃ | 管径 (mm) | 25℃ | 30℃ | 35℃ | 40℃ | 管径 (mm) |
| BLV | 2.5 | 20 | 18 | 17 | 15 | 15 | 18 | 16 | 15 | 14 | 15 | 15 | 14 | 12 | 11 | 15 |
| | 4 | 27 | 25 | 23 | 21 | 15 | 24 | 22 | 20 | 18 | 15 | 22 | 20 | 19 | 17 | 15 |
| | 6 | 35 | 32 | 30 | 27 | 15 | 32 | 29 | 27 | 25 | 20 | 28 | 26 | 24 | 22 | 25 |
| | 10 | 49 | 45 | 42 | 38 | 20 | 44 | 41 | 38 | 34 | 20 | 38 | 35 | 32 | 30 | 25 |
| | 16 | 64 | 58 | 54 | 49 | 25 | 56 | 52 | 48 | 44 | 25 | 50 | 46 | 43 | 39 | 32 |
| | 25 | 80 | 74 | 69 | 63 | 32 | 70 | 65 | 60 | 55 | 32 | 65 | 60 | 50 | 51 | 32 |
| | 35 | 100 | 93 | 86 | 79 | 32 | 90 | 84 | 77 | 71 | 32 | 80 | 74 | 69 | 63 | 40 |
| | 50 | 125 | 116 | 108 | 98 | 40 | 110 | 102 | 95 | 87 | 40 | 100 | 93 | 86 | 79 | 50 |
| | 70 | 155 | 144 | 134 | 122 | 50 | 143 | 133 | 123 | 113 | 50 | 127 | 118 | 109 | 100 | 50 |
| | 95 | 190 | 177 | 164 | 150 | 50 | 170 | 158 | 147 | 134 | 50 | 152 | 142 | 131 | 120 | 70 |
| | 120 | 220 | 205 | 190 | 174 | 50 | 195 | 182 | 168 | 154 | 50 | 172 | 160 | 148 | 136 | 70 |
| | 150 | 250 | 233 | 216 | 197 | 70 | 225 | 210 | 194 | 177 | 70 | 200 | 187 | 173 | 158 | 70 |
| | 185 | 285 | 266 | 246 | 225 | 70 | 255 | 238 | 220 | 201 | 70 | 230 | 215 | 198 | 181 | 80 |

### 2.1.3 校验电压损失

由于电线有一定的电阻，流过负载电流时会在电线上产生一定的电压降，该电压降与额定电压的比值称为电压损失。一般照明器具的电压损失不得超过5%，对视觉要求较高的场所不得超过2.5%。

校验电压损失时，可选择工作电流较大且线路较长的支路进行校验。当电压损失超过规定值时，应加大相应线路的导线截面，使电压损失降至规定范围之内。

## 2.2 线路敷设

室内照明线路的敷设又称为配管配线，常用的敷设方式主要有：铝线卡明敷、线槽（塑料线槽、金属线槽）明敷、穿钢管明（暗）敷、穿PVC管明（暗）敷等几种。

### 2.2.1 铝线卡明敷

铝线卡明敷的代号为AL。铝线卡敷设方式简单方便，但由于电线紧贴墙面且裸露，容易受到外物的损伤，主要用在要求不高且干燥的场所，所敷设的电线必须为BVV型或BLVV型塑料护套线。铝线卡的外形如图4-8所示。

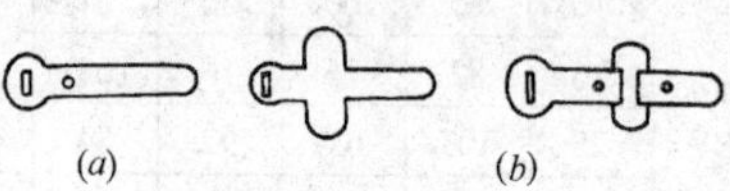

图4-8 铝线卡外形
（a）钉装式；（b）粘结式

铝线卡明敷的施工顺序及施工方法如下：

(1) 划线。对照施工图在建筑物相应位置划出线路的中心线。划线时要求横平竖直、整齐美观，转弯时要转直角。

(2) 固定铝线卡。在木结构、有抹灰层的墙上固定铝线卡时，一般用圆钢钉（俗称水泥钉）直接钉牢；在混凝土结构上固定铝线卡时，可用环氧树脂胶粘剂进行粘结。粘结时，要把铝线卡底片及建筑物表面处理干净，用手施加一定的压力，使粘结面接触良好，养护 1～5 天，待胶粘剂充分硬化后，方可敷设导线。

铝线卡要排列整齐，间距要均匀，直线敷设时间距为 150～200mm，与转角处、交叉点、线管出口、开关、插座、灯具、接线盒等的间距为 50～100mm。如图 4-9 所示。

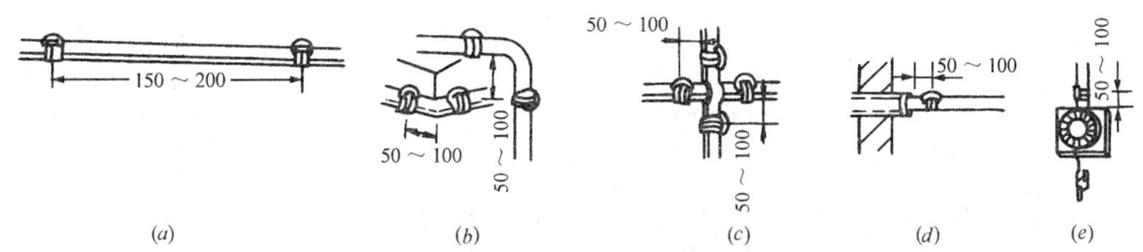


图 4-9　铝线卡固定点示意图

（a）直线；（b）转角；（c）交叉；（d）进、出线管；（e）进、出开关

（3）放线。把准备敷设的电线放开，如图 4-10 所示。

（4）勒直、勒平电线。如图 4-11 所示。

（5）收紧电线并绑紧。如图 4-12 所示。

用铝线卡敷设电线时，电线至地面的最小距离为：水平敷设时为 2.5m；垂直敷设时为 1.8m，低于 1.8m 的部分，应穿管保护。

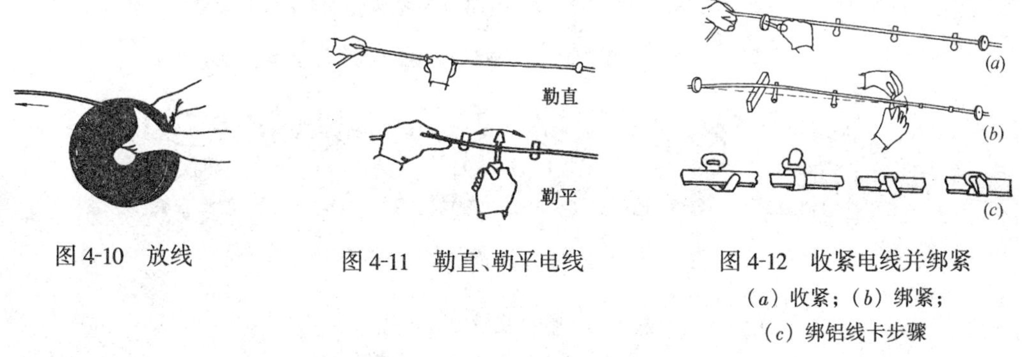


图 4-10　放线

图 4-11　勒直、勒平电线

图 4-12　收紧电线并绑紧

（a）收紧；（b）绑紧；

（c）绑铝线卡步骤

2.2.2　塑料线槽明敷

塑料线槽明敷的代号为 PR。用塑料线槽敷设的线路整齐美观、耐火、耐腐蚀、造价低，是室内线路常用的敷设方式。塑料线槽采用非燃性塑料制成，由槽体和槽盖两部分组成，槽盖和槽体挤压结合，安装、维修及更换导线简便，如图 4-13 所示。常用塑料线槽的型号、规格见表 4-7。

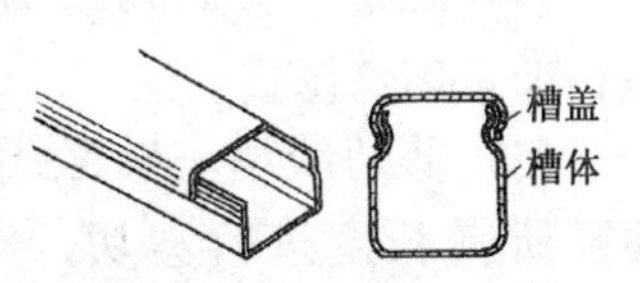


图 4-13　塑料线槽外形

塑料线槽一般敷设在室内的墙角、地角、横梁等较隐蔽的地方，并尽量与建筑物线条平行，使线路整齐美观。如图

4-14 所示为塑料线槽敷设示意图及常用的线槽附件。

常用塑料线槽的型号、规格 表 4-7

| 型号 | 规格 | | 型号 | 规格 | |
|---|---|---|---|---|---|
| | 宽×高（mm） | 壁厚（mm） | | 宽×高（mm） | 壁厚（mm） |
| VXC20 | 20×10 | 1.0 | VXC80 | 80×30 | 2.0 |
| VXC40 | 40×15 | 1.2 | VXC100 | 100×30 | 2.5 |
| VXC60 | 60×15 | 2.0 | VXC120 | 120×30 | 2.5 |

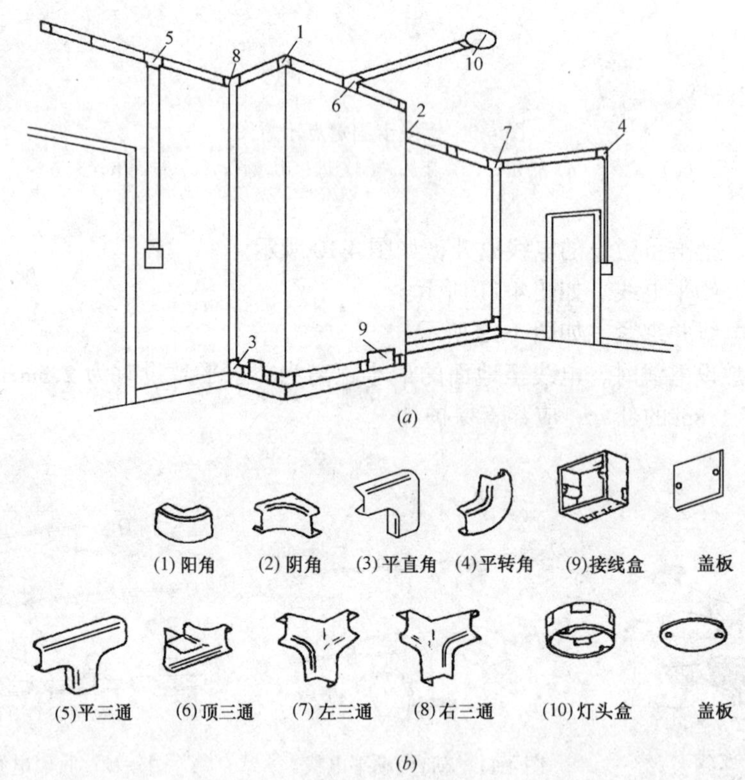


图 4-14 塑料线槽敷设示意图

（a）塑料线槽敷设位置；（b）线槽附件

塑料线槽明敷的施工顺序及施工方法如下：

(1) 定位。对照施工图纸确定塑料线槽的走向及位置。

(2) 剪切线槽。根据线槽的实际位置及所需长度进行剪切，切口应光滑，不留毛刺。线路分支、阴转角、直转角处的切口如图 4-15 所示。

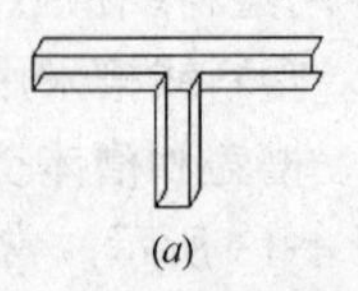


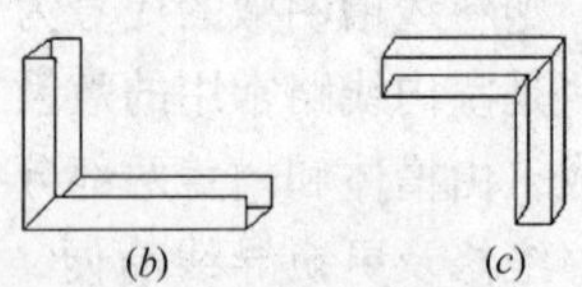


图 4-15 塑料线槽切口示意图

（a）分支；（b）阴转角；（c）平直角

(3) 固定线槽。塑料线槽可用钉子直接钉牢，也可以先埋入塑料胀管或木桩，再用木螺钉固定。固定塑料线槽时，线槽应紧贴墙壁，固定点的最大间距如表 4-8 所示。

**塑料线槽固定点最大间距** **表 4-8**

| 塑料线槽宽度（mm） | 固定点形式 | 固定点最大间距 $L$（m） |
|---|---|---|
| 20～40 | 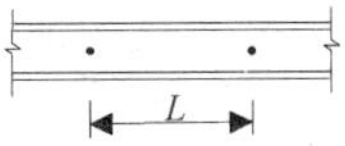 $L$ | 0.8 |
| 60 | 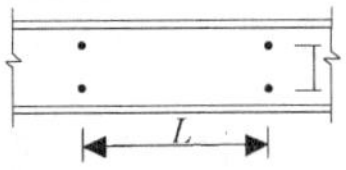 $L$ | 1.0 |
| 80～120 | 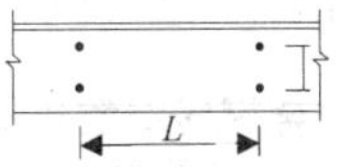 $L$ | 0.8 |

(4) 放线。把电线拉直并放入线槽内。放线时，应注意以下几点：

1) 电线在线槽内不得有接头，分支接头应在接线箱内进行，线槽与接线箱的配接如图 4-16 所示；

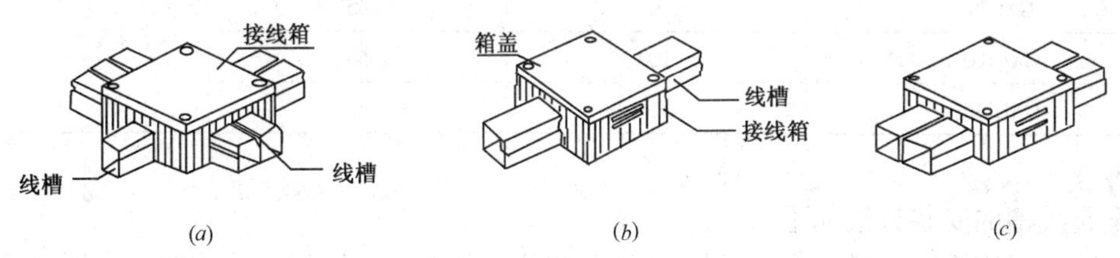


图 4-16 接线箱安装示意图

(a) 线路分支；(b) 单线槽接头；(c) 双线槽接头

2) 同一回路的所有相线、零线应放在同一线槽内；不同回路的电线在无防干扰要求时，可放在同一线槽内；

3) 线槽内导线截面积（包括外护层）的总和不应超过线槽内截面积的 20%，载流导线不超过 30 根；控制、信息等弱电线路的导线截面积总和不应超过线槽内截面积的 50%，导线根数不限；

4) 当导线在垂直或倾斜的线槽内敷设时，应采取措施予以固定，防止因导线的自重而产生移动或使线槽受到损坏。

(5) 盖好线槽、接线箱、接线盒的盖子。把槽盖对准槽体边缘，挤压或轻敲槽盖，使槽盖卡紧槽体。槽盖接缝与槽体接缝应错位搭接，如图 4-17 所示。

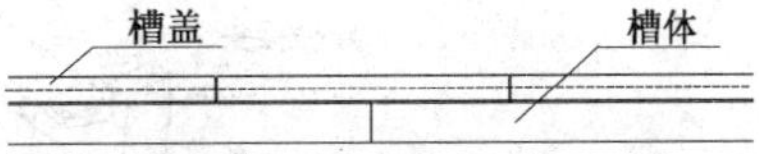

槽盖
槽体

图 4-17 线槽错位搭接示意图

### 2.2.3 金属线槽明敷

金属线槽明敷的代号为 MR。金属线槽用钢板或镀锌薄钢板制成，机械强度高，对所敷设的线路有电磁屏蔽作用，可用在导线根数较多或截面较大的线路，但在潮湿或有腐蚀性的场所则不宜使用。金属线槽的外形如图 4-18 所示，型号及规格见表 4-9。

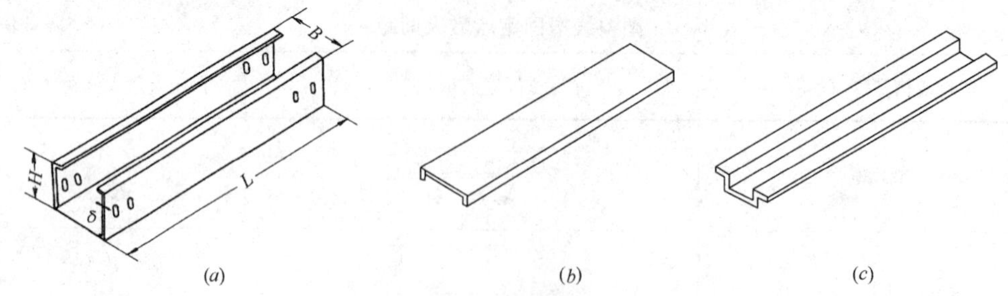


图 4-18　金属线槽外形

（a）槽体；（b）上槽盖（槽体开口朝上时用）；（c）下槽盖（槽体开口朝下时用）

**金属线槽型号及规格**　　**表 4-9**

| 型　　号 | 规　　格 | | |
|---|---|---|---|
| | 宽 B（mm） | 高 H（mm） | 长 L（mm） |
| GXC40 | 40 | 25 | 2000 |
| GXC50 | 50 | 30 | |
| GXC60 | 60 | 30 | |
| GXC70 | 70 | 35 | |
| GXC100 | 100 | 50 | |
| GXC120 | 120 | 65 | |

金属线槽的安装方法如下：

（1）金属线槽安装时，应沿垂直方向或水平方向进行，排列整齐美观。金属线槽不同位置的连接如图 4-19 所示。

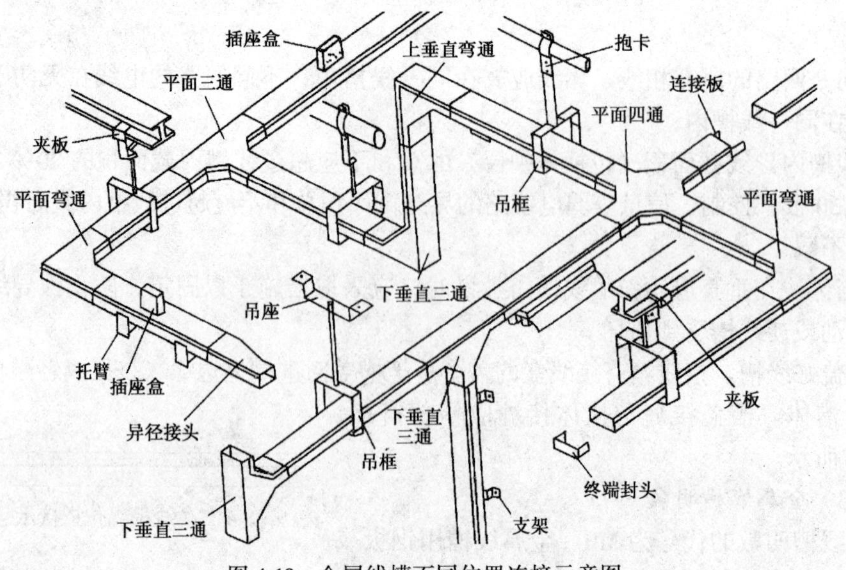


图 4-19　金属线槽不同位置连接示意图

(2) 安装大截面的金属线槽时可用支架或吊杆固定，垂直安装的金属线槽穿过楼板时应加角钢固定。支架或吊杆的间距为：线槽宽度在 300mm 以内时，最大间距为 2.4m；宽度在 300～500mm 时，最大间距为 2.0m；宽度在 500～800mm 时，最大间距为 1.8m。如图 4-20 所示。

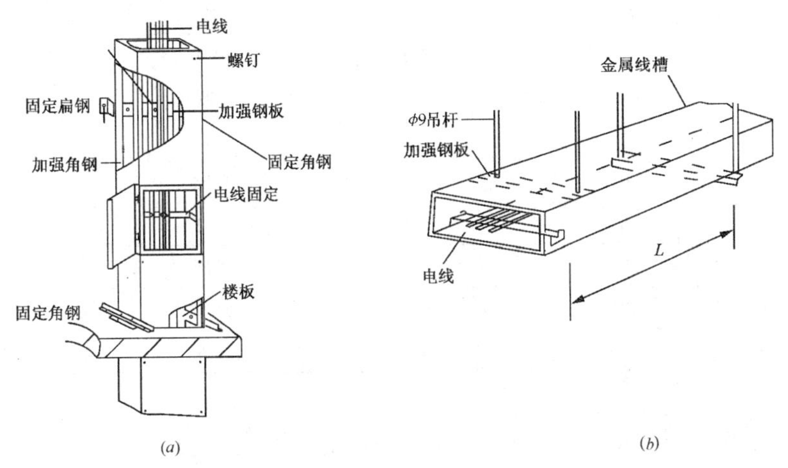


图 4-20 金属线槽安装示意图

(a) 垂直安装；(b) 水平安装

(3) 安装小截面的金属线槽时，可用塑料胀管和木螺钉固定，固定点的最大间距为 500mm。

(4) 电线在线槽内不得有接头，同一回路的所有电线应放在同一线槽内；不同回路的电线无相互干扰时，可放在同一线槽内。

(5) 金属线槽应良好接地。

2.2.4 穿钢管敷设

把绝缘电线穿在钢管内敷设，对电线具有较好的保护作用，能防止电线受到灰尘、潮气的侵蚀以及外界的机械损伤。穿钢管敷设还具有较好的防火、防触电功能，能方便地更换电线。在要求较高的建筑物内，应采用穿钢管敷设；在具有火灾危险或爆炸危险的场所，必须采用穿钢管敷设。穿钢管敷设又分为明敷和暗敷两种方式。

钢管分为厚壁钢管和薄壁钢管（又称为电线管）两大类，穿厚壁钢管敷设的代号为 SC，穿电线管敷设的代号为 TC。钢管和电线管的规格见表 4-10。

**钢管和电线管的规格尺寸** 表 4-10

| 种类 | 公称管径 (mm) | 外径 (mm) | 内径 (mm) | 壁厚 (mm) |
|---|---|---|---|---|
| 钢管 | 15 | 21.25 | 15.75 | 2.75 |
| | 20 | 26.75 | 21.25 | 2.75 |
| | 25 | 33.5 | 27 | 3.25 |
| | 32 | 42.25 | 35.75 | 3.25 |
| | 40 | 48 | 41 | 3.5 |

续表

| 种　类 | 公称管径（mm） | 外径（mm） | 内径（mm） | 壁厚（mm） |
|---|---|---|---|---|
| 钢　管 | 50 | 60 | 53 | 3.5 |
| | 70 | 75.5 | 68 | 3.75 |
| | 80 | 88.5 | 80.5 | 4 |
| | 100 | 114 | 106 | 4 |
| 电线管 | 15 | 15.87 | 12.67 | 1.6 |
| | 20 | 19.05 | 15.85 | 1.6 |
| | 25 | 25.4 | 22.2 | 1.6 |
| | 32 | 31.75 | 28.55 | 1.6 |
| | 40 | 38.1 | 34.9 | 1.6 |
| | 50 | 50.8 | 47.6 | 1.6 |

穿钢管敷设分为配管和管内穿线两部分，其施工顺序及施工方法如下：

（1）定位。对照施工图纸确定管线的走向及安装位置。

（2）锯管。根据实际所需长度用钢锯切割钢管，切口要打磨光滑，不留毛刺，以免穿线时划伤电线。

（3）套丝。套丝是在钢管两端的外壁套螺纹，便于与其他钢管或附件连接。钢管套丝有手工套丝和机械套丝两种方法，手工套丝用螺丝板牙进行，机械套丝用套丝机进行。实际施工时，一般都采用套丝机进行套丝。钢管套丝后，螺纹表面应光滑、无缺损，螺纹的长度应大于管子接头长度的1/2，使管子连接后螺纹外露2～3扣。

（4）弯管。把钢管弯曲一定的角度，使其符合线路的走向。弯管可用弯管器手工弯管，也可用电动弯管机进行，弯管器只能用来弯曲管径小于25mm的钢管，如图4-21所示。弯管时，钢管的弯曲半径不小于管外径的6倍，弯曲角度不小于90°，如图4-22所示。管子的弯曲处不应有折皱、凹陷和裂纹，管子弯扁的程度不应大于管外径的10%。

图4-21　弯管器弯管

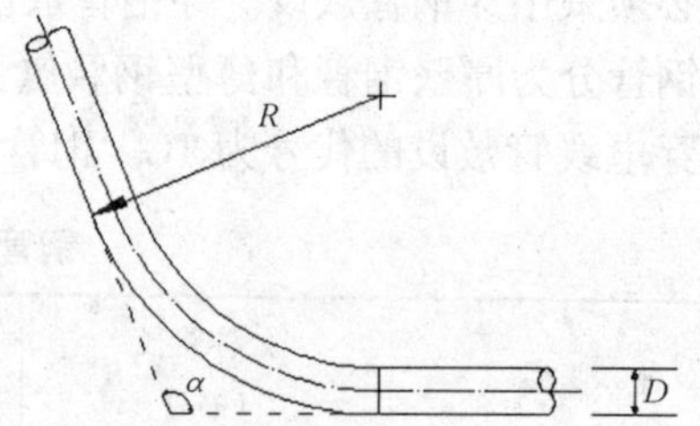


图4-22　钢管的弯曲半径

R—弯曲半径；D—管子外径；α—弯曲角度

（5）连接钢管。钢管的连接分为钢管与钢管的连接、钢管与接线盒、箱的连接等几种情况。管径较小的钢管相互连接时，一般采用管接头螺纹连接，如图4-23（a）所示。管径在 50mm 及以上的钢管相互连接时，一般采用套管焊接，如图 4-23（*b*）所示。

钢管与接线盒、箱的连接一般采用锁紧螺母连接，如图 4-24 所示。管子在接线盒、箱内应露出锁紧螺母 2～4 扣。钢管连接好之后，应在管口套上护口，防止穿线时划伤电线的绝缘层。

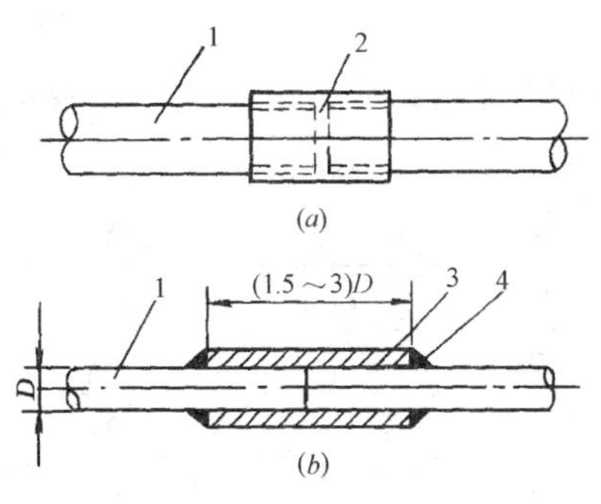


图 4-23　钢管的相互连接

（*a*）管接头螺纹连接；（*b*）套管焊接

1—钢管；2—管接头；3—套管；4—焊接点

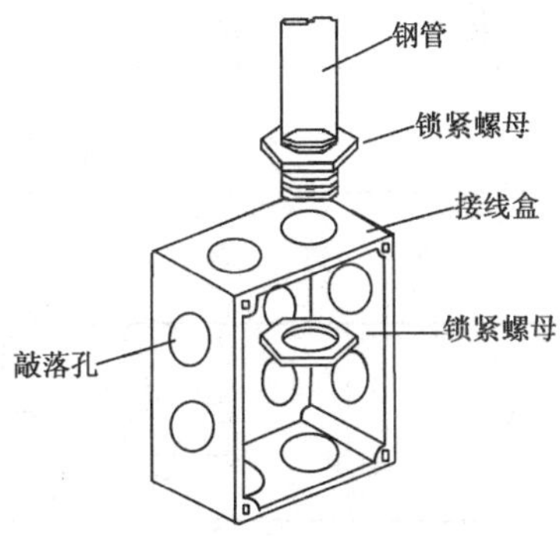


图 4-24　钢管与接线盒、箱的连接

敷设钢管时，管路中间不宜有过多的弯，当管路较长或弯头较多时，中间应加装接线盒。加装接线盒的方法为：符合下列条件时，应在中间便于穿线的地方增设接线盒。

1）管路长度超过 45m，无弯曲时；

2）管路长度超过 30m，有一个弯时；

3）管路长度超过 20m，有两个弯时；

4）管路长度超过 12m，有三个弯时。

(6) 固定钢管。钢管明敷设时，可用鞍形管卡固定在建筑物的墙、柱、梁、顶板上，或者用 U 形管卡固定在支架上，如图 4-25 所示。固定点的最大间距见表 4-11。钢管与其他管道间的最小距离见表 4-12，与弱电管线的间距应在 150mm 以上。

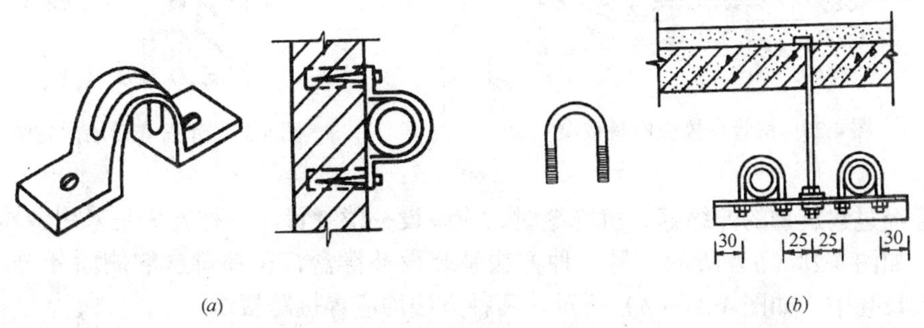


图 4-25　钢管明敷设示意图

（*a*）鞍形管卡；（*b*）U 形管卡

**管子明敷设时固定点的最大间距（m）** **表 4-11**

| 管子类型 | 公称管径（mm） | | | | |
|---|---|---|---|---|---|
| | 15～20 | 25～32 | 40 | 50 | 65～100 |
| 钢　管 | 1.5 | 2.0 | 2.5 | 2.5 | 3.5 |
| 电线管 | 1.0 | 1.5 | 2.0 | 2.0 | — |
| 塑料管 | 1.0 | 1.5 | 1.5 | 2.0 | 2.0 |

**电气管线与其他管道的最小间距（mm）** **表 4-12**

| 管道名称 | | | 线路敷设方式 | |
|---|---|---|---|---|
| | | | 穿管敷设 | 明敷设 |
| 蒸汽管 | 平行 | 管道上 | 1000 | 1000 |
| | | 管道下 | 500 | 500 |
| | 交叉 | | 300 | 300 |
| 暖气管、热水管 | 平行 | 管道上 | 300 | 300 |
| | | 管道下 | 200 | 200 |
| | 交叉 | | 100 | 100 |
| 通风、给排水及压缩空气管 | 平行 | | 100 | 200 |
| | 交叉 | | 50 | 100 |

钢管在现浇混凝土楼板、柱、墙内暗敷设时，应在土建钢筋绑扎完毕后进行。暗配的钢管、接线盒、配电箱、开关盒、插座盒等可用细钢丝绑扎固定，也可焊接固定在结构钢筋上，固定后应对管口、箱或盒的开口进行封口保护，防止浇混凝土时被堵塞。如图 4-26 所示。

钢管在砖墙内暗敷设时，应在土建砌墙时，将钢管、配电箱、开关盒、插座盒等埋设在相应位置，注意防止砂浆流入管、箱、盒内造成管子堵塞。如图 4-27 所示。

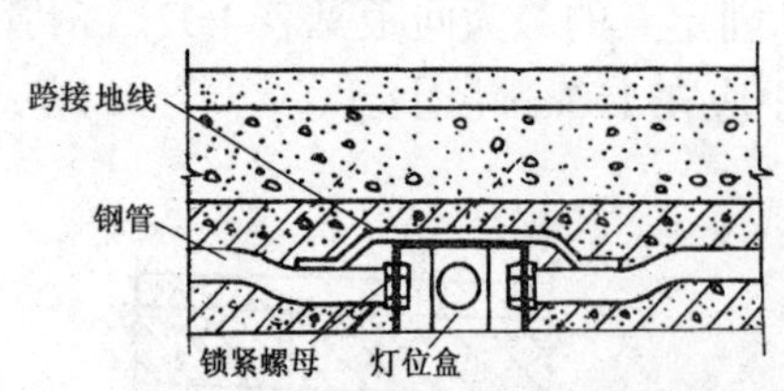

图 4-26　钢管在楼板内暗敷设

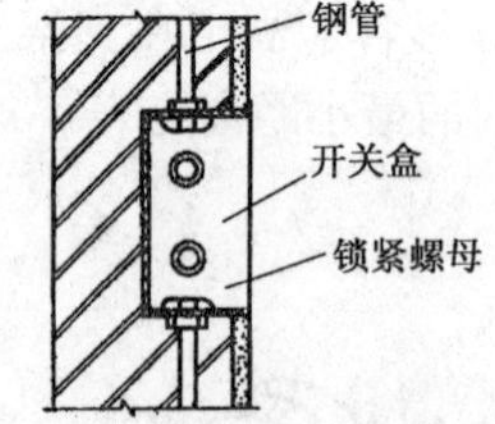

图 4-27　钢管在砖墙内暗敷设

钢管经过建筑物的伸缩缝、沉降缝时，应装设补偿装置。一种方法是采用金属软管进行补偿，如图 4-28（*a*）所示；另一种方法是装设补偿盒，在补偿盒的侧面开一个长孔，将管穿入长孔中。如图 4-28（*b*）所示。两种方法均应焊接跨接线。

（7）焊接地跨接线。用来敷设电线的钢管必须良好接地，固定钢管时，应同时在管子连接处用金属导体把两边的钢管焊接在一起，使其形成良好的电气通路。如图 4-29 所示。跨接线的选择方法为：管径在 32mm 以内时用 $\phi6$ 的圆钢；管径为 40mm 时用 $\phi8$ 的圆钢；

管径为 50mm 时用 $\phi10$ 的圆钢；管径在 70mm 及以上时用 25mm × 4mm 的扁钢。

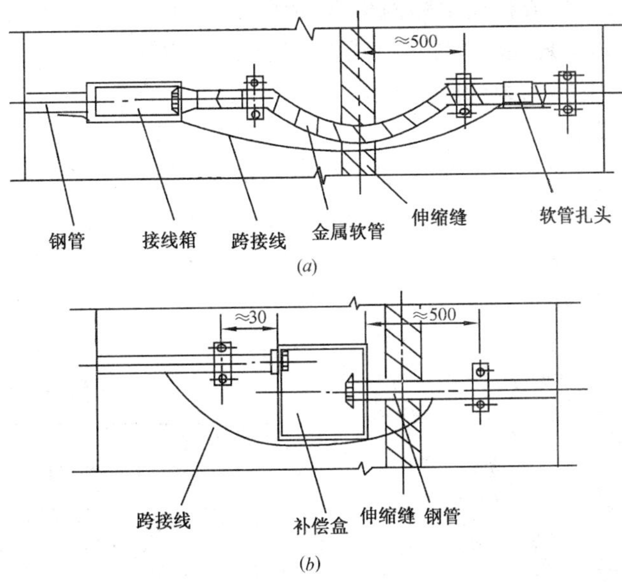


图 4-28　钢管经过伸缩缝的补偿装置

（a）软管补偿；（b）补偿盒补偿

（8）管内穿线。暗敷设的钢管在土建施工结束之后，明敷设的钢管在配管结束后，根据施工图纸及电气控制原理，将该段线路所需的绝缘电线穿入管中。穿线前先将钢管、接线箱、接线盒中的杂物清除干净，把直径为 1.2～1.6mm 的钢丝穿入管中作为引线（管路较长或多弯时，可在固定钢管之前预先穿入引线），把电线绑在引线的一端，在引线的另一端用力拉，将电线拉入管中。电线与引线的绑扎方法如图 4-30 所示。

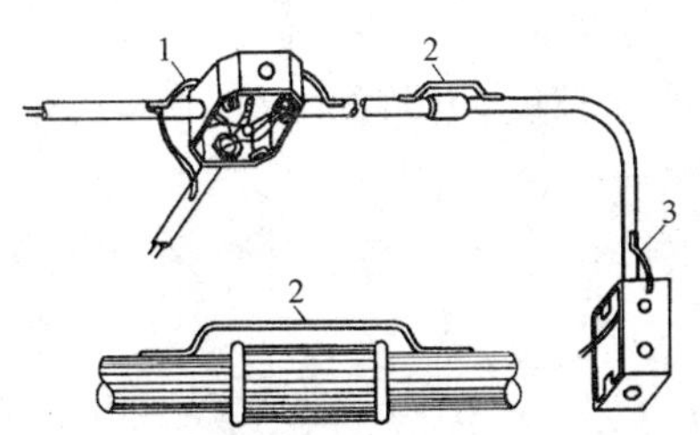


图 4-29　接地跨接线位置示意图

1—钢管与灯头盒之间；2—钢管接头处；3—钢管与开关盒或插座盒之间

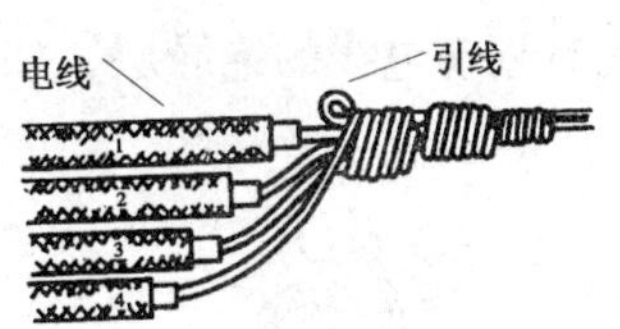


图 4-30　多根电线与引线的绑法

穿线时，应由两人操作，其中一人送电线，另一人拉引线。两人的送、拉动作要配合协调，不得硬送、硬拉。当电线拉不动时，两人应反复来回拉几次再向前拉，不可勉强硬拉而把引线或电线拉断，必要时可在电线上抹少量滑石粉以减小电线与管壁的摩擦力。穿线后，电线在管口应留出一定的长度，便于接线，预留长度为：接线盒预留 20～30cm，配电箱预留长度不少于箱体的半周长。

在较长的垂直管路中，由于电线本身的自重容易拉松接线盒中的接头，故当管路超过下列长度时，应在管口处或接线盒中对电线加以固定。截面在 $50mm^2$ 以下的导线，长度为 30m 时；截面在 $70 \sim 95mm^2$ 的导线，长度为 20m 时；截面在 $120 \sim 240mm^2$ 的导线，长度为 18m 时。电线在接线盒内的固定方法如图 4-31 所示。

### 2.2.5 穿 PVC 管敷设

穿 PVC 管敷设的代号为 PC。PVC 管又称为塑料管，是以聚氯乙烯为主要原料，用制管机压制而成的。PVC 管具有重量轻、阻燃、绝缘、防潮、耐酸碱腐蚀、可冷弯、安装简便、管路无需接地等优点。PVC 管可明敷，也可暗敷，在现代建筑中得到广泛应用。常见 PVC 管的规格如表 4-13 所示。

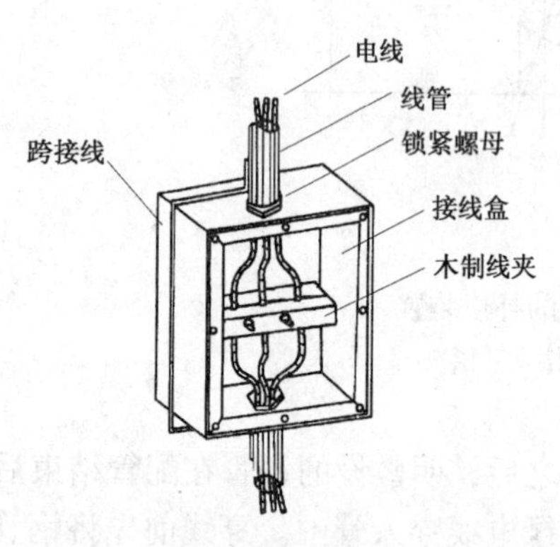


图 4-31 垂直线路在接线盒中的固定

**常见 PVC 管的规格　　表 4-13**

| 型号 | 规格 | | |
|---|---|---|---|
| | 外径（mm） | 壁厚（mm） | 单根长度（m） |
| GA16 | 16 | 1.6 | 4 |
| GA20 | 20 | 1.8 | |
| GA25 | 25 | 2.0 | |
| GA32 | 32 | 2.2 | |
| GA40 | 40 | 2.4 | |
| GA50 | 50 | 2.8 | |
| GA63 | 63 | 3.0 | |

穿 PVC 管敷设的施工顺序及施工方法如下：

（1）定位。对照施工图纸确定管线的走向及安装位置。

（2）切管。用钢锯条或专用剪刀把 PVC 管切成所需长度，切管后应把管口打磨光滑，防止穿线时划伤电线的绝缘层，如图 4-32 所示。

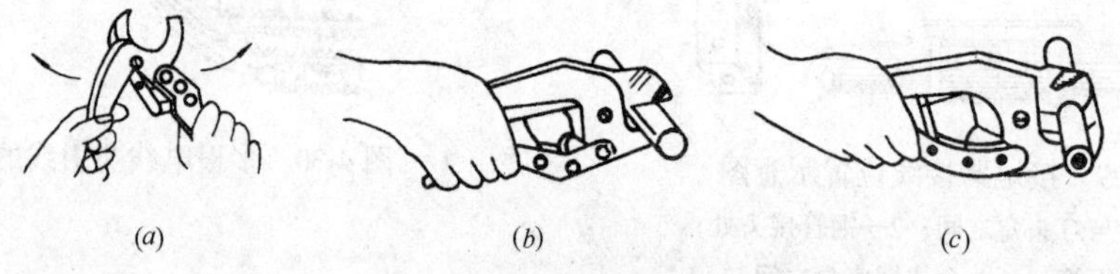


图 4-32 剪切 PVC 管的方法

（a）张开剪刀；（b）把 PVC 管放入剪刀口；（c）用力剪断 PVC 管

（3）弯管。管径在 32mm 及以下的 PVC 管可直接冷弯，方法是把一根和管径相匹配的弹簧插入要弯曲的管内，用手将 PVC 管弯成所需角度，抽出弹簧即可。如图 4-33 所示。

管径在 40mm 及以上的 PVC 管一般采用热弯法进行弯曲，方法是：把被弯管子的一端用塑料纸或胶带封闭，将干砂子装入管内摇实，再将另一端封闭。用喷灯均匀加热要弯曲

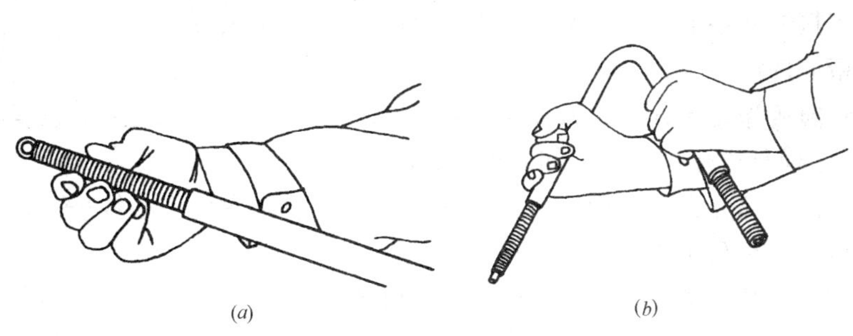

图 4-33　PVC 管冷弯
（*a*）插入弹簧防扁；（*b*）用力弯成所需角度

的部分使其变软弯曲，待弯曲到所需角度后使其固定，管子冷却后将砂子倒出即可。加热时要注意不能将管烤伤、变色。

(4) 连接 PVC 管。连接 PVC 管的方法主要有一步插入法、二步插入法、套接法、接头连接法等 4 种方法。

1）一步插入法。一步插入法适用于管径在 50mm 及以下的两根同管径 PVC 管的连接。方法是：

A. 将要连接的两根 PVC 管的管口倒角，倒角角度约为 30°，如图 4-34（*a*）所示；

B. 用酒精擦净阴管和阳管的插接段；

C. 将阴管插接深度部分（插接深度 *L* 约为管外径的 1.5 倍）加热至 130℃左右，使其软化；

D. 将阳管插入部分涂上专用胶水，迅速插入阴管中，使两管的中心线一致，立即用湿布冷却定型即可。如图 4-34（*b*）所示。

2）二步插入法。二步插入法适用于管径在 65mm 及以上的两根同管径 PVC 管的连接。方法是：

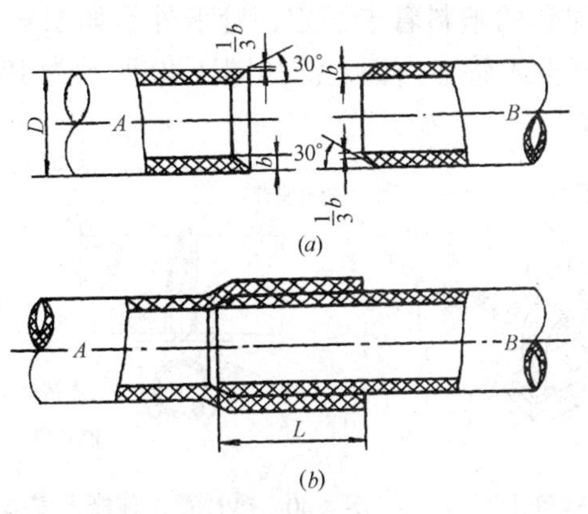


图 4-34　PVC 管连接的一步插入法
（*a*）管口加工；（*b*）插入成型

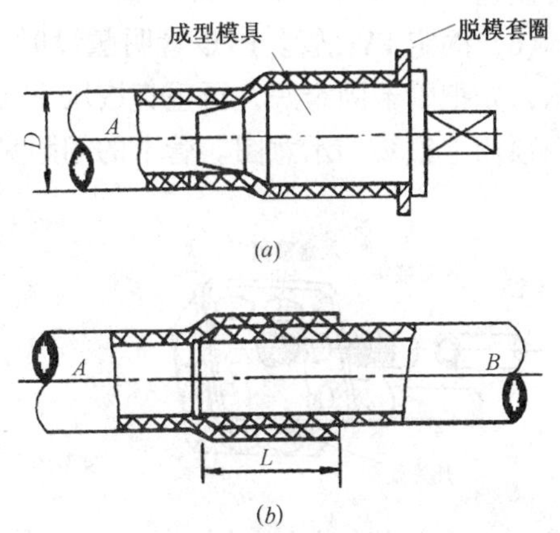


图 4-35　PVC 管连接的二步插入法
（*a*）用模具扩口；（*b*）插入成型

A. 将要连接的两根 PVC 管的管口倒角，倒角角度约为 30°；

B. 用酒精清理插接段；

C. 将阴管插接深度部分（约为管外径的 1.5 倍）加热至 130℃左右，使其软化，插入金属模具或硬木模具进行扩口，冷却成型。如图 4-35（*a*）所示；

D. 将阳管插入部分涂上专用胶水，插入阴管中，使两管的中心线一致，待胶水干后定型即可。如图 4-35（*b*）所示。

3）套接法。套接法适用于两根同管径的 PVC 管连接，方法是：截一段与将要连接的 PVC 管同管径的、长为管径的 1.5～3 倍的 PVC 管，将其加热至软化状态作为热套管；把要连接的两管倒角，清除油污，涂上胶水，迅速插入热套管中，用湿布冷却成型。如图 4-36 所示。

4）接头连接法。接头是 PVC 管的配件，用接头可连接同径或异径的 PVC 管。方法是：选择合适的接头，把 PVC 管的端口清理干净后涂上胶水，插入接头内，等胶水干后即可。如图 4-37 所示。

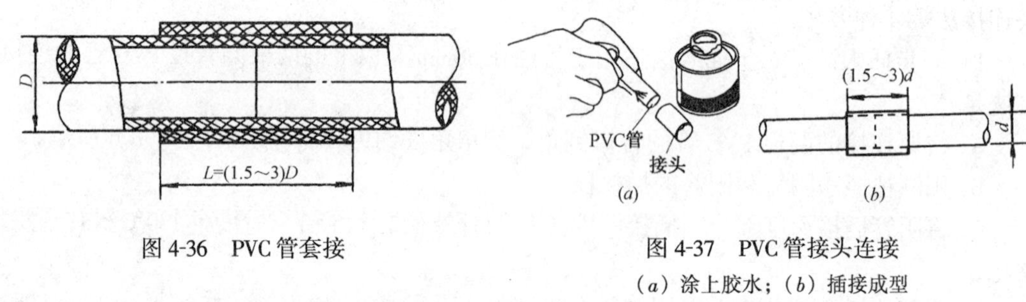


图 4-36　PVC 管套接

图 4-37　PVC 管接头连接
（*a*）涂上胶水；（*b*）插接成型

（5）PVC 管与接线盒、开关箱的连接。与 PVC 管连接的接线盒、开关箱一般都为配套的塑料制品。暗敷设时可把 PVC 管直接插入敲落孔，用塑料卡口或弹簧卡子卡住入盒接头，防止管子从盒（箱）中脱出即可；明敷设时可用承插套筒胶水粘结，也可用线盒接头螺纹连接。如图 4-38 所示。

（6）固定 PVC 管。PVC 管明敷设时，可用配套的塑料管卡固定，管卡外形如图 4-39 所示，先把管卡固定好，再垂直按压 PVC 管即可卡入管卡内固定。如图 4-40 所示为 PVC 管在顶棚上安装的示意图。管卡的间距见表 4-11。

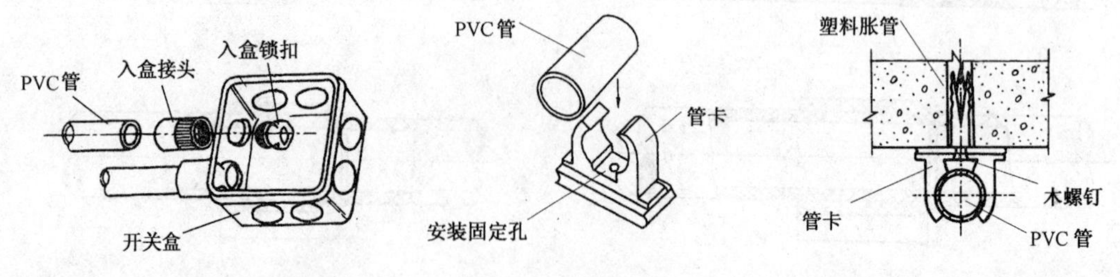


图 4-38　PVC 管与线盒的连接

图 4-39　塑料管卡

图 4-40　PVC 管在顶棚上安装

PVC 管暗敷设时，应将管子每隔 1m 用绑线与钢筋绑扎牢固，管子进入盒（箱）处也应绑扎。多根管子在现浇混凝土墙内并列敷设时，管子之间应有不小于 25mm 的间距，使每根管子周围都有混凝土包裹。

当管路经过建筑物的伸缩缝、沉降缝时，应设补偿盒进行补偿。在伸缩缝两侧各设一只接线盒，其中一只在侧面开长孔作为补偿盒，管子伸入长孔内不作固定。如图 4-41 所示。

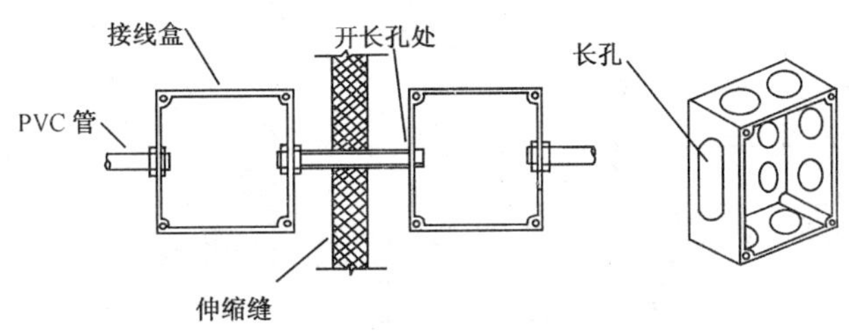


图 4-41　PVC 管经过伸缩缝的补偿装置

(7) 管内穿线。把电线穿入敷设好的 PVC 管内，方法与钢管内穿线相同。

管内穿线时，无论是钢管还是 PVC 管，穿入管内的电线截面积（包括绝缘层）的总和不应超过管内截面积的 40%，实际工程中可通过查表确定所需的穿管管径。表 4-14 为常用的 BV、BLV、BX、BLX 型绝缘电线穿钢管时所允许的穿线根数，表 4-15 为穿 PVC 管时所允许的穿线根数。

**钢管的允许穿线根数**　　**表 4-14**

| 导线型号 | 导线截面 ($mm^2$) | 穿线根数 | | | | | | | |
|---|---|---|---|---|---|---|---|---|---|
| | | 2 | 3 | 4 | 5 | 6 | 7 | 8 | 9 |
| | | 公称管径 (mm) | | | | | | | |
| BV<br>BLV<br>BX<br>BLX | 1.5 | 15 | 15 | 15 | 20 | 20 | 25 | 25 | 25 |
| | 2.5 | 15 | 15 | 20 | 20 | 20 | 25 | 25 | 25 |
| | 4 | 15 | 20 | 20 | 20 | 25 | 25 | 25 | 32 |
| | 6 | 20 | 20 | 20 | 25 | 25 | 25 | 32 | 32 |
| | 10 | 20 | 25 | 25 | 32 | 32 | 40 | 40 | 50 |
| | 16 | 25 | 25 | 32 | 32 | 40 | 50 | 50 | 50 |
| | 25 | 32 | 32 | 40 | 40 | 50 | 50 | 70 | 70 |
| | 35 | 32 | 40 | 50 | 50 | 50 | 70 | 70 | 70 |
| | 50 | 40 | 50 | 50 | 70 | 70 | 70 | 80 | 80 |
| | 70 | 50 | 50 | 70 | 70 | 80 | 80 | | |
| | 95 | 50 | 70 | 70 | 80 | 80 | | | |
| | 120 | 70 | 70 | 80 | 80 | | | | |
| | 150 | 70 | 70 | 80 | | | | | |
| | 185 | 70 | 80 | | | | | | |

**PVC管的允许穿线根数** 表 4-15

| 导线型号 | 导线截面（$mm^2$） | 穿线根数 | | | | | | | |
|---|---|---|---|---|---|---|---|---|---|
| | | 2 | 3 | 4 | 5 | 6 | 7 | 8 | 9 |
| | | 公称管径（mm） | | | | | | | |
| BV<br>BLV | 1.5 | 15 | 15 | 15 | 15 | 20 | 20 | 20 | 25 |
| | 2.5 | 15 | 15 | 15 | 20 | 20 | 20 | 20 | 25 |
| | 4 | 15 | 15 | 20 | 20 | 25 | 25 | 25 | 25 |
| | 6 | 15 | 20 | 20 | 25 | 25 | 25 | 32 | 32 |
| | 10 | 20 | 25 | 32 | 32 | 32 | 40 | 40 | |
| | 16 | 25 | 32 | 32 | 40 | | | | |
| | 25 | 32 | 32 | | | | | | |
| | 35 | 32 | 32 | | | | | | |
| BX<br>BLX | 1.5 | 15 | 20 | 20 | 25 | 25 | 25 | 32 | 32 |
| | 2.5 | 15 | 20 | 25 | 25 | 25 | 32 | 32 | 32 |
| | 4 | 20 | 20 | 25 | 32 | 32 | 32 | 32 | 40 |
| | 6 | 20 | 25 | 25 | 32 | 32 | 32 | 40 | 40 |
| | 10 | 25 | 32 | 32 | 40 | | | | |
| | 16 | 32 | 32 | 40 | | | | | |
| | 25 | 32 | | | | | | | |
| | 35 | 40 | | | | | | | |

## 2.3 照明线路敷设质量检查及验收方法

室内照明线路敷设的质量验收，应遵照《建筑电气工程施工质量验收规范》(GB 50303—2002)进行，除了检查施工工序应符合规定之外，还分为主控项目和一般项目两部分进行质量验收，

2.3.1 配管、配线施工工序规定

(1) 除埋入混凝土中的非镀锌钢管外壁不作防腐处理外，其他场所的非镀锌钢管内、外壁均作防腐处理，经检查确认后，才能配管。

(2) 现浇混凝土板内配管时，在底层钢筋绑扎完毕后才能进行，配管结束经检查确认后才能浇捣混凝土。

(3) 现浇混凝土墙体内的钢筋绑扎完成，门、窗等位置已经放线，经检查确认后才能在墙体内配管。

(4) 在梁、板、柱等部位明配管的预埋件、支架等经检查合格后，才能配管。

(5) 吊顶上的灯位及其他电气器具位置先放样，经与土建及各专业施工单位商定后，才能在吊顶内配管。

(6) 顶棚及墙面的粉刷基本完成后，才能敷设线槽、槽板。

(7) 金属管、金属线槽的跨接地线、接地（PE）焊接施工完成，经检查确认后，才

能穿入电线或在线槽内敷线。

（8）与配管连接的柜、屏、箱、盘安装完成，管内积水及杂物清理干净，经检查确认后才能穿入电线。

2.3.2 照明线路敷设质量验收主控项目

（1）金属管、金属线槽必须接地良好、可靠。

（2）镀锌金属管、金属线槽的跨接线不得熔焊，应用专用接地卡跨接，两卡间连线为铜芯软导线，截面不小于 $4mm^2$。

（3）金属管、金属线槽不得作为设备的接地导体，当设计无要求时，金属线槽全长不少于2处与接地（PE）干线连接。

（4）金属管严禁口对口熔焊连接，镀锌管和壁厚小于2mm及以下的金属管不得套管熔焊连接。

2.3.3 照明线路敷设质量验收一般项目

（1）室内进入落地式柜、屏、箱、盘内的配管管口，应高出基础面50~80mm。

（2）暗配管的埋设深度与建筑物表面的距离应不小于15mm；明配管应排列整齐，固定点间距均匀，安装牢固，在距终端、弯头中点和柜、屏、箱、盘边缘150~500mm范围内设有管卡，直线段的管卡间距应符合要求。

（3）线槽应安装牢固，无扭曲变形，紧固件的螺母应在线槽外侧。

（4）防爆钢管的螺纹连接处应紧密牢固，除设计有特殊要求外，连接处不跨接接地线，在螺纹上涂以电力复合脂或导电性防锈脂。镀锌防爆钢管的镀锌层锈蚀或剥落处应作防腐处理。

（5）塑料管管口应平整光滑，采用插入法连接时，结合面应涂专用胶粘剂，接口牢固密封。

（6）配管与电气设备、器具连接时应采用柔性导管用专用接头连接，连接处密封良好，柔性导管的长度不大于1.2m。

（7）柔性金属管不得作为设备、器具的接地导体。

（8）配管、线槽在建筑物的变形缝处，应设补偿装置。

（9）三相或单相的交流单根电线，不得单独穿于金属管内。不同回路、不同电压等级或交、直流线路的电线，不应穿入同一根管内；同一交流回路的电线应穿于同一根管内。管内电线不得有接头。

（10）电线穿管前，应清除管内杂物和积水，管口应有保护措施。不进入接线盒（箱）的垂直管口穿入电线后，管口应密封。

（11）当采用多相电源供电时，同一建筑物的电线绝缘层颜色应选择一致，保护地线（PE线）应是黄绿相间色，零线用淡蓝色，相线颜色为：A相—黄色，B相—绿色，C相—红色。

（12）电线在线槽内敷设时，应留有一定的余量，中间不得有接头。电线按回路编号分段绑扎，绑扎点间距不大于2m。

## 实训课题 PVC管配线

实训内容：PVC管配线。

实训要求：用 PVC 管沿墙敷设一段 10m 长的线路，转弯 4 处，接头 2 处，接线盒 2 个。

实训工具：电工常用工具、手持钢锯、卷尺、弯管弹簧。

实训材料：PVC 管 12m，接线盒 2 个，管接头、管卡、木螺钉、PVC 胶水若干，BV-1.5mm² 绝缘电线、细钢丝适量。

检查评分：实训结束后，由指导教师对实操过程进行评定，评出实训成绩。实训项目及评分标准见表 4-16。

**PVC 管配线实训项目及评分标准** **表 4-16**

| 项　　目 | 实 训 要 求 | 分值 | 评 分 标 准 | 得分 |
|---|---|---|---|---|
| 选择材料 | 选择材料正确、符合要求 | 5 | 选择不合理时，每处扣 1 分 | |
| 切　　管 | 量取管长度正确，选用工具正确，切口垂直、整齐、无毛刺 | 10 | 不合要求时，每处扣 2 分 | |
| 弯　　管 | 工具合理，弯曲角度正确，弯曲处无折皱、裂纹 | 10 | 不合要求时，每处扣 2 分 | |
| 连接管子 | 选择连接件合理，方法正确，连接紧密牢固 | 15 | 不合要求时，每处扣 2 分 | |
| 固定管子 | 管卡选择正确，间距均匀，间距符合规定，固定牢靠 | 10 | 不合要求时，每处扣 2 分 | |
| 管内穿线 | 穿线方法正确，导线无损伤，预留长度符合规定 | 10 | 不合要求时，每处扣 2 分 | |
| 工艺程序 | 定位准确，误差小，安装过程科学合理，线路整齐美观 | 10 | 不合要求时，每处扣 3 分 | |
| 操作时间 | 90min | 5 | 每超过 5min 扣 1 分 | |
| 文明施工 | 材料无浪费，现场清理干净，废品分类符合要求 | 10 | 不合要求时，每处扣 3 分 | |
| 安全操作 | 遵守安全操作规程，不发生安全事故 | 15 | 有违章时，每处扣 5 分 | |
| 合　　计 | | 100 | | |

# 课题 3　照明配电箱安装

## 3.1　照明配电箱的选择

配电箱是线路分支时的接头连接处，也是线路控制开关及保护电器的安装场所。目前建筑物中所使用的照明配电箱都是标准的定型产品，配合断路器及漏电保护器的安装。照明配电箱分为明装式和嵌入式两种，主要由箱体、箱盖、汇流排（接线端子排）、断路器安装支架等部分组成。箱体由薄钢板制成（房间开关箱可为塑料制品），箱盖拉伸成盘状，断路器手柄外露，打开盖门可操作断路器。带电部分均被箱盖遮盖，箱体上、下两面设有敲落孔，可根据安装需要任意敲落。当断路器未装满留有空位时，用配套的遮片遮盖窗口，使配电箱整齐美观。

照明配电箱型号较多，常用的有 XXM、XRM、PXT 系列，其外形如图 4-42 所示。

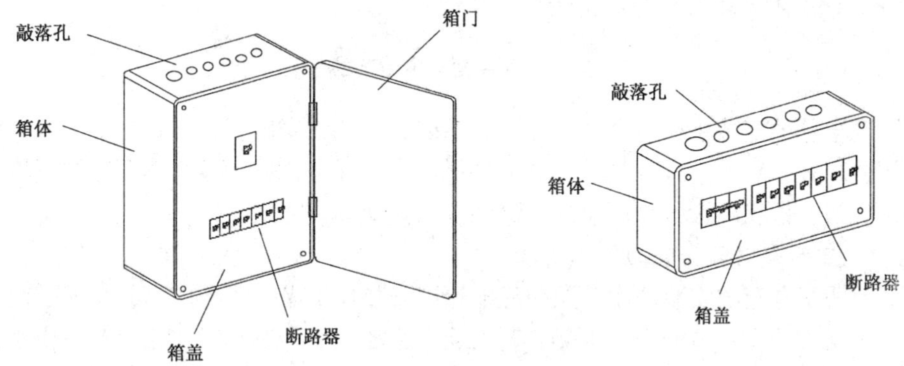


图 4-42　照明配电箱外形

PXT 系列照明配电箱的型号及各部分的意义如下：

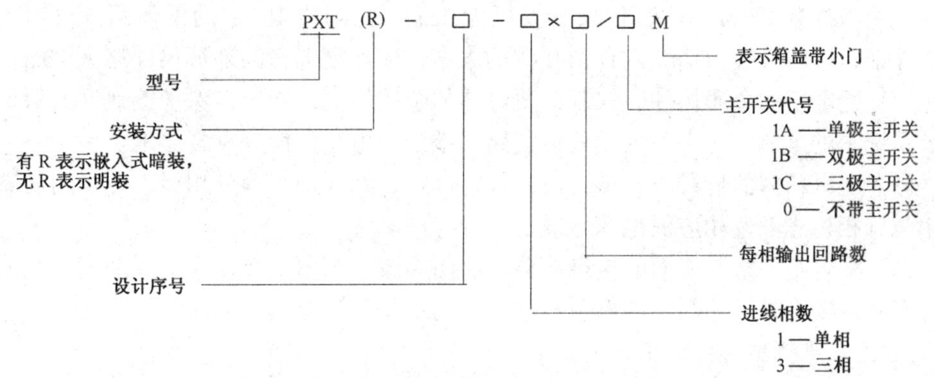


PXT 系列照明配电箱的主要型号见表 4-17。

选择照明配电箱时，首先考虑配电箱的安装方式，明装时选择悬挂式的照明配电箱，暗装时选择嵌入式的照明配电箱；其次考虑配电箱是否能够容纳所要安装的断路器。照明配电所用的小型断路器均为标准产品，断路器额定电流在 100A 以下时，单极（1P）的宽度为 18mm；额定电流在 100A 及以上时，单极（1P）的宽度为 27mm。带漏电保护的小型断路器，额定电流在 50A 以下时，单相漏电保护单元宽度为 27mm，三相漏电保护单元宽度为 36mm；额定电流在 50A 及以上时，单相漏电保护单元宽度为 36mm，三相漏电保护单元宽度为 45mm。

**PXT 系列照明配电箱**

**表 4-17**

| 单相进线 | 三相进线 |
| --- | --- |
| PXT-1-1×4/1B | PXT-2-3×2/1C |
| PXT-1-1×5/1A | PXT-2-3×3/1C |
| PXT-1-1×6/0 | PXT-2-3×4/1C |
| PXT-1-1×7/1B | PXT-2-3×5/1C |
| PXT-1-1×8/1A | PXT-2-3×6/1C |
| PXT-1-1×9/0 | PXT-2-3×8/1C |
| PXT-1-1×10/1B | PXT-2-3×10/1C |
| PXT-1-1×11/1A | |
| PXT-1-1×12/0 | |

例如图 4-3 中的层配电箱，进线为三相电源带三极主开关，每相输出 2 回路，可选用型号为 PXT-2-3×2/1C 的配电箱。图 4-4（a）中的房间开关箱，进线为单相电源带双极主开关，出线为四个单极断路器带一个单相漏电保护单元，安装总宽度为 7.5P，可选用 PXT-1-1×7/1B型配电箱，安装后空余位置用塑料片遮盖。

### 3.2 照明配电箱的安装

照明配电箱的安装主要有明装、嵌入式暗装、落地式安装三种方式。要求较高的场所一般采用嵌入式暗装的方式，要求不高的场所或由于配电箱体积较大不便暗装时可采用明装方式，容量、体积较大的照明总配电箱则采用落地安装方式。

#### 3.2.1 照明配电箱安装的基本要求

（1）照明配电箱的安装环境。照明配电箱应安装在干燥、明亮、不易受振、便于操作的场所，不得安装在水池的上、下侧，若安装在水池的左、右侧时，其净距不应小于 1m。

（2）配电箱的安装高度。配电箱的安装高度应按设计要求确定。一般情况下，暗装配电箱底边距地面的高度为 1.4~1.5m，明装配电箱的安装高度不应小于 1.8m。配电箱安装的垂直偏差不应大于 3mm，操作手柄距侧墙的距离不应小于 200 mm。

（3）暗装配电箱后壁的处理和预留孔洞的要求。在 240mm 厚的墙壁内暗装配电箱时，其墙后壁需加装 10mm 厚的石棉板和直径为 2mm、孔洞为 10mm 的钢丝网，再用 1:2 水泥沙浆抹平，以防开裂。墙壁内预留孔洞的大小，应比配电箱的外形尺寸略大 20mm 左右。

（4）配电箱的金属构件、铁制盘及电器的金属外壳，均应作保护接地（或保护接零）。接零系统中的零线，应在引入线处或线路末端的配电箱处做好重复接地。

（5）配电箱内的母线应有黄（L1）、绿（L2）、红（L3）等分相标志，可用刷漆涂色或采用与分相标志颜色相应的绝缘导线。

（6）配电箱外壁与墙面的接触部分应涂防腐漆，箱内壁及盘面均刷两道驼色油漆。除设计有特殊要求外，箱门油漆颜色一般均应与工程门窗颜色相同。

#### 3.2.2 照明配电箱明装

照明配电箱明装时，可以直接安装在墙上，也可安装在支架上或柱上。

(1) 配电箱在墙上安装

照明配电箱明装在墙上的方法如下：

1）预埋固定螺栓。在墙上安装配电箱之前，应先量好配电箱安装孔的尺寸，在墙上画好孔的位置，然后钻孔，预埋胀管螺栓。预埋螺栓的规格应根据配电箱的型号和重量选择，螺栓的长度应为埋设深度（一般为 120~150mm）加上箱壁、螺母和垫圈的厚度，再加上 3~5mm 的余留长度。配电箱一般有上、下各两个固定螺栓，埋设时应用水平尺和线坠校正使其水平和垂直，螺栓中心间距应与配电箱安装孔中心间距相等，以免错位，造成安装困难。

2）固定配电箱。待预埋件的填充材料凝固干透后，方可进行配电箱的安装固定。固定前，先用水平尺和线坠校正箱体的水平度和垂直度，如不符合要求，应检查原因，调整后再将配电箱固定。如图 4-43 所示。

(2) 配电箱在支架上安装

在支架上安装配电箱之前，应先将支架加工焊接好，并在支架上钻好固定螺栓的孔洞。然后将支架安装在墙上或埋设在地坪上。配电箱的安装固定与上述方法相同，配电箱在落地支架上的安装如图 4-44 所示。

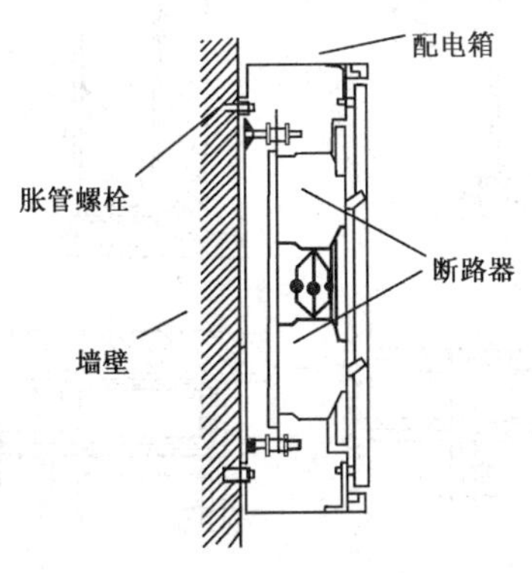


图 4-43 配电箱在墙上明装

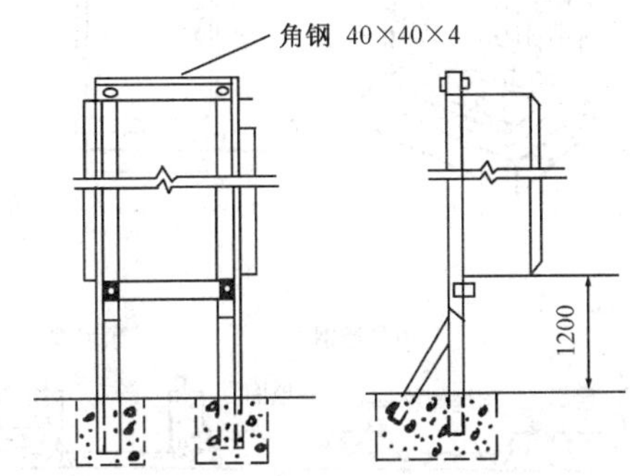


图 4-44 配电箱在支架上安装

(3) 配电箱在柱上安装

安装之前一般先装设角钢和抱箍，然后在上、下角钢中部的配电箱安装孔处焊接固定螺栓的垫铁，并钻好孔，最后将配电箱固定安装在角钢垫铁上。如图 4-45 所示。

### 3.2.3 照明配电箱暗装

照明配电箱暗装时，一般将其嵌入在墙壁内。安装时应配合配线工程的暗敷设进行。待预埋线管工作完毕后，将配电箱的箱体嵌入墙内（有时用线管与箱体组合后，在土建施工时埋入墙内），并做好线管与箱体的连接固定和跨接地线的连接工作，然后在箱体四周填入水泥砂浆。如图 4-46 所示。

当墙壁的厚度不能满足嵌入式安装的需要时，可采用半嵌入式安装，使配电箱的箱体一半在墙面外，一半嵌入墙内。

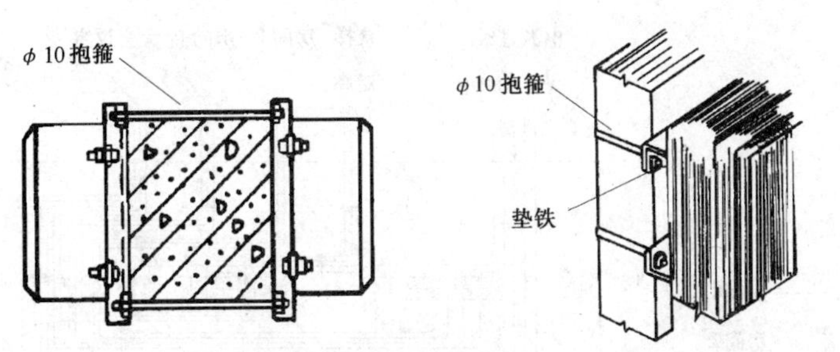


图 4-45 配电箱在柱上安装

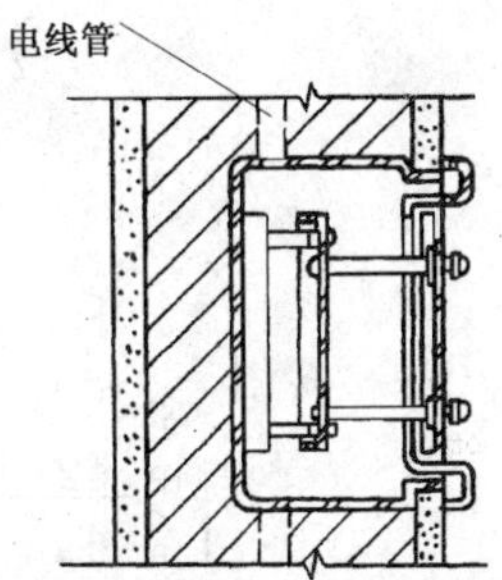


图 4-46 照明配电箱暗装

### 3.2.4 照明配电箱落地式安装

体积较大的照明总配电箱应采用落地式安装。在安装之前，一般先预制一个高出地面约 100mm 的混凝土空心台，这样可以方便进、出线，不进水，保证安全运行。进入配电箱的钢管应排列整齐，管口高出基础面 50mm 以上。如图 4-47 所示。可以参照单元 2 中配电柜的安装方法进行。

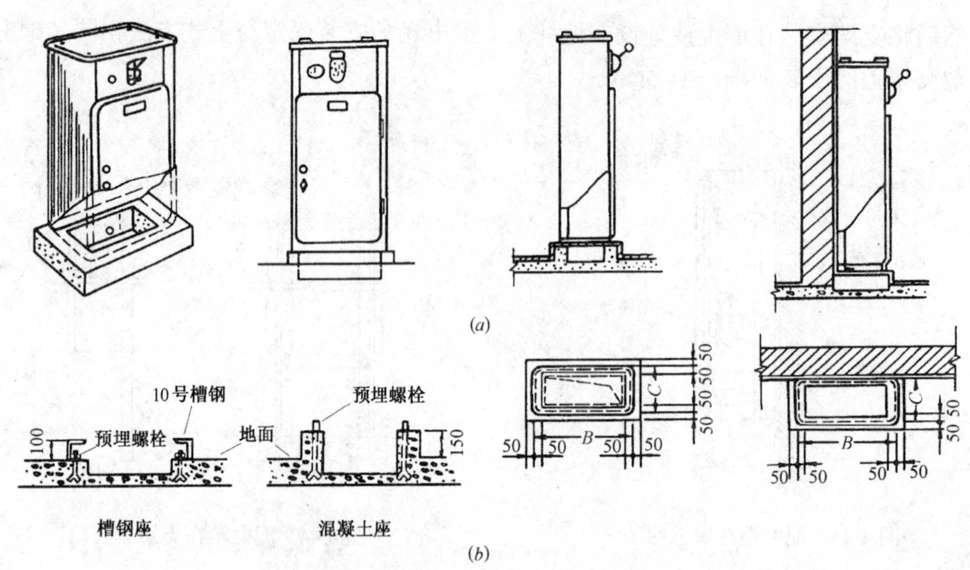


图 4-47　照明配电箱落地式安装
(*a*) 安装示意图；(*b*) 基座示意图

## 3.3　照明配电箱的接线

照明配电箱线路进出有上进上出、上进下出、下进下出等几种，箱内装有断路器、漏电保护器、熔断器、电度表等电器。目前建筑照明供配电系统均为 TN—S 系统，配电箱内设有零线(N 线)接线端子排和接地保护线(PE 线)接线端子排。接线时应按照设计图纸进行，配电箱内电线应排列整齐美观，连接牢靠。竖直安装的电器应上端接电源侧，下端接负载侧；水平安装的电器应左端接电源侧，右端接负载侧。

如图 4-48 所示为某层配电箱的系统图及箱内接线示意图。

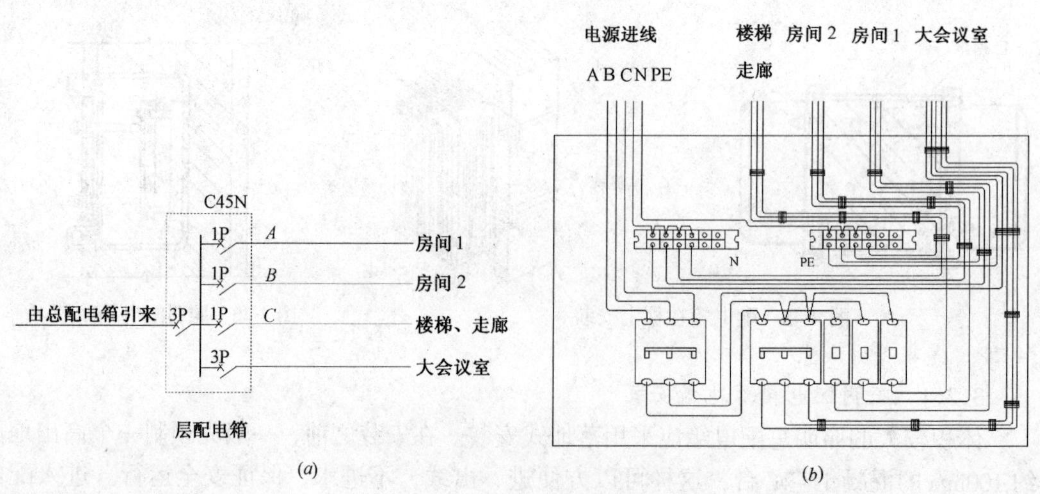


图 4-48　某层配电箱安装接线示意图
(*a*) 系统图；(*b*) 接线图

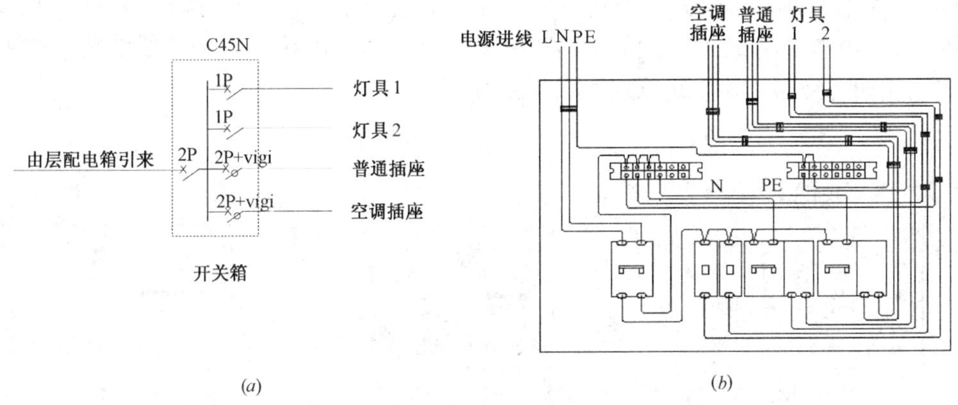


图 4-49　某房间开关箱安装接线示意图

(*a*) 系统图；(*b*) 接线图

当配电箱内装设有漏电保护器时，应根据漏电保护器的极数正确接线。如图 4-49 所示为装设有单相漏电保护器的房间开关箱的系统图与接线图。图 4-50 为零线（N）和接地保护线（PE）的接线端子排连接示意图。

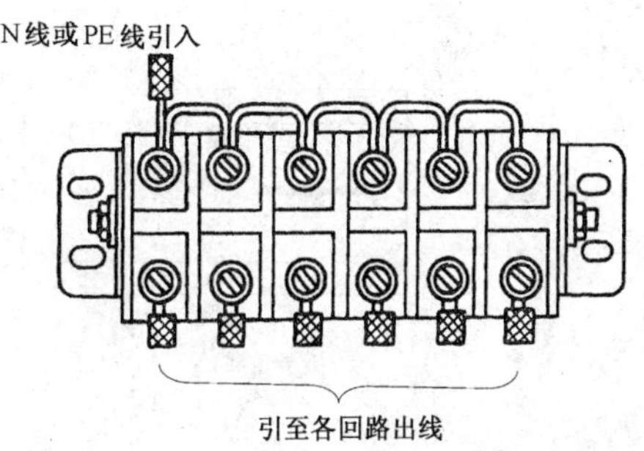


图 4-50　接线端子排连接示意图

### 3.4　漏电保护器及接线

独立的漏电保护器有单相、三相之分，三相漏电保护器又分为三相三线和三相四线两种。照明线路的插座支路及其他易发生触电危险的支路均需装设漏电保护器，一般选用漏电动作电流为 30mA 的漏电保护器，潮湿场所则选用漏电动作电流为 15mA 的漏电保护器。三相三线漏电保护器主要用于电动机的漏电保护，三相四线漏电保护器主要用于照明干线的漏电保护，其漏电动作电流一般为 100～1000mA。如图 4-51 所示为漏电保护器的接线示意图。

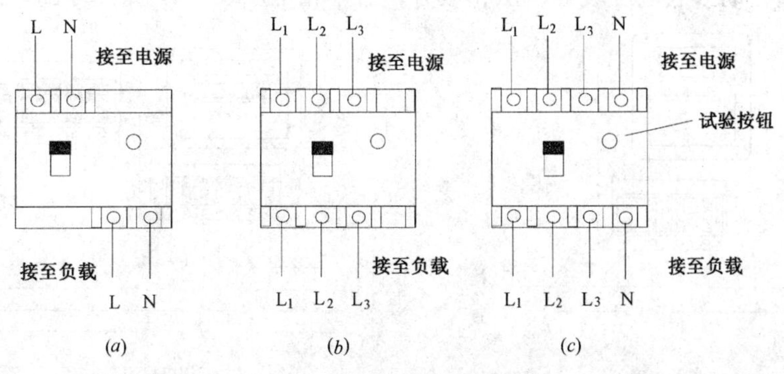


图 4-51　漏电保护器接线示意图

(*a*) 单相；(*b*) 三相三线；(*c*) 三相四线

漏电保护器与断路器合为一个整体时，称为漏电断路器。漏电断路器有 1P + N、2P、3P、3P + N、4P 等 5 种形式，1P + N、2P 用于单相线路，3P 用于三相三线线路，3P + N、4P 用于三相四线线路。其接线原理如图 4-52 所示。

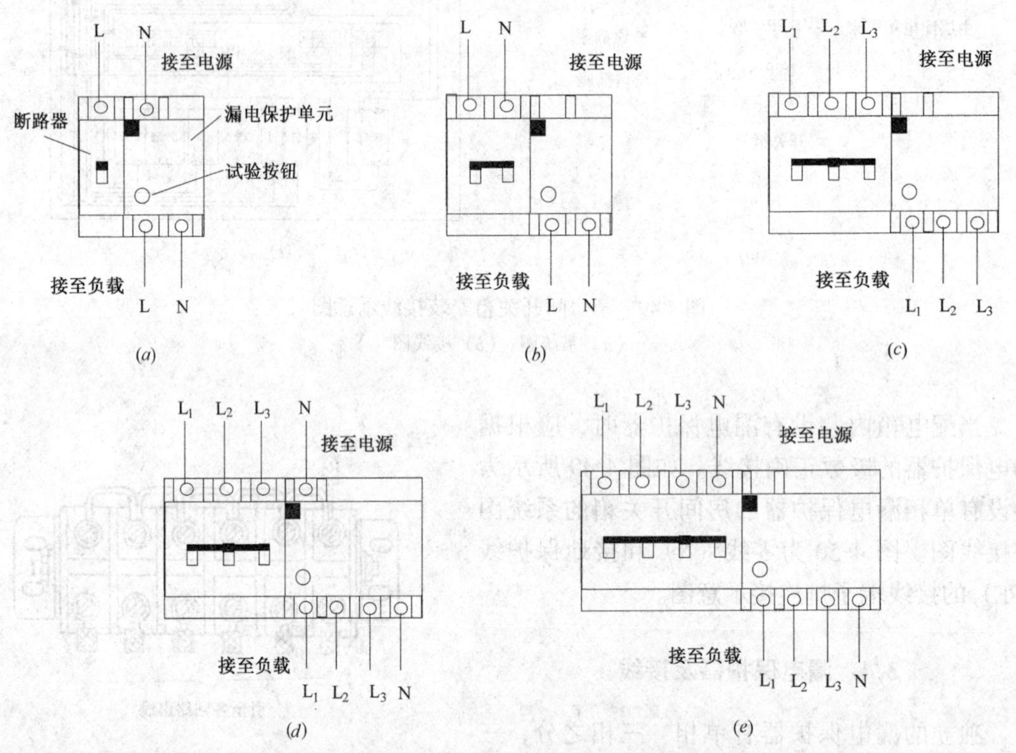


图 4-52　漏电断路器接线示意图

（*a*）单相 1P；（*b*）单相 2P；（*c*）三相三线 3P；（*d*）三相四线 3P；（*e*）三相四线 4P

## 3.5　电度表及接线

电度表的种类较多，从工作原理及其使用功能分，有机械式电度表、电子式预付费电度表、智能型自动抄表电度表等；从相数分，有单相电度表、三相三线电度表、三相四线

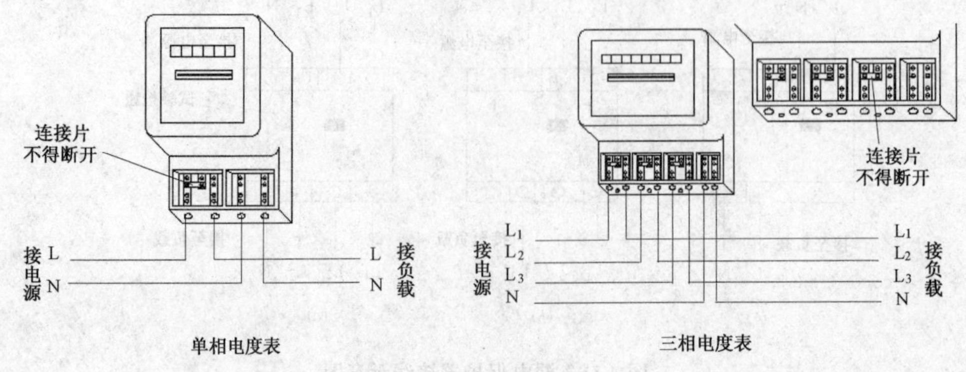


图 4-53　电度表直接接线

电度表等；从测量对象分，有有功电度表、无功电度表等。普通机械式电度表中，单相的如 DD862 系列，三相的如 DT862 系列，选用时应根据线路的形式、工作电压、工作电流进行，电度表的额定电流应和线路工作电流相适应。当线路的工作电流较大时，应配合相应的电流互感器。如图 4-53 所示为单相和三相有功电度表的直接接线示意图，图 4-54 为三相有功电度表经电流互感器接线示意图。

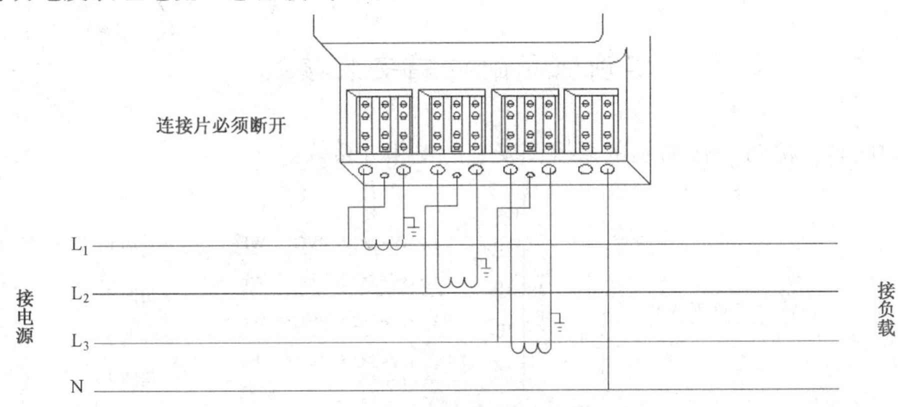


图 4-54　三相电度表经电流互感器接线

## 3.6　照明配电箱安装质量检查及验收方法

### 3.6.1　照明配电箱安装的施工工序

（1）墙上明装的照明配电箱，其螺栓等预埋件须在抹灰前预埋和预留；暗装的照明配电箱的预留孔、配管及线盒等，经检查确认后，才能安装配电箱。

（2）接地（PE）或接零（PEN）连接完成后，核对箱内元件的型号、规格后，才能进行交接试验。交接试验合格后，才能投入试运行。

### 3.6.2　照明配电箱安装质量验收主控项目

（1）配电箱的金属箱体必须可靠接地，接地保护导体（PE 线）的最小截面 $S_P$ 应符合表 4-18 的规定。

（2）箱（盘）内配线整齐，无绞接现象。导线连接紧密，不伤芯线，不断股。垫圈下螺钉两侧压接的导线截面积相同，同一端子上的导线连接不多于 2 根，防松垫圈等零件齐全。

**保护导体（PE 线）的截面　　表 4-18**

| 相线截面积 $S$（$mm^2$） | 保护导体（PE 线）的截面积 $S_P$（$mm^2$） |
|---|---|
| $S \leqslant 16$ | $S$ |
| $16 < S \leqslant 35$ | 16 |
| $35 < S \leqslant 400$ | $S/2$ |
| $400 < S \leqslant 800$ | 200 |
| $800 < S$ | $S/4$ |

（3）箱（盘）内开关动作灵活可靠，带有漏电保护的回路，漏电保护装置动作电流不大于 30mA，动作时间不大于 0.1s。

（4）照明箱（盘）内，分别设置零线（N）和保护地线（PE 线）汇流排（接线端子排），零线和保护地线经汇流排配出。

### 3.6.3　照明配电箱安装质量验收一般项目

（1）箱（盘）安装位置正确，部件齐全，箱体开孔与配管管径相适应。暗装配电箱的箱盖紧贴墙面，箱（盘）涂层完整。

（2）箱（盘）内接线整齐，回路编号齐全，标识正确。

（3）箱（盘）不采用可燃材料制作。

（4）箱（盘）安装牢固，垂直度允许偏差为1.5‰；底边距地面为1.5m，照明配电板底边距地面不小于1.8m.

## 实训课题配电箱安装接线

实训内容：按图4-55所示的系统图安装配电箱并接线。

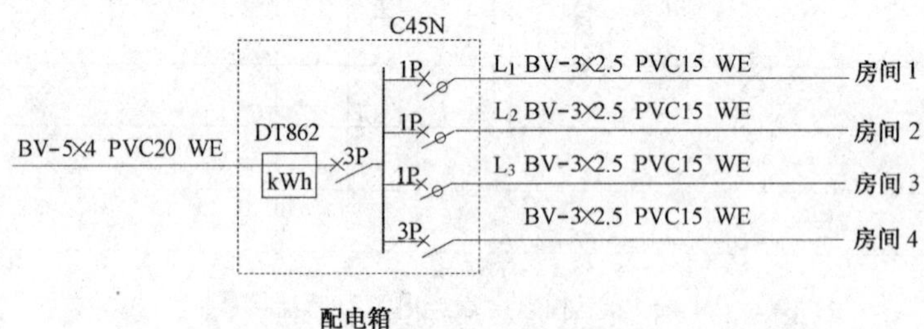


图4-55 配电箱安装实训图

实训要求：画出安装接线图；选择所需元件、材料，列出明细表；安装配电箱；安装箱内电器并接线。用万用表检查线路，通电试动作。

实训工具：电工常用工具、卷尺。

实训材料：各型配电箱、电度表、断路器、漏电断路器、绝缘导线。

实训项目及评分标准见表4-19。

**配电箱安装实训项目及评分标准** **表4-19**

| 项目 | 实训要求 | 分值 | 评分标准 | 得分 |
|---|---|---|---|---|
| 元件选择 | 合理选择电器、材料 | 5 | 选择不合理时，每处扣1分 | |
| | 正确填写元件明细表 | 5 | 每填错一个扣1分 | |
| 安装配电箱 | 固定牢固，端正 | 10 | 不合要求时，每处扣3分 | |
| 元件安装 | 位置准确，固定牢固，端正 | 15 | 不合要求时，每处扣2分 | |
| 接线 | 导线压接紧固，连接正确，按回路绑扎线路，排列整齐美观 | 40 | 接错或不合要求时，每处扣2分 | |
| 通电试车 | 认真检查，安全操作，通电一次成功，不发生故障 | 10 | 一次通电不成功时，扣5分<br>违章操作时，每次扣5分 | |
| 操作时间 | 操作时间共4h | 10 | 每超过5min扣1分 | |
| 文明施工 | 材料无浪费，现场干净，废品清理分类符合要求 | 5 | 不合要求时，每处扣3分 | |
| 合计 | | 100 | | |

# 课题 4　照明灯具安装

## 4.1　照明灯具的种类

照明灯具是由电光源、固定装置和灯罩结合在一起形成的整体，一般由厂家定型生产，可直接安装使用。灯具的分类一般按照灯具的电光源数量、结构特点、配光曲线、安装方式等进行分类。

(1) 按电光源的数目分类：普通灯具、组合花灯等。

(2) 按结构特点分类：开启型、闭合型、密闭型、防爆型等。

(3) 按配光曲线分类：直射型、半直接型、漫射型、间接型等。

(4) 按安装方式分类：悬挂式、吸顶式、壁装式、嵌入式、落地式等。

照明灯具安装应牢固可靠，安装高度应符合设计图纸的要求。若图纸无要求时，室内一般在 2.5m 左右，室外一般在 3m 左右。使用螺口灯头的灯具接线时，必须将相线接在中心端子上，零线接在螺口端子上，灯头外壳不能有破损。

## 4.2　普通照明灯具的安装

### 4.2.1　吊灯的安装

小型吊灯在吊棚上安装时，必须在吊棚主龙骨上设灯具紧固装置，将吊灯通过连接件悬挂在紧固装置上。紧固装置与主龙骨的连接应可靠，有时需要在支持点处对称加设建筑物主体与棚面间的吊杆，以抵消灯具加在吊棚上的重力，使吊棚不至于下沉、变形。吊杆出顶棚面最好加套管，这样可以保证顶棚面板的完整。安装时要保证牢固和可靠。如图 4-56 所示。

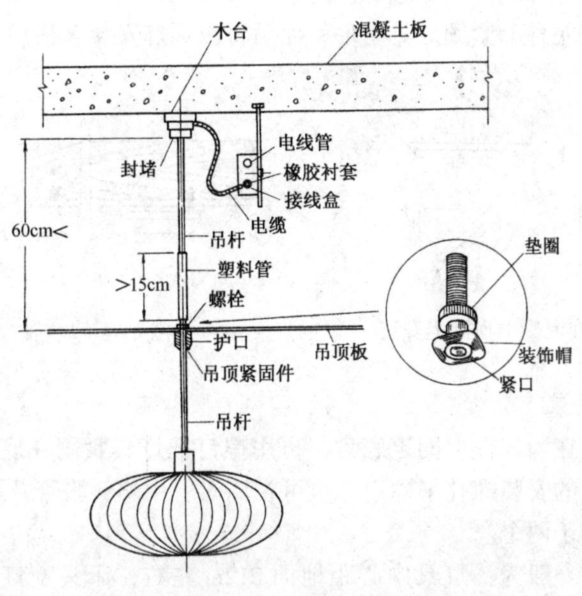


图 4-56　吊灯在顶棚上安装

重量较重的吊灯在混凝土顶棚上安装时，要预埋吊钩或螺栓，或者用胀管螺栓紧固。如图 4-57 所示。安装时应使吊钩的承重力大于灯具重量的 14 倍。大型吊灯因体积大、灯体重，必须固定在建筑物的主体棚面上（或具有承重能力的构架上），不允许在轻钢龙骨吊棚上直接安装。采用胀管螺栓紧固时，胀管螺栓规格不宜小于 M6，螺栓数量至少要两个，不能采用轻型自攻型胀管螺钉。

### 4.2.2 吸顶灯的安装

吸顶灯在混凝土顶棚上安装时，可以在浇筑混凝土前，根据图纸要求把木砖预埋在里面，也可以安装金属胀管螺栓，如图 4-58 所示。在安装灯具时，把灯具的底台用木螺钉安装在预埋木砖上，或者用紧固螺栓将底盘固定在混凝土顶棚的胀管螺栓上，再把吸顶灯与底台、底盘固定。如果灯具底台直径超过 100mm，往预埋木砖上固定时，必须用两个螺钉。圆形底盘吸顶灯紧固螺栓数量不得少于 3 个；方形或矩形底盘吸顶灯紧固螺栓不得少于 4 个。

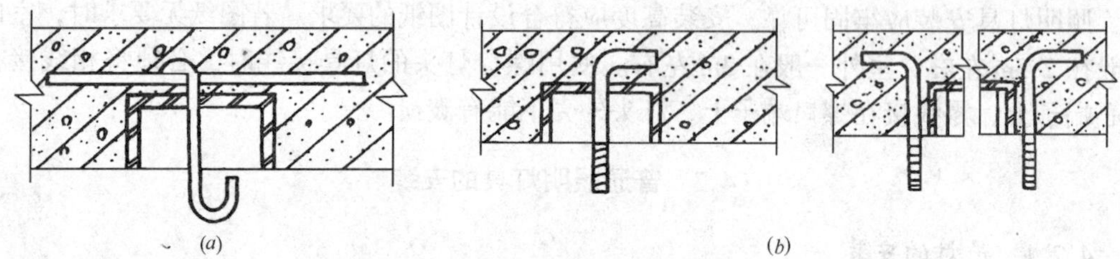

(*a*)　(*b*)

图 4-57　灯具吊钩及螺栓预埋做法
（*a*）吊钩；（*b*）螺栓

小型、轻型吸顶灯可以直接安装在吊顶棚上，但不得用吊顶棚的罩面板作为螺钉的紧固基面。安装时应在罩面板的上面加装木方，木方规格为 60mm × 40mm，木方要固定在吊棚的主龙骨上。安装灯具的紧固螺钉拧紧在木方上，如图 4-59 所示。较大型吸顶灯安装，可以用吊杆将灯具底盘等附件装置悬吊固定在建筑物主体顶棚上，或者固定在吊棚的主龙骨上；也可以在轻钢龙骨上紧固灯具附件，而后将吸顶灯安装至吊顶棚上。

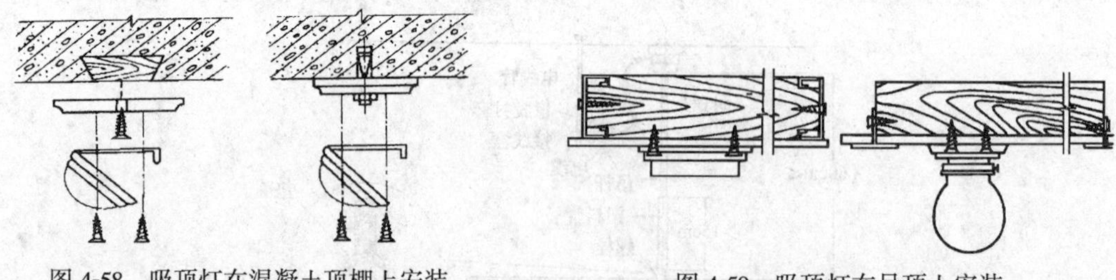

图 4-58　吸顶灯在混凝土顶棚上安装　　图 4-59　吸顶灯在吊顶上安装

### 4.2.3 壁灯的安装

安装壁灯时，先在墙或柱上固定底盘，再用螺钉把灯具紧固在底盘上。固定底盘时，可用螺钉旋入灯位盒的安装螺孔来固定，也可在墙面上用塑料胀管及螺钉固定。壁灯底盘的固定螺钉一般不少于两个。

壁灯的安装高度一般为：灯具中心距地面 2.2m 左右；床头壁灯以 1.2 ~ 1.4m 为宜。壁灯安装如图 4-60 所示。

### 4.2.4 荧光灯的安装

荧光灯有电感式和电子式两种。电感式荧光灯电路简单、使用寿命长、启动较慢、有频闪效应；电子式荧光灯启动快、无频闪效应、镇流器易损坏。电感式荧光灯的接线原理如图 4-61 所示。电子式荧光灯的接线与之相同，但不需要启辉器。

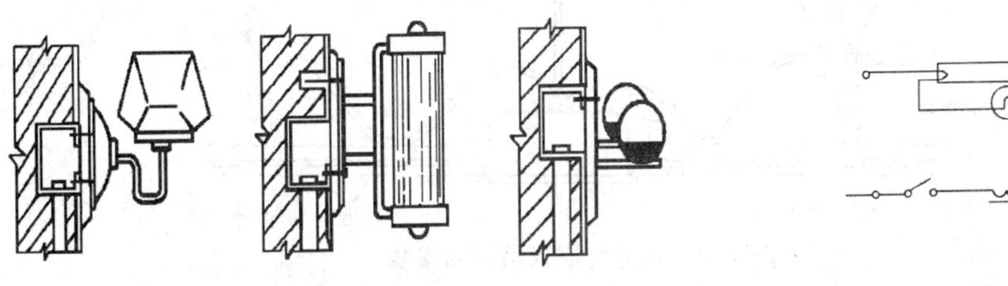


图 4-60　壁灯安装示意图

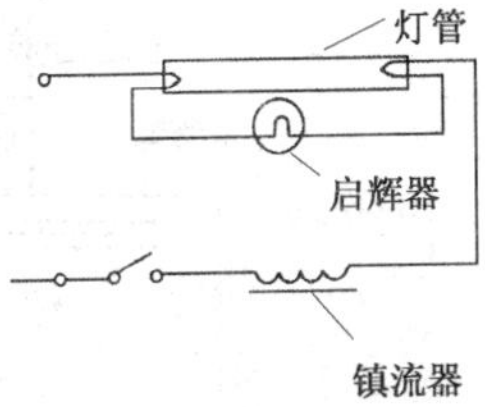

图 4-61　荧光灯的接线原理

(1) 荧光灯吸顶安装

根据设计图纸确定出荧光灯的位置，将荧光灯贴紧建筑物表面，荧光灯的灯架应完全遮盖住灯头盒，对准灯头盒的位置打好进线孔，将电源线穿入灯架，在进线孔处应套上塑料管保护导线。用胀管螺钉固定灯架。如果荧光灯是安装在吊顶上的，应该将灯架固定在龙骨上。灯架固定好后，将电源线压入灯架内的端子板上。把灯具的反光板固定在灯架上，并将灯架调整顺直，最后把荧光灯管装好。如图 4-62 所示。

(2) 荧光灯吊链安装

吊链的一端固定在建筑物顶棚上的塑料（木）台上，根据灯具的安装高度，将吊链编好挂在灯架挂钩上，并且将导线编叉在吊链内引入灯架，在灯架的进线孔处应套上软塑料管保护导线，压入灯架内的端子板上。将灯具导线和灯头盒中引出的导线连接，并用绝缘胶布分层包扎紧密，理顺接头扣于塑料（木）台上的法兰盘内，法兰盘（吊盒）的中心应与塑料（木）台的中心对正，用木螺钉将其拧牢。将灯具的反光板固定在灯架上。最后，调整好灯架，将灯管装好。如图 4-63 所示。

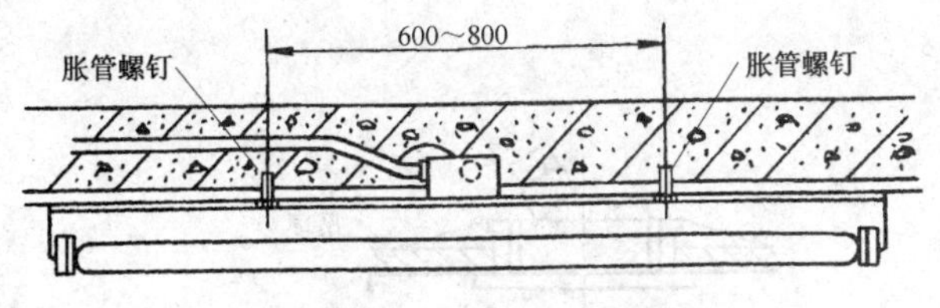


图 4-62　荧光灯吸顶安装

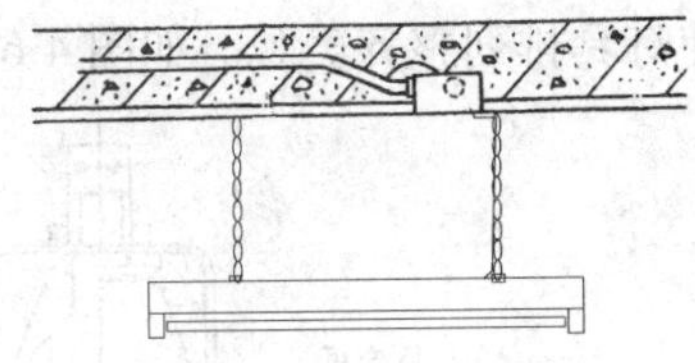

图 4-63　荧光灯吊链安装

(3) 荧光灯嵌入吊顶内安装

荧光灯嵌入吊顶内安装时，应先把灯罩用吊杆固定在混凝土顶板上，底边与吊顶平齐。电源线从线盒引出后，应穿金属软管保护。如图 4-64 所示。

### 4.2.5 轨道射灯安装

轨道射灯主要用于室内局部照明。射灯可以在轨道上移动，也可调整照射角度，照明的灵活性较好。如图 4-65 所示。

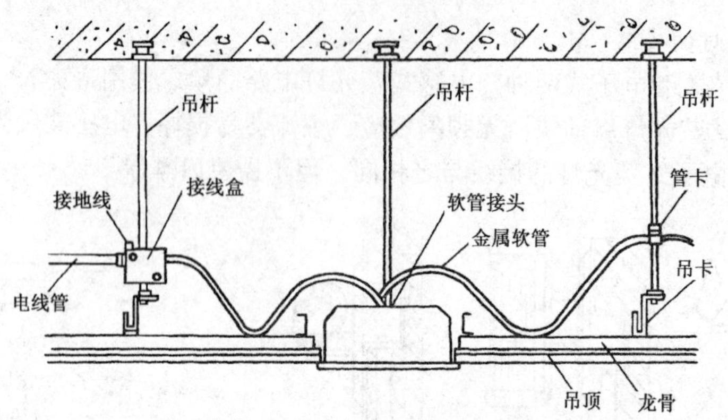


图 4-64　荧光灯嵌入吊顶内安装

### 4.2.6　碘钨灯安装

安装碘钨灯时，灯管须装在配套的灯架上，由于灯管温度达 250～600℃，灯架距可燃物的净距不得小于 1m，离地垂直高度不宜少于 6m。安装后灯管须保持水平，其水平倾斜度应小于 ±4°，否则会严重缩短灯管寿命。室外安装应有防雨措施。如图 4-66 所示。

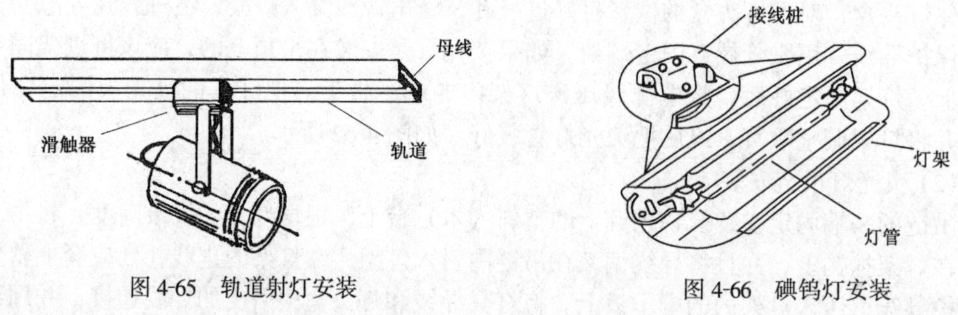


图 4-65　轨道射灯安装　　图 4-66　碘钨灯安装

### 4.2.7　筒灯及射灯安装

筒灯及射灯可直接嵌入吊顶顶棚内安装。装修时，在吊顶板相应位置开好孔。安装时，灯罩的边框应压住并贴紧罩面板。矩形灯具的边框边缘应与顶棚面的装修直线平行，使灯具排列整齐美观。如图 4-67 所示。

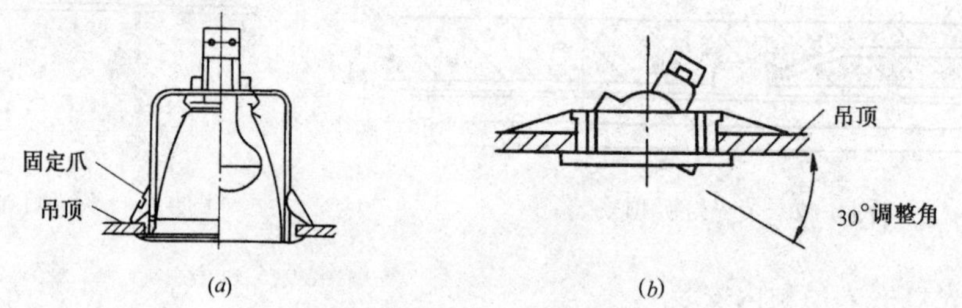


图 4-67　筒灯及射灯安装

(*a*) 筒灯；(*b*) 射灯

### 4.2.8　光檐照明安装

光檐是在房间顶部的檐内装设光源，使光线从檐口射向顶棚并经顶棚反射而照亮房间。安装时，光源在光檐槽内的位置，应保证站在室内最远端的人看不见檐内的光源。光

源离墙的距离 $a$ 一般为 100～150mm，白炽灯的灯距为（1.5～1.9）$a$，荧光灯首尾相接。如图 4-68 所示。

4.2.9 光梁、光带安装

灯具嵌入房屋顶棚内，罩以半透明反射材料同顶棚相平，连续形成一条带状的照明方式称为光带。若带状照明突出顶棚下形成梁状则称为光梁。光带和光梁的光源主要是组合荧光灯。光带或光梁布置与建筑物外墙宜平行，外侧的光带、光梁紧靠窗子，并行的光带、光梁的间距应均匀一致。

光带、光梁的灯具安装施工方法，同嵌入式灯具安装相同。光带、光梁分顶棚下维护或在顶棚上维护的不同形式。在顶棚上维护时，反射罩应做成可揭开的，灯座和透光面则固定安装。从顶棚下维护时，透光面做成拆卸式，以便于维修灯具。如图 4-69 所示。

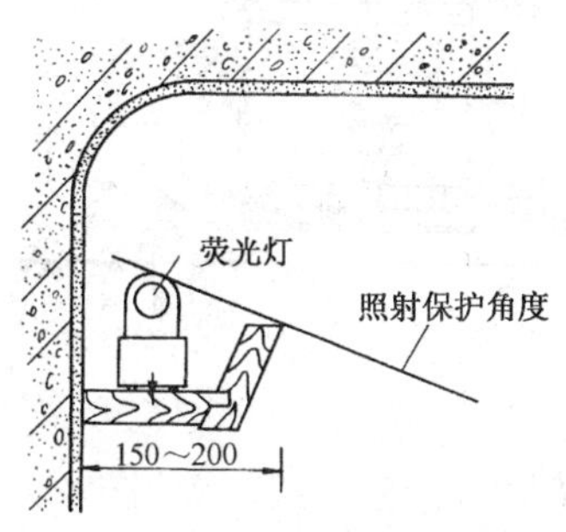

图 4-68 光檐安装示意图

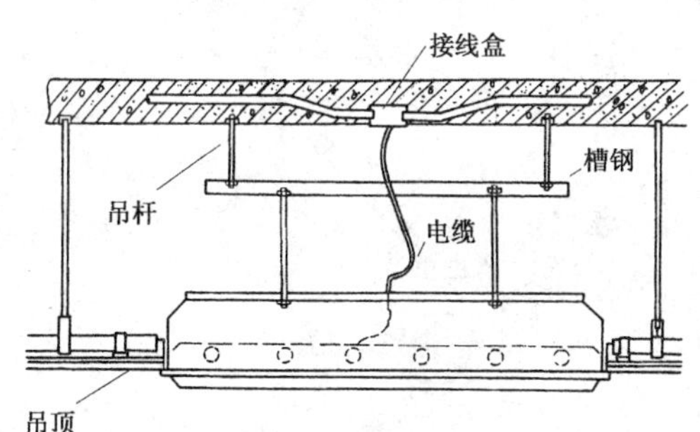

图 4-69 光梁、光带安装

4.2.10 发光顶棚安装

发光顶棚是利用磨砂玻璃、半透明有机玻璃、棱镜、格栅等制作而成的。光源装设在这些大片安装的介质之上，介质将光源的光通量重新分配而照亮房间。

发光顶棚的照明装置有两种形式：一是将光源装在带有散光玻璃或遮光格栅内；二是将照明灯具悬挂在房间的顶棚内，房间的顶棚装有散光玻璃或遮光格栅的透光面。发光顶棚内照明灯具的安装与吸顶灯及吊灯做法相同。灯具或灯泡至透光面的距离 $h$，吊顶式不应小于 0.8～1.5m；光盒式为 100mm（磨砂玻璃为 300mm）。为了使顶棚亮度均匀，安装在顶棚夹层中的光源间的距离 $L$ 与光源距透光平面的距离 $h$ 的比值要恰当。比值不合适时，发光顶棚会存在令人眩目的光斑。对于玻璃或有机玻璃顶棚，取 $L/h$ 不大于 1.5～2，如果是采用简式荧光灯，$L/h$ 不大于 1.5。如图 4-70 所示。

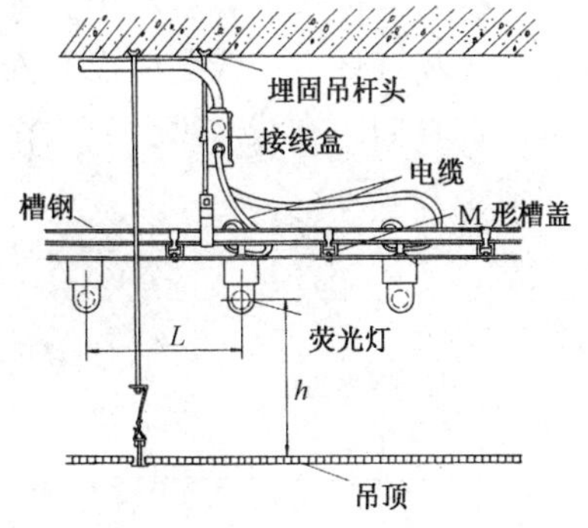

图 4-70 发光顶棚安装

## 4.3 特殊照明灯具的安装

4.3.1 喷水照明装置安装

喷水照明装置由喷嘴、压力泵及水下照明灯组成。常用的水下照明灯的额定功率为

300W，额定电压为12V或220V两种，220V电压用于喷水照明，12V电压用于水下照明。水下照明灯的滤色片分为红、黄、绿、蓝、透明等五种。

喷水照明一般选用白炽灯，采用可调光方式控制，当喷水高度不需要调光时，可采用高压汞灯或金属卤化物灯。水下照明灯具采用具有防水措施的投光灯，投光灯的底座及支架应固定牢固，枢轴应沿需要的光轴方向拧紧固定。

水下接线盒为铸铝合金结构，密封可靠，进线孔在接线盒的底部，与预埋在喷水池中的电源配管相连接，出线孔在接线盒的侧面，电源引入线由水下接线盒引出，用软电缆连接。喷水照明灯具安装如图4-71所示。

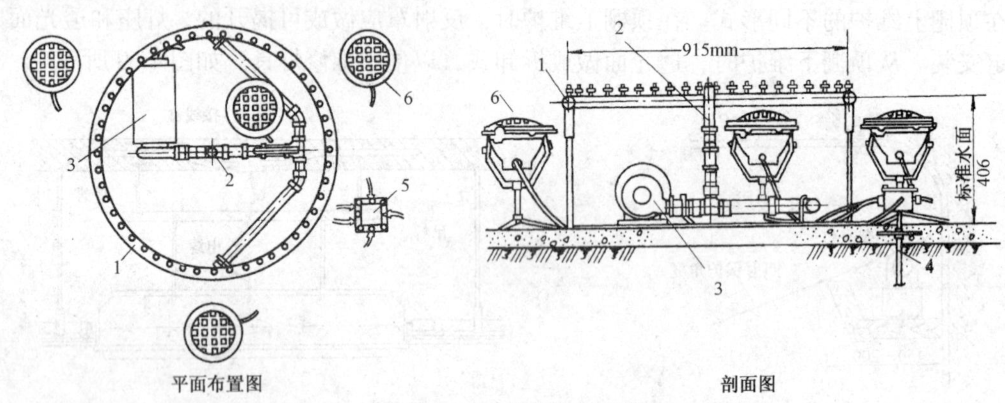


图4-71　喷水照明灯具安装

1—喷水圈；2—喷管；3—水泵；4—铜管；5—水下接线盒及密封电缆；6—灯具

### 4.3.2　水下照明装置安装

水下照明宜选用金属卤化物灯、白炽灯作为光源，光源的颜色多为黄色、蓝色、红色等，这些颜色在水下容易看出、水下的视觉也较大。当游泳池内设置水下照明时，其照明灯的电源及灯具、接线盒应设有安全接地等保护措施。水下照明灯上口距水面宜在0.3～0.5m。灯具间距在浅水部分宜为2.5～3m，在深水部分宜为3.5～4.5m。水下照明装置安装如图4-72所示。

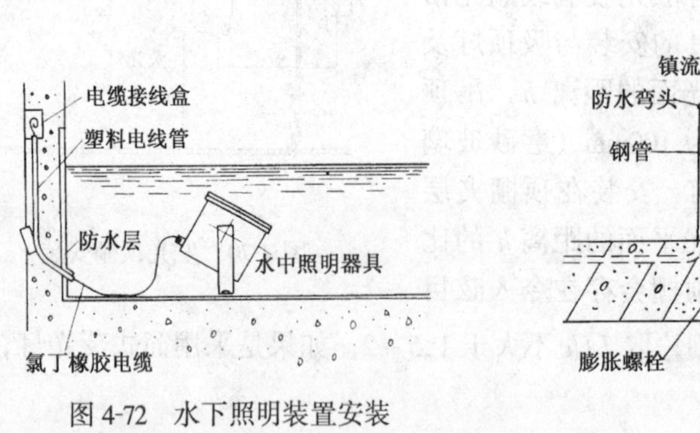


图4-72　水下照明装置安装

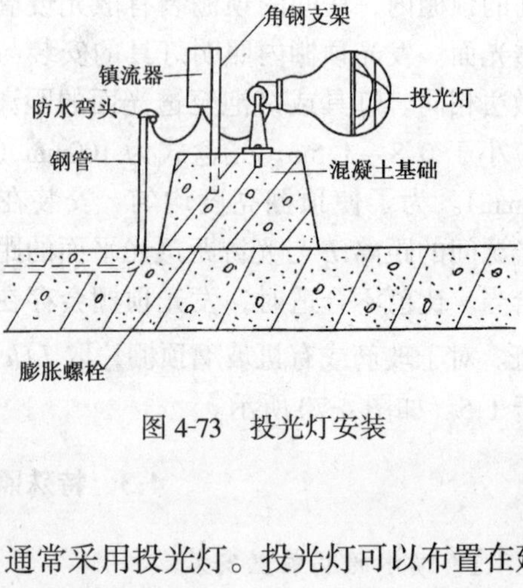

角钢支架
镇流器
防水弯头
投光灯
钢管
混凝土基础
膨胀螺栓

图4-73　投光灯安装

### 4.3.3　建筑物景观照明灯具安装

建筑物景观照明也称为建筑物立面照明，通常采用投光灯。投光灯可以布置在建筑物自身或在相邻建筑物上，也可以将灯具设置在地面绿化带中。

每套灯具的导电部分对地绝缘电阻值应大于 2MΩ。在人行道等人员来往密集场所安装的落地式灯具，无围栏防护时，安装高度应距离地面 2.5m 以上。金属构架和灯具的可接近裸露导体及金属软管的接地（PE）或接零（PEN）应可靠，且有标识。

室外安装的投光灯应选用防水型灯具，接线盒盖应加橡胶垫圈保护，灯具出线端应采取防水措施，底座及支架应固定牢固。投光灯安装如图 4-73 所示。

### 4.3.4 装饰照明灯具安装

(1) 霓虹灯

安装霓虹灯灯管时，一般用角铁做成框架，用专用的绝缘支架固定牢固。灯管与建筑物、构筑物表面的最小距离不宜小于 20mm。安装灯管时可将灯管直接卡入绝缘支持件，用螺钉将灯管支持件固定在难燃材料上，如图 4-74 所示。

安装室内或橱窗里的小型霓虹灯管时，先将镀锌钢丝组成 200 ~ 300mm 间距的网格，再将霓虹灯管用 $\phi0.5$mm 的裸铜丝或弦线绑扎固定在镀锌钢丝上。如图 4-75 所示。

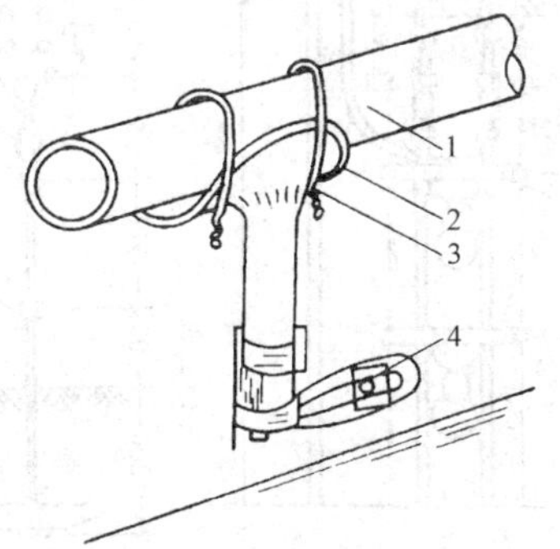


图 4-74 霓虹灯管支持件固定

1—霓虹灯管；2—绝缘支持件；3—裸钢丝扎紧；4—螺钉固定

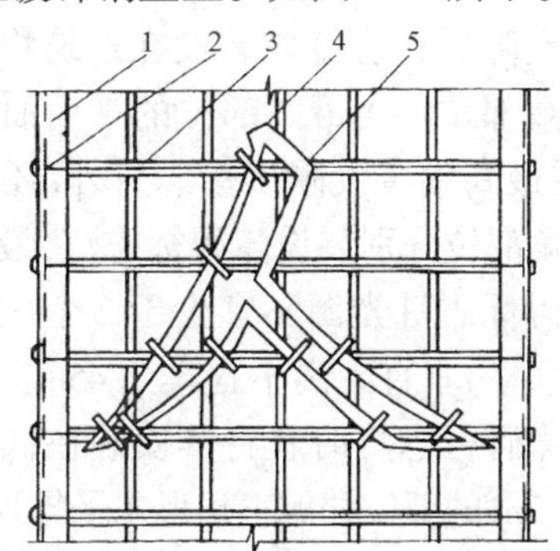


图 4-75 霓虹灯管绑扎固定

1—型钢框架；2—镀锌钢丝；3—玻璃套管；4—霓虹灯管；5—铜丝绑扎

霓虹灯变压器必须放在金属箱内，两侧开百叶窗孔通风散热。变压器一般紧靠灯管安装，或隐蔽在霓虹灯板后，不可安装在易燃品周围，也不宜装在吊顶内。室外的变压器明装时高度不宜小于 3m。霓虹灯变压器离阳台、架空线路等距离不宜小于 lm。变压器的铁芯、金属外壳、输出端的一端以及保护箱等均应进行可靠的接地。

霓虹灯专用变压器的二次导线和灯管间的接线,应采用额定电压不低于 15kV 的高压尼龙绝缘导线。二次导线与建筑物、构筑物表面的距离不宜小于 20mm。导线支持点的间距，在水平敷设时为 0.5m,垂直敷设时为 0.75m。二次导线穿越建筑物时,应穿双层玻璃管加强绝缘,玻璃管两端须露出建筑物两侧长度各为 50 ~ 80mm。

(2) 装饰彩灯

安装在建筑物顶部的彩灯应选用有防雨功能的专用灯具,灯罩要拧紧,彩灯的配线管路按明配管敷设,且有防雨功能。管路间、管路与灯头盒间用螺纹连接,金属导管及彩灯的构架、钢索等裸露导体应可靠接地(PE)或接零(PEN)。

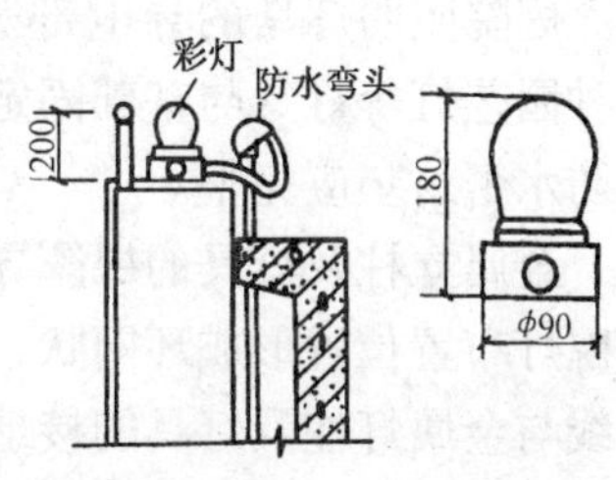


图 4-76 固定式彩灯安装

彩灯装置有固定式和悬挂式两种。固定安装时，采用定型的彩灯灯具，灯具的底座有溢水孔，雨水可自然排出。

彩灯的安装方法如图 4-76 所示，其灯间距离一般为 600mm，每个灯泡的功率不宜超过 15W，彩灯每一单相回路不宜超过 100 个。

悬挂式彩灯多用于建筑物的四角。挑臂采用不小于 10 号的槽钢，吊挂钢索的吊钩螺栓直径应不小于 10mm，螺栓在槽钢上固定，两侧有螺母，且加平垫圈及弹簧垫圈紧固。悬挂钢丝绳直径应不小于 4.5mm，底部拉板圆钢直径应不小于 16mm，地锚采用架空线路所用的拉线盘，埋设深度应大于 1.5m。

悬挂式彩灯采用防水吊线灯头连同线路一起挂于钢丝绳上。其导线应采用绝缘强度不低于500V 的橡胶铜导线，截面积不应小于 $4m^2$。灯头线与干线的连接应牢固，绝缘包扎紧密。灯的间距一般为 100mm，距地面 3m 以下的位置上不允许装设灯头。如图 4-77 所示。

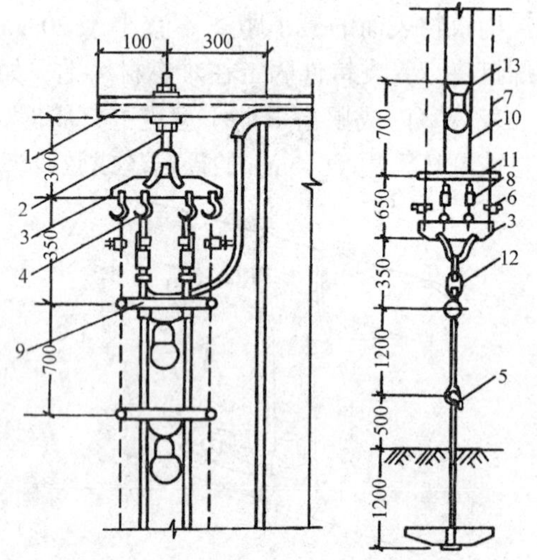


图 4-77　悬挂式彩灯安装

1—角钢；2—拉索；3—拉板；4—拉钩；5—地锚环；6—钢丝绳扎头；7—钢丝绳；8—绝缘子；9—绑扎线；10—铜导体；11—硬塑料管；12—张紧螺栓；13—接头

### 4.3.5　航空障碍标志灯安装

航空障碍标志灯应装设在建筑物或构筑物的最高部位。当最高部位的平面面积较大时，除在最高端装设障碍标志灯外，还应在其外侧转角部位分别装设障碍标志灯，最高端装设的障碍标志灯光源不宜少于 2 个。障碍标志灯的水平、垂直距离不宜大于 45m。烟囱顶上设置障碍标志灯时宜将其安装在低于烟囱口 1.5～3m 的部位并成三角形水平排列。

在距地面 60m 以上装设标志灯时，应采用恒定光强的红色低光强障碍标志灯。距地面 90m 以上装设标志灯时，应采用红色中光强障碍标志灯，其有效光强应大于 1600cd。距地面 150m 以上装设标志灯时，应采用白色光的高强度障碍标志灯，其有效光强随背景亮度而定。

航空障碍标志灯的电源应按主体建筑中最高负荷等级要求供电，且宜采用自动通断其电源的控制装置。障碍标志灯的启闭一般可使用露天安放的光电自动控制器进行控制，也可以通过建筑物的管理电脑，以时间程序来启闭障碍标志灯。航空障碍标志灯安装如图 4-78 所示。

### 4.3.6　庭院照明灯具安装

庭院照明灯具的导电部分对地绝缘电阻值应大于 2MΩ。立柱式路灯、落地式路灯、特种园艺灯等灯具与基础固定可靠，地脚螺栓备帽齐全。灯具的接线盒或熔断器盒，盒盖的防水密封垫应完整。

金属立柱及灯具的裸露导体部分的接地（PE）或接零（PEN）应可靠。接地线干线沿庭院灯布置位置形成环网状，且应有不少于两处与接地装置引出线连接。由接地干线引出支线与金属灯柱及灯具的接地端子连接，且应有标识。灯具的自动通、断电源控制装置动作应准确，每套灯具应配有熔断器保护，熔断器盒内熔丝应齐全，且其规格应与灯具适配。架空线路电杆上的路灯，固定应可靠，紧固件应齐全、拧紧，灯位应正确。庭院照明灯具安装如图4-79所示。

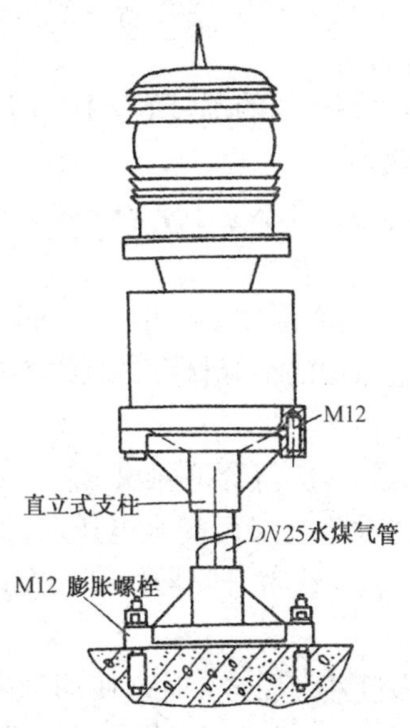


图4-78　航空障碍标志灯安装

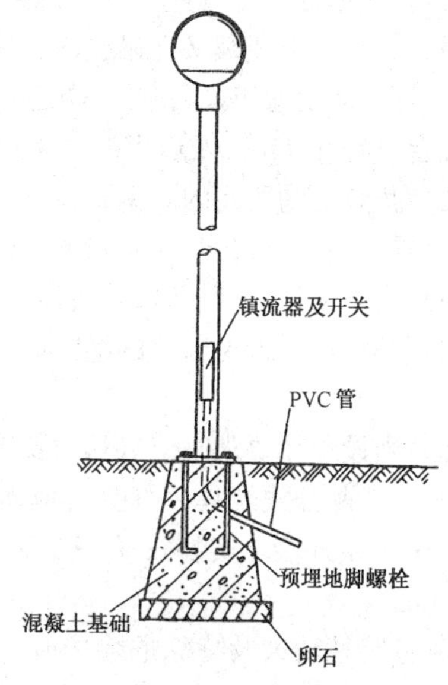


图4-79　庭院照明灯具安装

### 4.3.7　舞厅照明

舞厅的舞区内顶棚上设置各种宇宙灯、旋转效果灯、频闪灯等现代舞厅专用灯光，中间部位上通常还设有镜面反射球，有的舞池地板还安装由彩灯组成的图案。舞厅或舞池灯的线路应采用钢芯导线穿钢管、金属软管配线。

旋转彩灯由底座和灯箱组成，电源通过底座插口，由电刷到导电环，再通过插头到灯箱内的灯泡。

舞池地板内安装彩灯时，先在舞池地板下安装小方格，方格内壁四周镶以玻璃镜面以增大亮度。每一个方格内装设一个或几个彩灯（视需要而定）。地板小方格上面再铺以厚度大于20mm的高强度有机玻璃板作为舞池的地板。

## 4.4　照明灯具安装质量检查及验收方法

### 4.4.1　照明灯具安装的工序

安装照明灯具时，应按照以下程序进行：

(1) 安装灯具的预埋螺栓、吊杆和吊顶上嵌入式灯具安装专用骨架等完成，按设计要求做承载试验合格后，才能安装灯具。

(2) 影响灯具安装的模板、脚手架拆除后；顶棚和墙面喷浆、油漆等工作以及地面清理工作基本完成后，才能安装灯具。

(3) 导线绝缘测试合格后，才能进行灯具接线。

(4) 高空安装的灯具，应在地面通断电试验合格后，才能安装。

### 4.4.2　照明灯具安装质量验收的主控项目

(1) 灯具的固定应符合下列规定：

1）灯具重量大于3kg时，应固定在螺栓或预埋吊钩上；

2）软线吊灯，灯具重量在0.5kg及以下时，采用软电线自身吊装；大于0.5kg的灯具采用吊链，且软电线编叉在吊链内，使电线不受力；

3）灯具固定应牢固可靠，不使用木楔。每个灯具固定所用的螺钉或螺栓不少于2个；当绝缘台直径在75mm及以下时，采用3个螺钉或螺栓固定。

(2) 花灯吊钩所用的圆钢直径不应小于灯具挂销直径，且不应小于6mm。大型花灯的固定及悬吊装置，应按灯具重量的2倍做过载试验。

(3) 当用钢管做灯杆时，钢管内径不应小于10mm，钢管厚度不应小于1.5mm。

(4) 固定灯具带电部件的绝缘材料以及提供防触电保护的绝缘材料，应耐燃烧和防明火。

(5) 当设计无要求时，灯具的安装高度和使用电压等级应符合下列规定：

1）一般敞开式灯具，灯头对地面距离不小于下列数值（采用安全电压时除外）：室外：2.5m（室外墙上安装）；厂房：2.5m；室内：2m；软吊线带升降器的灯具在吊线展开后：0.8m。

2）危险性较大及特殊危险场所，当灯具距地面高度小于2.4m时，使用额定电压为36V及以下的照明灯具，或有专用保护措施。

(6) 当灯具距地面高度小于2.4m时，灯具的可接近裸露导体须可靠接地（PE）或接零（PEN），并应有专用接地螺栓，具有标识。

4.4.3 照明灯具安装质量验收的一般项目

(1) 引向每个灯具的导线线芯最小截面积应符合表4-20的规定。

**导线线芯最小截面积** **表4-20**

| 灯具安装的场所及用途 | | 线芯最小截面积（$mm^2$） | | |
|---|---|---|---|---|
| | | 铜芯软线 | 铜芯线 | 铝芯线 |
| 灯头线 | 民用建筑室内 | 0.5 | 0.5 | 2.5 |
| | 工业建筑室内 | 0.5 | 1.0 | 2.5 |
| | 室　外 | 1.0 | 1.0 | 2.5 |

(2) 灯具的外形、灯头及其接线应符合下列规定：

1）灯具及其配件齐全，无机械损伤、变形、涂层剥落和灯罩破裂等缺陷；

2）软线吊灯的软线两端做保护扣，两端芯线搪锡；当装升降器时，套塑料软管，采用安全灯头；

3）除敞开式灯具外，其他各类灯具灯泡容量在100W及以上者应采用瓷质灯头；

4）连接灯具的软线盘扣、搪锡压线，当采用螺口灯头时，相线接于螺口灯头中间的端子上；

5）灯头的绝缘外壳不破损和漏电；带有开关的灯头，开关手柄无裸露的金属部分。

(3) 变电所内，高低压配电设备及裸母线的正上方不应安装灯具。

(4) 装有白炽灯泡的吸顶灯具，灯泡不应紧贴灯罩；当灯泡与绝缘台间距离小于5mm时，灯泡与绝缘台间应采取隔热措施。

# 课题5　灯具开关及插座安装

## 5.1　灯具开关及插座的种类

建筑物内使用的灯具开关及插座，一般都为定型产品。常用的开关、插座有86系列（面板高度为86mm）、120系列（面板高度为120mm），其外形如图4-80所示。型号及规格见表4-21。

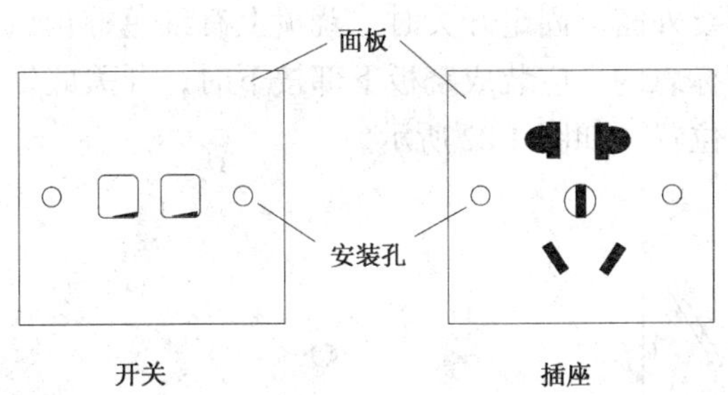


图4-80　灯具开关及插座外形

部分灯具开关及插座的型号规格　　表4-21

| 型　号 | 名　称 | 额定电流（A） | 尺寸（mm） | |
|---|---|---|---|---|
| | | | 高×宽 | 安装孔距 |
| E31/1/2A | 单联单控开关 | 10 | 86×86 | 60.3 |
| E31/2/3A | 单联双控开关 | 10 | 86×86 | 60.3 |
| E32/1/2A | 双联单控开关 | 10 | 86×86 | 60.3 |
| E32/2/3A | 双联双控开关 | 10 | 86×86 | 60.3 |
| E33/1/2A | 三联单控开关 | 10 | 86×86 | 60.3 |
| E33/2/3A | 三联双控开关 | 10 | 86×86 | 60.3 |
| E34/1/2A | 四联单控开关 | 10 | 86×86 | 60.3 |
| E34/2/3A | 四联双控开关 | 10 | 86×86 | 60.3 |
| E31BPA/3A | 门铃开关 | 3 | 86×86 | 60.3 |
| BM3 | 风扇调速开关 | 10 | 86×86 | 60.3 |
| E426U | 双孔插座 | 10 | 86×86 | 60.3 |
| E426/10SF | 三孔带熔丝管插座 | 10 | 86×86 | 60.3 |
| E426/10US | 二、三孔插座 | 10 | 86×86 | 60.3 |
| E426/16CS | 三孔插座 | 16 | 86×86 | 60.3 |

选择灯具开关及插座时，同一建筑物内应选用同一系列的产品，其额定电压应不小于250V，额定电流应大于线路中的实际工作电流。一般插座选用10A，空调、电热水器及其他大功率家用电器应选用16A的插座。

## 5.2 灯具开关及插座的安装

安装灯具开关及插座时，应配合专用的底盒（又称为开关盒、插座盒）。底盒在配管配线时固定好，把灯具开关、插座接好线后，用螺钉固定在底盒上，再用孔塞盖（又称为装饰帽）盖住螺钉即可，如图 4-81 所示。

### 5.2.1 灯具开关明装

按照设计图纸的要求定好位置，用胀管螺丝固定好底盒，使底盒端正、牢固。电线从底盒敲落孔穿入底盒内，留出 15cm 左右，钳去多余线头。剥去线头绝缘层，与开关接线桩压接好，注意线芯不要外露。固定开关时，跷板上有红色标记或“ON”字母的应朝上。当跷板或面板上无任何标志的，应装成跷板下部按下时，开关应处在合闸的位置，跷板上部按下时，应处在断开位置。如图 4-82 所示。

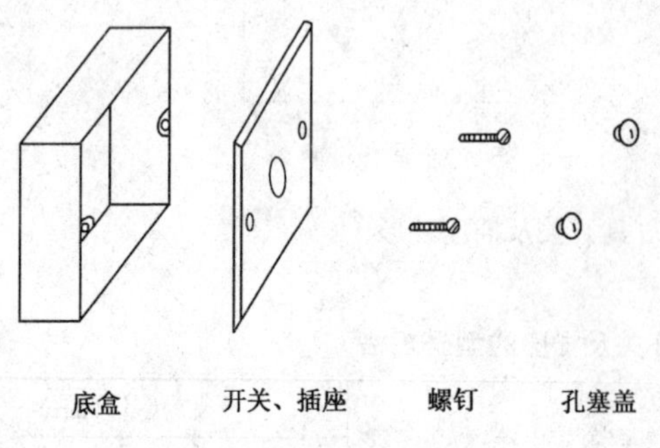


图 4-81 开关及插座安装方法

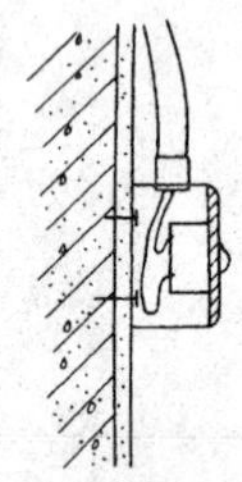

图 4-82 灯具开关明装

### 5.2.2 灯具开关暗装

灯具开关暗装时，应在墙面装饰结束后进行。底盒在配管配线时预埋好，安装前，清理底盒内杂物，接线及固定开关方法与前相同。如图 4-83 所示。

### 5.2.3 插座安装

插座安装方法与灯具开关相同，可明装，也可暗装。接线时，应符合如下规定：面对插座，双孔插座“左零线，右相线”；三孔插座“左零线，右相线，上接地”。如图 4-84 所示。

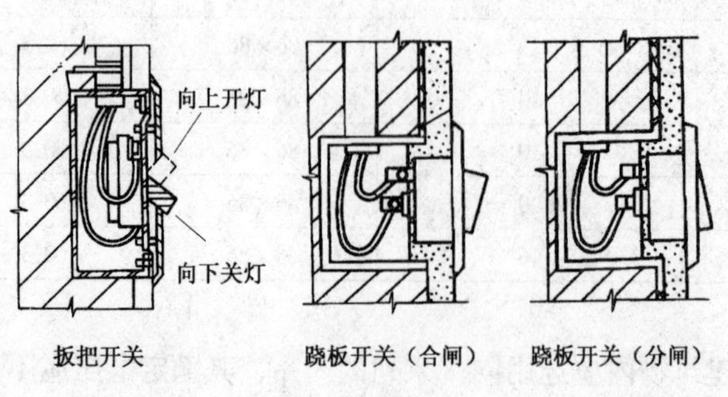


图 4-83 灯具开关暗装

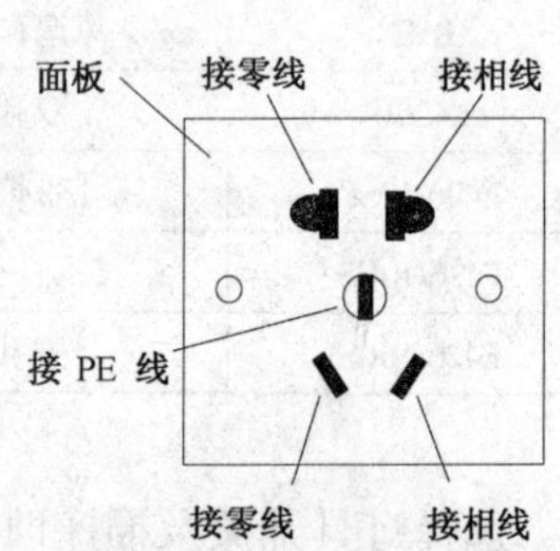


图 4-84 插座接线示意图

## 5.3 开关插座安装质量检查及验收方法

5.3.1 开关插座安装质量验收的主控项目

(1) 当交流、直流或不同电压等级的插座安装在同一场所时，应有明显的区别，且必须选择不同结构、不同规格和不能互换的插座；配套的插头应按交流、直流或不同电压等级区别使用。

(2) 插座接线应符合下列规定：

1) 单相两孔插座，面对插座的右孔或上孔与相线连接，左孔或下孔与零线连接；单相三孔插座，面对插座的右孔与相线连接，左孔与零线连接。

2) 单相三孔、三相四孔及三相五孔插座的接地（PE）线或接零（PEN）线接在上孔。插座的接地端子不与零线端子连接。同一场所的三相插座，接线的相序一致。

3) 接地（PE）或接零（PEN）线在插座间不串联连接。

(3) 特殊情况下插座安装应符合下列规定：

1) 当接插有触电危险家用电器的电源时，采用能断开电源的带开关插座，开关断开相线；

2) 潮湿场所采用密封型并带保护地线触头的保护型插座，安装高度不低于1.5m。

(4) 照明开关安装应符合下列规定：

1) 同一建筑物、构筑物的开关采用同一系列的产品，开关的通断位置一致，操作灵活、接触可靠；

2) 相线经开关控制；民用住宅无软线引至床边的床头开关。

5.3.2 开关插座安装质量验收的一般项目

(1) 插座安装应符合下列规定：

1) 当不采用安全型插座时，托儿所、幼儿园及小学等儿童活动场所的安装高度不小于1.8m；

2) 暗装的插座面板紧贴墙面，四周无缝隙，安装牢固，表面光滑整洁、无碎裂、划伤，装饰帽齐全；

3) 车间及试（实）验室的插座安装高度距地面不小于0.3m；特殊场所暗装的插座不小于0.15m；同一室内插座安装高度一致；

4) 地插座面板与地面齐平或紧贴地面，盖板固定牢固，密封良好。

(2) 照明开关安装应符合下列规定：

1) 开关安装位置便于操作，开关边缘距门框边缘的距离为0.15~0.2m，开关距地面高度1.3~1.5m；拉线开关距地面高度2~3m，层高小于3m时，拉线开关距顶板不小于100mm，拉线出口垂直向下；

2) 相同型号并列安装及同一室内开关安装高度应一致，且控制有序不错位。并列安装的拉线开关的相邻间距不小于20mm；

3) 暗装的开关面板应紧贴墙面，四周无缝隙，安装牢固，表面光滑整洁、无碎裂无划伤，装饰帽齐全。

# 课题6 风扇安装

## 6.1 风扇的种类

建筑物内常用的风扇有吊扇、吸顶摇头扇、壁扇、换气扇等几类，其工作电压为单相220V，风量较大时为三相380V。常用风扇的型号规格如表4-22所示。

常用风扇的型号规格 表4-22

| 种 类 | 型 号 | 扇叶直径（mm） | 工作电压（V） | 功 率（W） | 重 量（kg） |
|---|---|---|---|---|---|
| 吊 扇 | FC3-1 | 1000 | 220 | 55 | 7 |
| | FC3-2 | 1200 | 220 | 65 | 9 |
| | FC3-3 | 1400 | 220 | 80 | 10 |
| 壁 扇 | FT-40 | 400 | 220 | 60 | 7.5 |
| | FB2-9 | 750 | 220 | 120 | 24 |
| | FTB2-9 | 750 | 380 | 350 | 25 |
| 换气扇 | FA-6 | 400 | 220 | 45 | 9 |
| | FA4-7 | 500 | 220 | 120 | 12 |
| | FTA-8 | 600 | 380 | 600 | 30 |

## 6.2 风扇的安装

安装风扇前，应对风扇及其附件进行合格验收。风扇应有合格证，外观完好无损坏，涂层完整，调速器等附件配套。

### 6.2.1 吊扇的安装

组装吊扇时应根据产品说明书进行，注意不要改变扇叶的角度。扇叶的固定螺钉应装防松装置。吊扇与吊杆之间、吊杆与电动机之间，螺纹连接啮合长度不得小于20mm，并必须有防松装置。吊扇吊杆上的悬挂销钉必须装设防振橡皮垫，销钉的防松装置应齐全、可靠。

吊钩不应小于悬挂销钉的直径，且应用不小于8mm的圆钢制作。吊钩应弯成T字形或r形。吊钩应由盒中心穿下，严禁将预埋件下端在盒内预先弯成圆环。现浇混凝土楼板内预埋吊钩，应将r形吊钩与混凝土中的钢筋相焊接，在无条件焊接时，应与主筋绑扎固定。在预制空心板板缝处，应将r形吊钩与短钢筋焊接，或者使用T形吊钩，吊钩在板面上与楼板垂直布置，使用T形吊钩还可以与板缝内钢筋绑扎或焊接。

安装吊扇前，将预埋吊钩露出部位弯制成型，曲率半径不宜过小。吊扇吊钩伸出建筑物的长度，应以安上吊扇吊杆保护罩将整个吊钩全部遮住为好。

挂上吊扇时，应使吊扇的重心和吊钩的直线部分处在同一条直线上。将吊扇托起，吊扇的耳环挂在预埋的吊钩上，扇叶距地面的高度不应低于2.5m，按接线图接好电源，并包扎紧密。向上托起吊杆上的护罩，将接头扣于其中，护罩应紧贴建筑物或绝缘台表面，拧紧固定螺钉。如图 4-85 所示。

吊扇调速开关安装高度应为 1.3m。同一室内并列安装的吊扇开关高度应一致，且控制有序不错位。吊扇运转时扇叶不应有明显的颤动和异常声响。

### 6.2.2 壁扇安装

壁扇底座在墙上采用塑料胀管或膨胀螺栓固定，塑料胀管或膨胀螺栓的数量不应少于 2 个，且直径不应小于 8mm，壁扇底座应固定牢固。在安装的墙壁上找好挂板安装孔和底板钥匙孔的位置，安装好塑料胀管。先拧好底板钥匙孔上的螺钉，把风扇底板的钥匙孔套在墙壁螺钉上，然后用木螺钉把挂板固定在墙壁的塑料胀管上。壁扇的下侧边线距地面高度不宜小于 1.8m，且底座平面的垂直偏差不宜大于 2mm。壁扇的防护罩应扣紧，固定可靠。壁扇在运转时，扇叶和防护罩均不应有明显的颤动和异常声响。

### 6.2.3 换气扇安装

换气扇一般在公共场所、卫生间及厨房内墙体或窗户上安装。电源插座，控制开关须使用防溅型开关、插座。换气扇在窗上、墙上的安装做法如图 4-86 所示。安装换气扇的金属构件部分均应刷樟丹油一道、灰色油漆两道，木制构件部分的油漆颜色与建筑墙面相同。

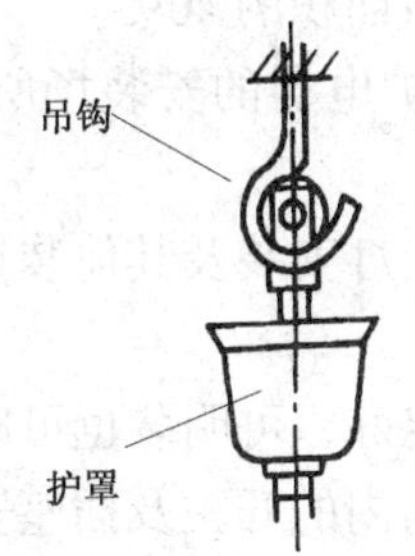


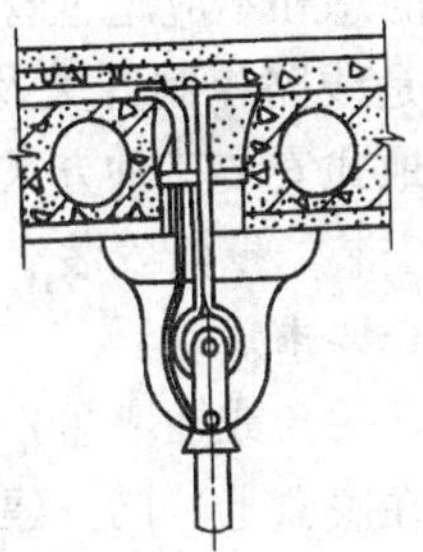

图 4-85 吊扇安装

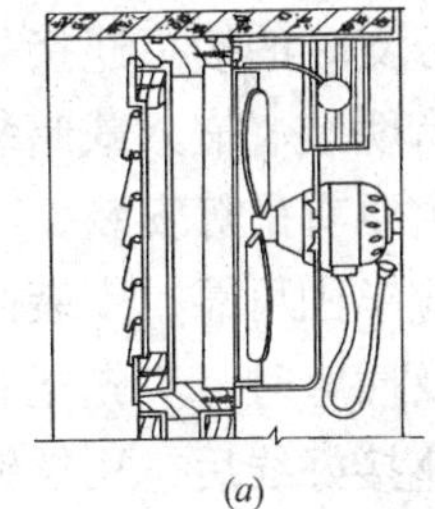


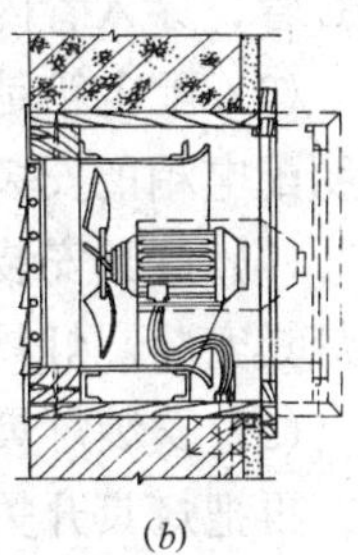


图 4-86 换气扇安装

(*a*) 单相换气扇；(*b*) 三相换气扇

## 6.3 风扇安装质量检查及验收方法

### 6.3.1 风扇安装质量验收主控项目

(1) 吊扇安装应符合下列规定：

1) 吊扇挂钩安装牢固，吊扇挂钩的直径不小于吊扇挂销直径且不小于 8mm；有防振橡胶垫；挂销的防松零件齐全；

2) 吊扇扇叶距地高度不小于 2.5m；

3) 吊扇组装不改变扇叶角度，扇叶固定螺栓防松零件齐全；

4) 吊杆间、吊杆与电机间螺纹连接，啮合长度不小于 20mm，且防松零件齐全紧固；

5) 吊扇接线正确，当运转时扇叶无明显颤动和异常声响。

(2) 壁扇安装应符合下列规定：

1) 壁扇底座采用尼龙塞或膨胀螺栓固定；尼龙塞或膨胀螺栓的数量不少于 2 个，且直径不小于 8mm，固定牢固可靠；

2）壁扇防护罩扣紧，固定可靠，当运转时扇叶和防护罩无明显颤动和异常声响。

6.3.2　风扇安装质量验收一般项目

（1）吊扇安装应符合下列规定：

1）涂层完整，表面无划痕、无污染，吊杆上下扣碗安装牢固到位；

2）同一室内并列安装的吊扇开关高度一致，且控制有序不错位。

（2）壁扇安装应符合下列规定：

1）壁扇下侧边缘距地面高度不小于1.8m；

2）涂层完整，表面无划痕、无污染，防护罩无变形。

## 单元小结

（1）电气照明工程施工内容主要有配管配线、照明配电箱安装、照明灯具安装、灯具开关及插座安装、电风扇安装等分项工程。施工时应按照规定的施工程序进行。

（2）室内照明线路主要有铝线卡明敷、线槽（塑料线槽、金属线槽）明敷、穿钢管明（暗）敷、穿PVC管明（暗）敷等几种敷设方式。穿管敷设电线时，无论是穿钢管还是PVC管，穿入管内的电线截面积（包括绝缘层）的总和不应超过管内截面积的40%。

（3）配电箱是线路分支时的接头连接处，也是线路控制开关及保护电器的安装场所。照明配电箱的安装主要有明装、嵌入式暗装、落地式安装三种方式。

（4）灯具安装方式主要有吊灯安装、吸顶灯安装、壁灯安装、荧光灯安装及其他装饰性灯具安装。灯具安装应牢固可靠，安装高度符合要求。

（5）安装灯具开关及插座时，应先把底盒（开关盒或插座盒）固定好，可明装也可暗埋，再把灯具开关、插座接好线后，用螺钉固定在底盒上。同一建筑物内的开关及插座安装高度应一致，且控制有序不错位。暗装的开关及插座面板应紧贴墙面，四周无缝隙，安装牢固，表面光滑整洁、无碎裂无划伤，装饰帽齐全。

（6）电风扇有吊扇、壁扇、换气扇之分，安装应牢固可靠，接线正确，当运转时扇叶无明显颤动和异常声响。注意使风扇涂层完整，表面无划痕、无污染，防护罩无变形。

（7）电气照明工程安装质量检查及验收时应遵照《建筑电气工程施工质量验收规范》（GB 50303—2002）进行，除了检查施工工序应符合规定之外，还分为主控项目和一般项目两部分进行质量检查及验收。检查时可采用抽样检查和全面检查相结合的方式进行。

## 思考题与习题

1. 在电气照明工程中，如何选择灯具并进行灯具布置？

2. 照明配电系统由哪些部分组成？各部分的作用分别是什么？

3. 室内照明灯具的控制方法主要有哪些？画出相应的控制线路图。

4. 简述照明线路导线选择的方法。

5. 什么叫电压损失？照明线路电压损失有何规定？如何校验电压损失？

6. 塑料线槽明敷有何特点？施工时如何进行？

7. 如何安装金属线槽？

8. 导线穿钢管敷设有何特点？简述导线穿钢管敷设的施工方法？

9. 什么叫 PVC 管？PVC 管配线有何特点？

10. 如何进行管内穿线？

11. 照明配电箱有哪几种？如何选择照明配电箱？

12. 简述照明配电箱的安装方法。

13. 简述照明灯具的安装方法。

14. 简述开关插座的安装方法。

15. 简述电风扇的安装方法。

16. 简述电气照明工程施工的质量检查及验收方法。

17. 按照表 4-16 的要求进行 PVC 管配线实训。

18. 按照表 4-19 的要求进行配电箱安装实训。

# 单元 5　防雷及接地工程

**知 识 点**：本单元详细介绍了雷电的种类及其危害，建筑物的防雷分类及各类建筑物的防雷措施；介绍了建筑物防雷系统的组成及各组成部分的施工方法、施工技术要求、质量检查及验收方法；介绍了等电位联结的作用及施工方法。

**教学目标**：了解建筑物防雷及接地系统的组成。掌握防雷接闪器、引下线、接地装置的安装、调试及质量验收方法。掌握等电位连结的方法及接地电阻测试方法。

## 课题 1　建筑防雷及接地系统的组成

### 1.1　雷电的形成及危害

1.1.1　雷电的形成

雷电是大自然中的放电现象，雷击是一种自然灾害。在特定的自然气候中，会形成一种带有大量电荷的云层，这种云层称为雷云。当雷云之间或雷云与地面物体之间发生强烈放电时，便形成闪电。闪电形成巨大的雷电流，容易对建筑物、电气设施造成破坏，甚至对人、畜形成危害。

1.1.2　雷电的种类

根据雷电对建筑物、电气设施、人、畜的危害方式不同，雷电可分为以下几类：

(1) 直击雷

雷云与地面物体（建筑物、设施等）之间直接放电形成的雷击称为直击雷。直击雷形成强大的雷电流，流过建筑物时会产生巨大的热量，对建筑物造成爆裂等破坏作用；雷电流流过电气设施时，会形成过电压，对电气设施及人员造成危害。

(2) 感应雷

当建筑物附近出现雷云时，由于静电感应的作用，在建筑物（包括金属导体）上感应出大量电荷，当雷云与其他物体放电后，这些感应电荷以大电流、高电压的方式快速释放而形成雷电流，对建筑物及内部电气设施造成破坏。

(3) 雷电波侵入

当进入建筑物的金属管线在远处遭到雷击时（包括直击雷、感应雷），在金属管线中形成过电压冲击波；或者由于在建筑物附近发生雷电放电而在周围空间形成迅速变化的强磁场，在金属管线中感应出过电压冲击波。过电压冲击波沿金属管线进入建筑物内部，对电气设施造成破坏。

(4) 球雷

球雷是雷电放电时形成的一团处在特殊状态下的带电气体。球雷出现的概率较小，在雷雨季节，球雷会从门、窗、烟囱等通道侵入室内，对人员造成危害。

#### 1.1.3 雷电的危害

雷电具有电性质、热性质和机械性质等三方面的破坏作用。发生雷击时，可能导致爆炸、火灾、触电、电气设施毁坏、停电等方面的事故发生，因此防雷是建筑工程中所不可缺少的。

## 1.2 建筑物防雷分类

根据建筑物的重要性、使用性质、发生雷击事故的可能性和后果，建筑物防雷分为三类。

#### 1.2.1 第一类防雷建筑物

(1) 凡制造、使用或贮存炸药、起爆药、火药、火工品等大量爆炸危险物质的建筑物，遇电火花会引起爆炸，造成巨大破坏和人身伤亡的建筑物。

(2) 具有 0 区或 10 区爆炸危险环境的建筑物。

(3) 某些具有 1 区爆炸危险环境的建筑物，因电火花而引起爆炸，会造成巨大破坏和人身伤亡的建筑物。

#### 1.2.2 第二类防雷建筑物

(1) 国家级重点文物保护的建筑物。

(2) 国家级的会堂、办公建筑物、大型展览和博览建筑物、大型火车站、国宾馆、国家级档案馆、大型城市的重要给水水泵房等特别重要的建筑物。

(3) 国家级计算中心、国际通讯枢纽等对国民经济有重要意义且装有大量电子设备的建筑物。

(4) 制造、使用或贮存爆炸物质的建筑物，但电火花不易引起爆炸或不致造成巨大破坏和人身伤亡的建筑物。

(5) 具有 2 区或 11 区爆炸危险环境的建筑物。某些具有 1 区爆炸危险环境，但电火花不易引起爆炸或不致造成巨大破坏和人身伤亡的建筑物。

(6) 年预计雷击次数大于 0.06/a 的部、省级办公建筑物及其他重要或人员密集的公共建筑物。

(7) 年预计雷击次数大于 0.3/a 的住宅、办公楼等一般性民用建筑物。

#### 1.2.3 第三类防雷建筑物

(1) 省级重点文物保护的建筑物及省级档案馆。

(2) 年预计雷击次数大于和等于 0.012/a、小于和等于 0.06/a 的部、省级办公建筑物及其他重要的或人员密集的公共建筑物。

(3) 年预计雷击次数大于和等于 0.06/a、小于和等于 0.3/a 的住宅、办公楼等一般性民用建筑物。

(4) 年预计雷击次数大于和等于 0.06/a 的一般性工业建筑物。

(5) 根据雷击后产生的影响及后果，并结合当地气象、地形、地质及周围环境等因素，确定需要防雷的 21 区、22 区、23 区火灾危险环境的建筑物。

(6) 年平均雷暴日大于 15d/a 的地区，高度在 15m 及以上的烟囱、水塔等孤立的高耸建筑物；平均雷暴日小于或等于 15d/a 的地区，高度在 20m 及以上的烟囱、水塔等孤立的高耸建筑物。

## 1.3 各类建筑物的防雷措施

按《建筑物防雷设计规范》（GB 50057—94）中的规定，第一类防雷建筑物和第二类防雷建筑物中有爆炸危险的场所，应有防直击雷、防感应雷和防雷电波侵入的措施。第二类防雷建筑物除有爆炸危险的场所外及第三类防雷建筑物，应有防直击雷和防雷电波侵入的措施。

### 1.3.1 防直击雷的措施

防直击雷的防雷装置由接闪器、引下线和接地装置组成。具体方法为：在建筑物的屋顶及其他易遭受雷击的部位装设接闪器，用引下线将接闪器与埋入地下的接地装置良好连接。

接闪器、引下线和接地装置均由金属导体制成，当建筑物遭受雷击时，接闪器与雷云之间产生放电，形成的雷电流经引下线引至地下，通过接地装置将雷电流迅速流散到大地中，从而保护建筑物免受雷击的破坏。

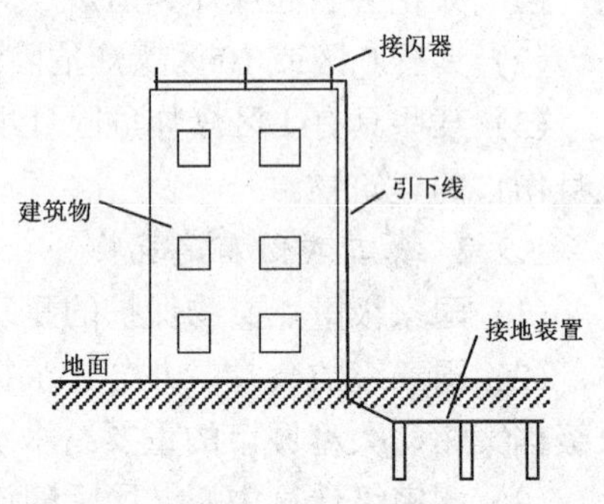

图 5-1 防直击雷装置示意图

接闪器包括避雷针、避雷线、避雷带和避雷网等多种形式。引下线可用钢筋专门设置，也可利用建筑物柱内钢筋充当。接地装置可由专门埋入地下的金属物体组成，也可利用建筑物基础中的钢筋作为接地装置。

防直击雷的防雷装置如图 5-1 所示。

### 1.3.2 防感应雷的措施

为了防止静电感应产生放电火花，应把建筑物内部的设备金属外壳、金属管道、金属构架、钢窗、电缆金属外皮以及突出屋面的水管、风管等金属物件与接地装置可靠连接。屋面结构钢筋宜绑扎或焊接成闭合回路并良好接地。对于非金属的屋顶，应在屋顶加装金属网格并良好接地。接地装置可与其他接地装置共用，接地干线与接地装置的连接不得少于 2 处。

为了防止电磁感应，平行敷设的金属管道、构架、电缆等距离小于 100mm 时，需用金属线跨接，跨接点之间的距离不应超过 30m。交叉时相互间距小于 100mm 时，交叉处也应用金属线跨接。

### 1.3.3 防雷电波侵入的措施

架空线路在进入建筑物的地方装设避雷器，埋地电缆的金属外皮良好接地或在进户后装设避雷器，进入建筑物的各种金属管道在进户点良好接地，这些措施都能有效地防止雷电波侵入建筑物造成破坏。

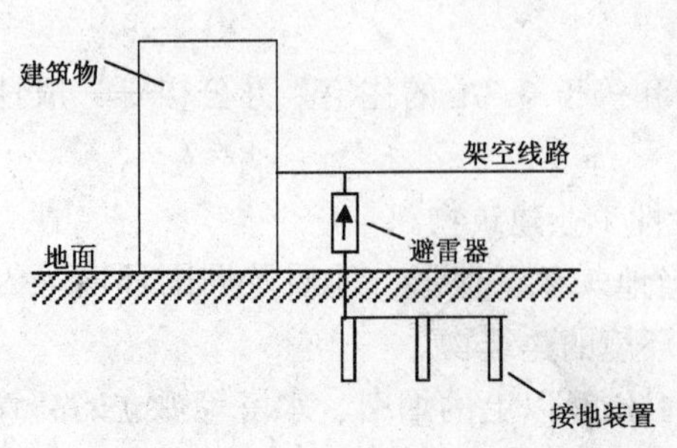

图 5-2 避雷器的保护原理

避雷器是一种过电压保护设备，用来防止雷电所产生的大气过电压沿架空线路侵入建筑物内，对电器设备造成破坏。避雷器装设在电气线路的入户点。避雷器的上端与电气线路的导电部分相接，下端与接地装置相接，如图 5-2 所示。正常情况下，避雷器的两端呈绝缘状态，不影响电气系统的正常运行。当因雷击有过电压冲击波沿线路传来时，避雷器被击穿而导通，将雷电流泻入大地，从而阻止过电压冲击波进入建筑物。雷电波消失后，避雷器又恢复绝缘状态，系统恢复正常运行。

常用的避雷器主要有阀式避雷器、磁吹阀避雷器和压敏避雷器等几种，其型号、规格及主要用途见表 5-1。

**常用的避雷器** 　　表 5-1

| 名　称 | 型　号 | 额定电压 (kV) | 工频放电电压 (kV) | 冲击放电电压 (kV) | 用　途 |
|---|---|---|---|---|---|
| 阀式避雷器 | FS2-0.22 | 0.25 | 0.5~0.9 | 1.7 | 单相 220V 配电线路 |
| | FS2-0.38 | 0.5 | 1.1~1.6 | 3 | 三相 380 配电线路 |
| | FS4-10 | 12.7 | 26~31 | 50 | 10kV 配电线路 |
| | FZ2-10 | 12.7 | 26~31 | 45 | 10kV 变电所 |
| 磁吹阀避雷器 | FCD3-3 | 3.8 | 7.5~9.5 | 9.5 | 高压旋转电机 |
| | FCL-0.75 | 0.9 | 1.2~1.5 | 2.8 | 直流设备 |
| | FCZ3-35 | 41 | 70~85 | 112 | 变电站 |
| 压敏避雷器 | FH-0.5 | 0.5 | 1.15~1.65 | 2.6 | 低压线路、低压设备 |
| | JB0-0.5 | 0.5 | 0.8~1 | 1.5 | 低压线路、低压设备 |

如图 5-3 所示为阀式避雷器外形图。阀式避雷器在变电所 10kV 架空线路进户处的安装方法如图 5-4 所示。

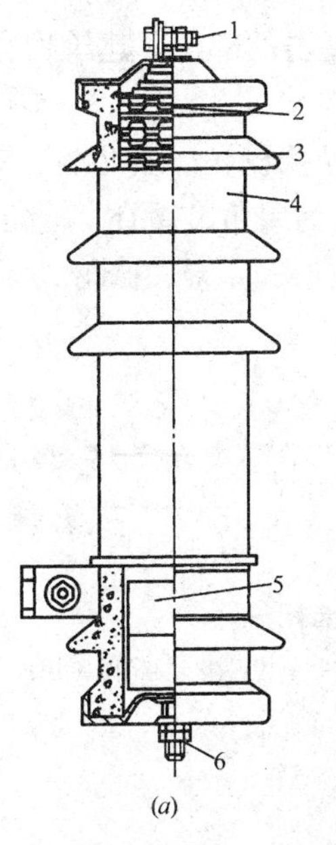


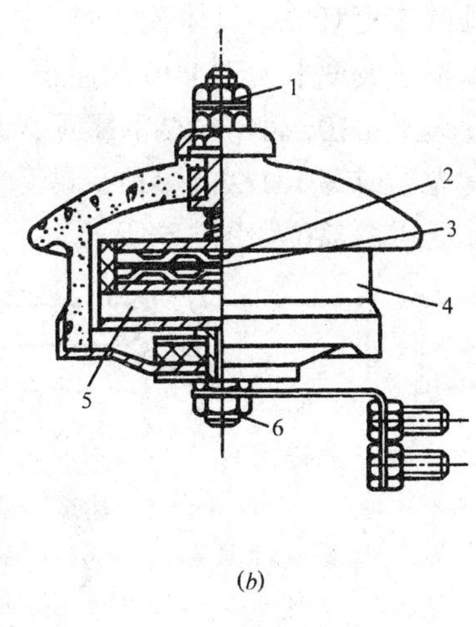


图 5-3　阀式避雷器

(a) FS4-10 型；(b) FS2-0.38 型

1—上接线端；2—火花间隙；3—云母垫圈；4—瓷套管；5—阀片；6—下接线端

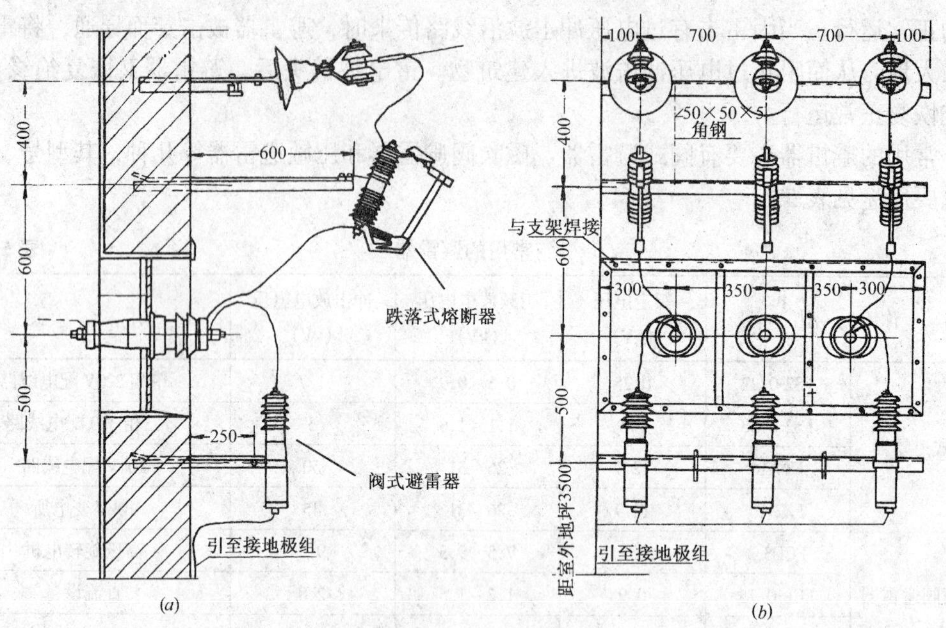


图 5-4　阀式避雷器安装

（*a*）侧面图；（*b*）正面图

# 课题 2　接闪器安装

## 2.1　接闪器的设置

防雷接闪器由金属导体制成，应装设在建筑物易受雷击的部位。建筑物容易遭受雷击的部位与屋顶的坡度有关，具体关系如下：

(1) 平屋顶或坡度不大于 1/10 的屋顶，易受雷击部位为檐角、女儿墙、屋檐；

(2) 坡度大于 1/10，小于 1/2 的屋顶，易受雷击部位为屋角、屋脊、檐角、屋檐；

(3) 坡度大于或等于 1/2 的屋顶，易受雷击部位为屋角、屋脊、檐角。

建筑物易受雷击部位如图 5-5 所示。

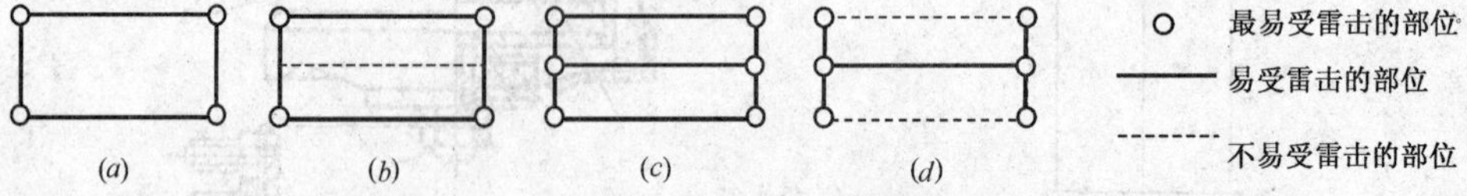


图 5-5　建筑物易受雷击部位示意图

（*a*）平屋顶；（*b*）坡度不大于 1/10 的屋顶；（*c*）坡度大于 1/10，小于 1/2 的屋顶；（*d*）坡度大于 1/2 的屋顶

## 2.2　避雷针安装

避雷针是一端磨尖的针状金属导体，利用尖端放电的原理与雷云进行放电，对周围物体进行防雷保护。

避雷针主要用于屋顶面积不大的高耸建筑物或构筑物。在建筑物的顶部设置1根或多根避雷针，使建筑物处在避雷针的保护范围之内即可有效地防止建筑物遭受雷击。避雷针的形状较多，对装饰效果要求较高的建筑物，避雷针一般做成外形美观的标志性物体。如图5-6所示为各种形状的避雷针。

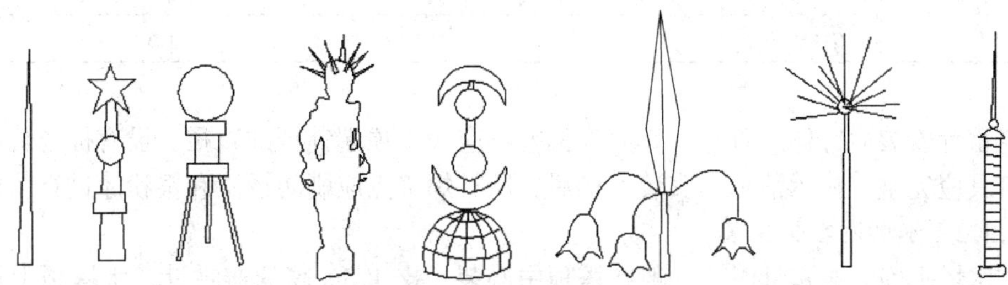

图5-6 各种形状的避雷针

2.2.1 屋面避雷针安装

避雷针一般采用镀锌圆钢或焊接钢管制作，针长在lm以下时，圆钢直径为12mm，钢管直径为20mm；针长在1～2m时，圆钢直径为16mm，钢管直径为25mm。避雷针焊接处应涂防腐漆。

避雷针在屋面安装时，先组装好避雷针，把底板（300mm×300mm×8mm钢板）用地脚螺栓（M25×350mm）固定在避雷针支座上，在底板上的相应位置，焊上一块肋板(200mm×100mm×8mm钢板)，将避雷针立起，找直、找正后进行点焊、校正，焊上其他三块肋板，并与引下线焊接牢固。屋面上若有避雷带（网）还要与其焊成一个整体。避雷针在屋面安装如图5-7所示。图中避雷针针体各节尺寸，见表5-2。

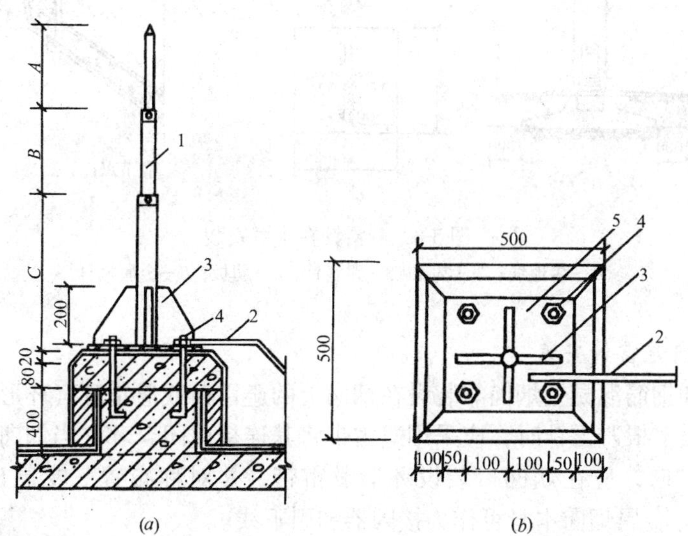


图5-7 避雷针在屋面上安装

(a) 立面图；(b) 俯视图

1—避雷针；2—引下线；3—肋板；4—地脚螺栓；5—底板

**避雷针针体各节尺寸（单位：m）　　表 5-2**

<table>
<tr><td colspan="2">避雷针全高</td><td>1</td><td>2</td><td>3</td><td>4</td><td>5</td></tr>
<tr><td rowspan="3">避雷针各节尺寸</td><td>A（SC25）</td><td>1</td><td>2</td><td>1.5</td><td>1</td><td>1.5</td></tr>
<tr><td>B（SC40）</td><td>—</td><td>—</td><td>1.5</td><td>1.5</td><td>1.5</td></tr>
<tr><td>C（SC50）</td><td>—</td><td>—</td><td>—</td><td>1.5</td><td>2</td></tr>
</table>

避雷针安装后针体应垂直，其允许偏差不应大于顶端针杆的直径。设有标志灯的避雷针，灯具应完整，显示清晰。安装完毕后，所有焊接点应刷防锈漆和银粉漆进行防腐。

### 2.2.2　水塔避雷针安装

在水塔上安装避雷针时，一般在塔顶中心装一支 1.5m 高的避雷针，水塔顶上周围铁栅栏也可作为接闪器，或在塔顶装设环形避雷带保护水塔边缘。引下线一般不少于两根，间距不大于 30m。若水塔周长和高度在 40m 以下，可只设一根引下线，也可利用水塔的铁爬梯作引下线。水塔上的避雷针安装如图 5-8 所示。

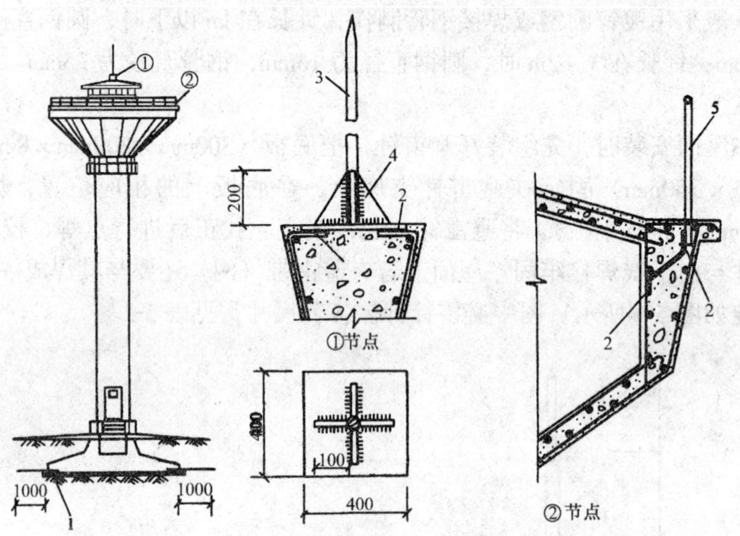


图 5-8　避雷针在水塔安装

1—接地线；2—焊接；3—避雷针；4—肋板；5—金属栏杆

### 2.2.3　烟囱避雷针安装

砖砌烟囱和钢筋混凝土烟囱靠装设在烟囱上的避雷针或避雷环（环形避雷带）进行保护，烟囱上装设多根避雷针时，应采用避雷带将其连接成闭合环。当烟囱无法采用单支或双支避雷针保护时，应在烟囱口装设环形避雷带，并对称布置三支高出烟囱口不低于 0.5m 的避雷针。金属烟囱本身可作为接闪器和引下线。

当烟囱直径在 1.2m 以下，高度在 35m 以下时，采用一根 2.5m 高的避雷针保护；当烟囱直径在 1.2～1.7m，高度大于 35m 且小于等于 50m 时用两根 2.2m 高的避雷针保护；当烟囱直径大于 1.7m，高度超过 60m 时用 $\phi12$ 以上的圆钢做成环形避雷带保护，烟囱顶口装设的环形避雷带和抱箍应与引下线可靠连接；高度在 100m 以上的烟囱，在离地面

30m 处及以上每隔 12m 加装一个均压环并与引下线可靠连接。烟囱高度小于等于 40m 时只设一根引下线，40m 以上应设两根引下线。避雷针在烟囱上安装如图 5-9 所示。

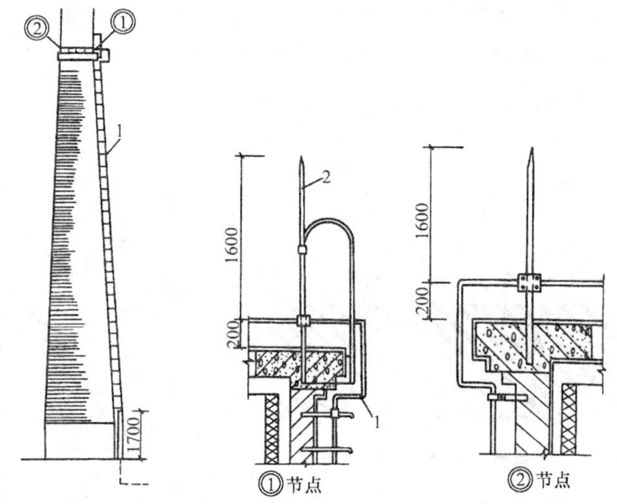


图 5-9　避雷针在烟囱上安装

1—引下线；2—避雷针

## 2.3　避雷带安装

避雷带主要用在建筑物的屋脊、屋檐、屋顶边沿及女儿墙等易受雷击的部位。避雷带的布置如图 5-10 所示。

避雷带一般采用直径大于 8mm 的镀锌圆钢或截面不小于 $48mm^2$、厚度不小于 4mm 的扁钢沿女儿墙及电梯机房或水池顶部的四周敷设，避雷带用支架进行固定，支架间距 1m 左右，支架与避雷带转角处的距离为 0.5m。如图 5-11 所示。

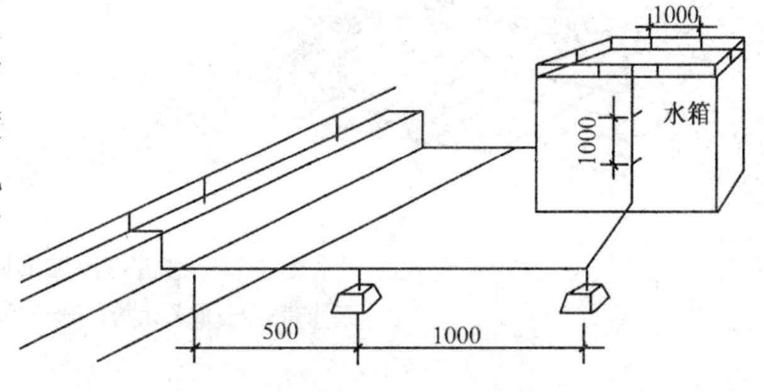


图 5-10　避雷带布置示意图

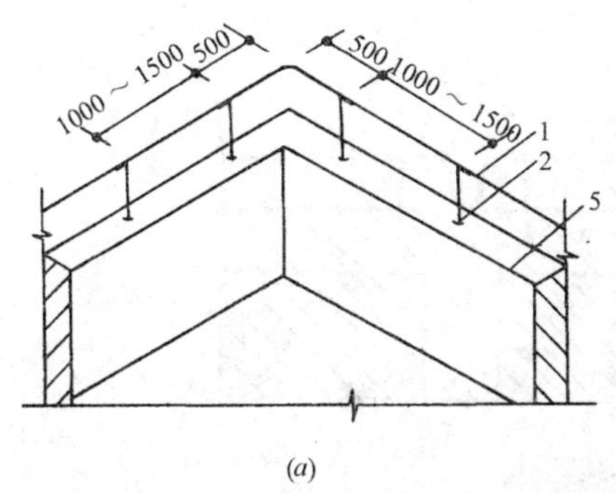


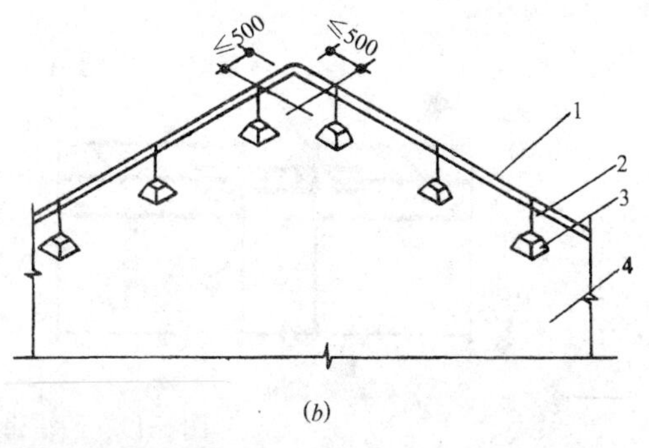


(*a*)　(*b*)

图 5-11　避雷带转角处的做法

（*a*）避雷带在女儿墙上；（*b*）避雷带在平屋顶上

1—避雷带；2—支架；3—混凝土块；4—平屋顶；5—女儿墙

多数建筑物在屋顶的突出部位等最易遭受雷击的部位装设小型避雷针，沿女儿墙四周每隔 10～15m 加设避雷针，再用 $\phi 8$ 以上的镀锌圆钢将其焊连形成避雷带，沿避雷带每隔 1m 用支架（$\phi 8$ 镀锌圆钢）固定。小型避雷针用 $\phi 12$ 的镀锌圆钢制成，高 0.5～1m。小型避雷针及避雷带支架可在浇筑混凝土或砌筑女儿墙时埋设固定，如图 5-12 所示，也可用预制混凝土块固定。预制混凝土块的制作方法如图 5-13 所示。

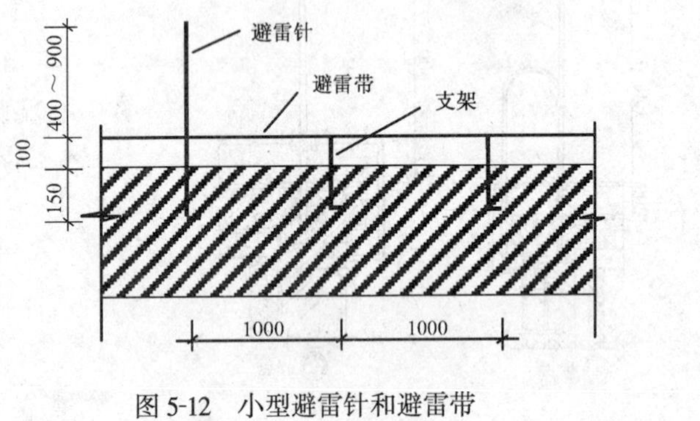


图 5-12　小型避雷针和避雷带

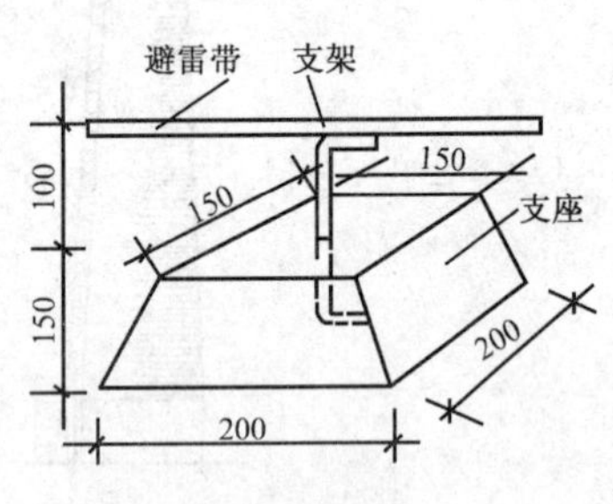


图 5-13　预制混凝土块支座

避雷带沿坡形屋顶敷设时，应与屋面平行布置，如图 5-14 所示。

图 5-14　避雷带沿坡形屋顶敷设

1—避雷带；2—混凝土块；3—突出屋面的金属物体

避雷带通过建筑物的伸缩缝或沉降缝时，应弯成半径为 100mm 的弧形，以防断裂。如图 5-15 所示。

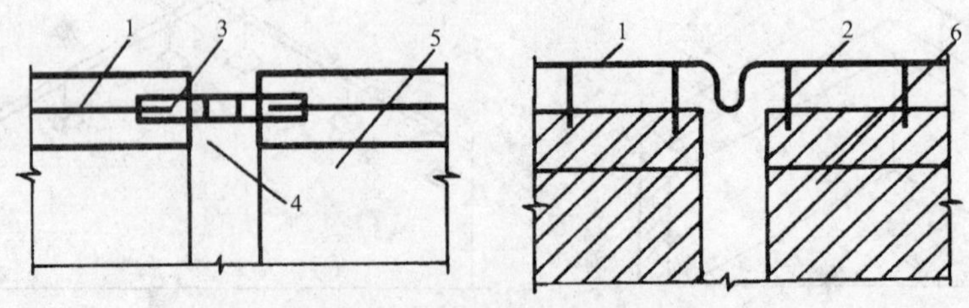


图 5-15　避雷带过伸缩缝做法

1—避雷带；2—支架；3—跨越扁钢（25mm×4mm，长 500mm）；

4—伸缩缝；5—屋面；6—女儿墙

同一建筑物中不同平面的避雷带应至少有两处互相连接并与引下线可靠连接。屋顶上所有凸出的金属管道、金属构筑物、冷却塔、风机等应与避雷带可靠连接。连接处应采用焊接，搭焊长度应为圆钢直径的 6 倍或扁钢宽度的两倍并且不少于 100mm。

## 2.4 避雷网安装

当建筑物的屋面较大时，除按上述方法敷设避雷针、避雷带之外，还应在屋面敷设避雷网。避雷网相当于纵横交错的避雷带组成的整体，如图 5-16 所示。避雷网的网格尺寸见表 5-3。避雷网的安装方法与避雷带相同。

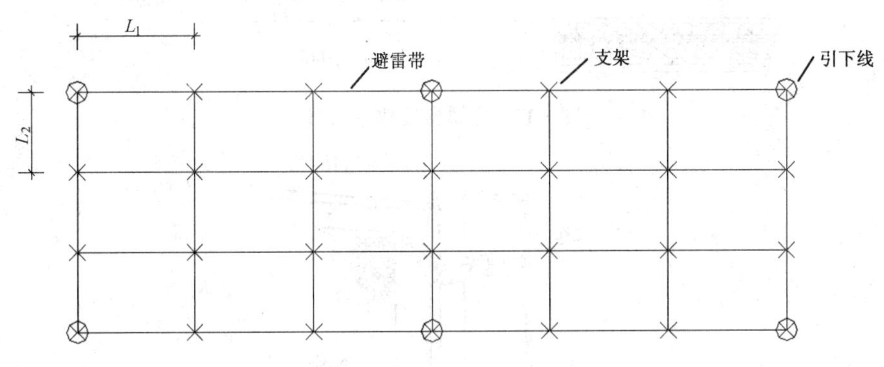


图 5-16 避雷网示意图

避雷网的网格尺寸 表 5-3

| 建筑物防雷类别 | $L_1$（m） | $L_1$（m） |
|---|---|---|
| 一 类 | ≤5 ~ 6 | ≤4 ~ 5 |
| 二 类 | ≤10 | ≤10 |
| 三 类 | ≤20 | ≤20 |

对于第一类防雷建筑物，相邻引下线的间隔不大于 18m，雷电活动强烈的地区应不大于 12m。对于第二类防雷建筑物，相邻引下线的间隔不大于 24 m。每栋建筑物的引下线数目不能少于 2 根。

## 2.5 高层建筑的防雷措施

当建筑物的高度超过 30m 时，从建筑物的首层起，每隔 3 层利用结构圈梁内的水平钢筋焊接形成均压环，并与所有引下线可靠连接。建筑物内的金属结构及其他金属物体等应与均压环可靠连接。

从距地 30m 高度起，每向上 3 层，在结构圈梁内敷设一条 25mm × 4mm 的扁钢形成水平环形避雷带，并与引下线可靠连接，防止侧向雷击。建筑物外墙的金属栏杆、金属门窗、玻璃幕墙的金属框架等较大的金属物体应与防雷装置可靠连接。如图 5-17 所示为金属窗接地示意图。图 5-18 所示为金属门接地示意图。

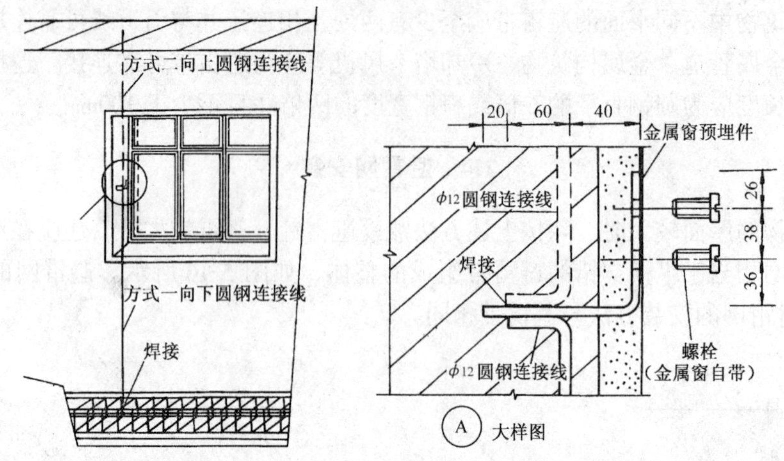


图 5-17　金属窗接地示意图

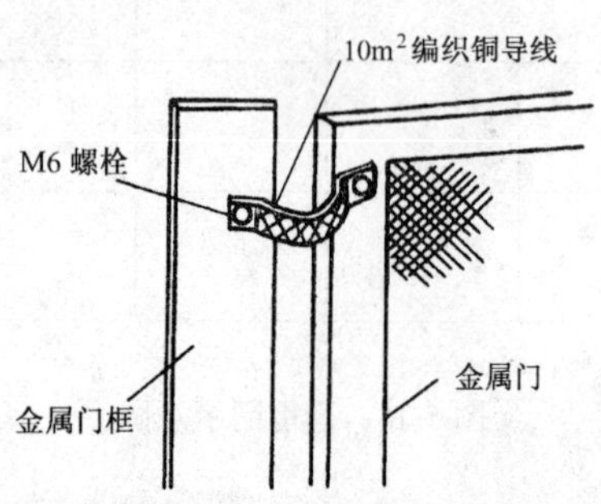


图 5-18　金属门接地示意图

## 2.6　新型避雷装置

### 2.6.1　爱丽达（Helita）提前放电避雷针

爱丽达提前放电避雷针是法国 Helita 公司生产的防雷设备之一。避雷针由针尖、均流器、脉冲发生器、支撑杆、连接卡等部分组成，如图 5-19 所示。避雷针可使用建筑物结构钢筋作为接地引下线，也可以使用铜带作为独立引下线，接地电阻值应小于 10Ω。

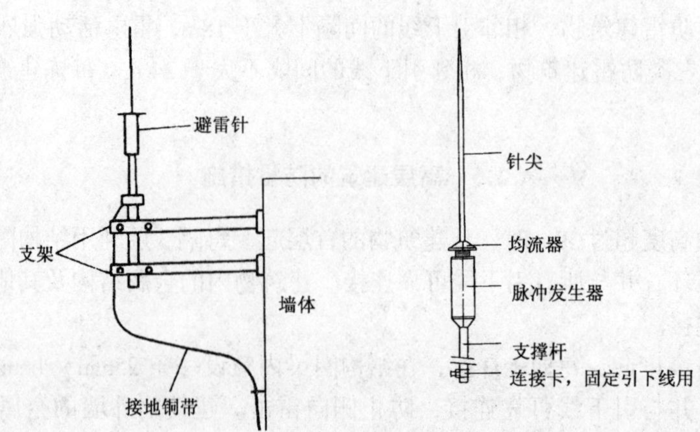


图 5-19　爱丽达提前放电避雷针

### 2.6.2 S3000避雷针

S3000避雷针适用于高度大于60m的建筑物或塔式构筑物。安装时,支架安装杆的高度3~5m,支架及基础安装参照避雷针安装的施工方法。S3000避雷针安装如图5-20所示。

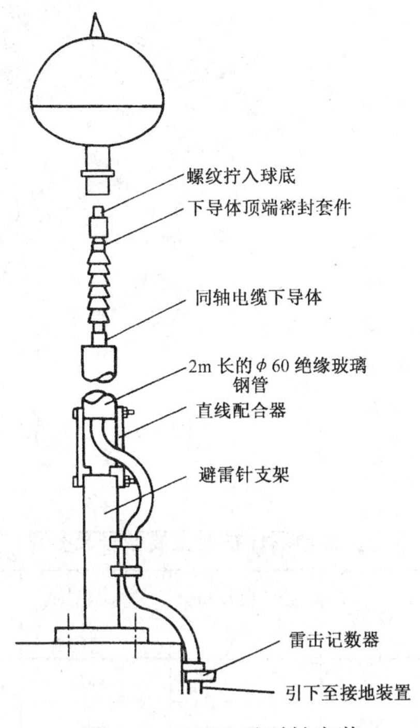


图5-20 S3000避雷针安装

### 2.6.3 半导体少长针避雷器

半导体少长针避雷器简称为SLE,适用于高度在40m以上的建筑物作防雷接闪器。半导体少长针避雷器的组成及安装示意图如图5-21所示。

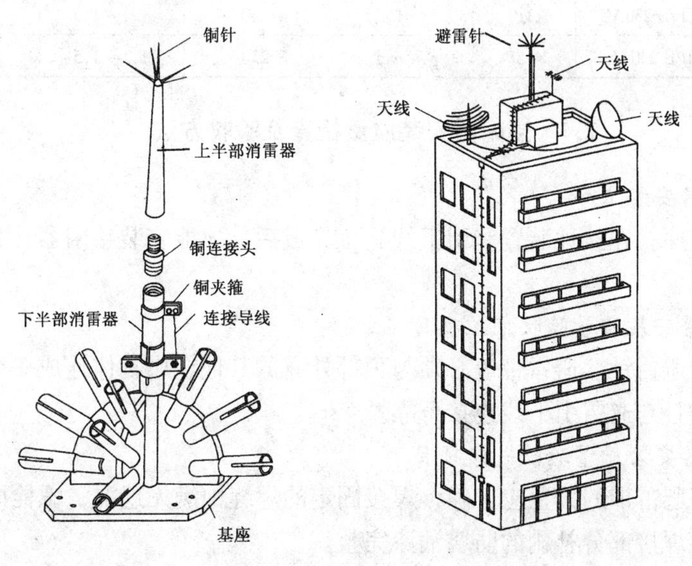


图5-21 半导体少长针避雷器

2.6.4　菲尼克斯（Phoenix）防雷器

菲尼克斯防雷器又称为菲尼克斯电涌保护器，是德国 Phoenix Contact 公司南京子公司生产的产品，广泛用于工业与民用建筑低压配电系统中，对雷电冲击波及其他过电压进行保护。

菲尼克斯电涌保护器分为电源第一级电涌保护器、电源第二级电涌保护器和电源终端电涌保护器等三类，其体积大小及安装方法与低压断路器相同，具有故障自分断、故障显示、远程报警等功能。菲尼克斯电涌保护器的外形如图 5-22 所示；主要型号及参数见表 5-4。

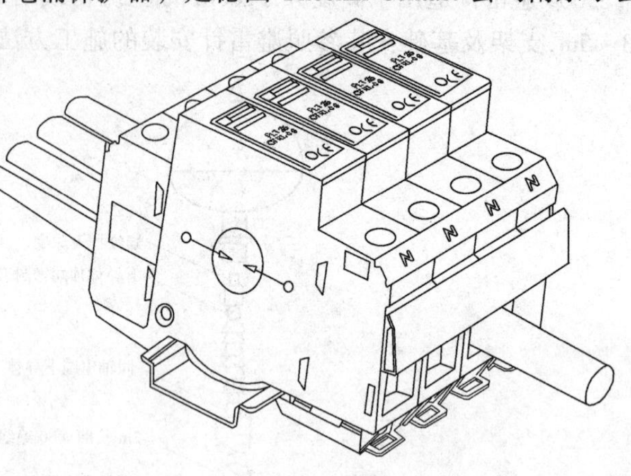

图 5-22　菲尼克斯电涌保护器外形

菲尼克斯电涌保护器主要型号及参数　　表 5-4

| 名　称 | 型　号 | 极数 | 宽度（17.5mm 的倍数） | 额定电压（V） | 保护电压（kV） | 用　途 |
|---|---|---|---|---|---|---|
| 电源第一级 | FLT35-260 | 1P | 1 | 440 | ≤4 | 主配电系统、变电所低压配电柜 |
| | FLT35/3 | 3P | 3 | 440 | ≤4 | |
| | FLT35/3 + 1 | 3P + N.PE | 4 | 440 | ≤4 | |
| 电源第二级 | VAL-MS320 | 1P | 1 | 335 | 1.6 | 室内楼层配电箱 |
| | VAL-MS320/3 | 3P | 3 | 335 | 1.6 | |
| | VAL-MS320/3 + 1 | 4P | 4 | 335 | 1.6 | |
| 电源终端 | PT2-PE/S-230AC | 1P | 1 | 250 | 1.1～1.5 | 设备控制柜 |
| | MT-4PE-230AC | 4.5P | 75mm | 250 | 1.1～1.5 | |

## 2.7　接闪器安装质量检查及验收方法

2.7.1　接闪器安装工序

接闪器安装工序：在接地装置和引下线施工完成后，才能安装接闪器，且与引下线连接。

2.7.2　接闪器安装质量验收主控项目

建筑物顶部的避雷针、避雷带等必须与顶部外露的其他金属物体连成一个整体，形成可靠的电气通路，且与避雷引下线连接可靠。

2.7.3　接闪器安装质量验收一般项目

(1) 避雷针、避雷带的位置应正确，焊接固定的焊缝饱满无遗漏，螺栓固定的应备帽等防松零件齐全，焊接部分补刷的防腐油漆完整。

(2) 避雷带应平正顺直，固定支架应间距均匀、固定可靠，每个支架应能承受大于

5kg 的垂直拉力。当设计无要求时，支架间距符合以下规定：水平直线部分 0.5～1.5m；垂直直线部分 1.5～3m；弯曲部分 0.3～0.5m。

# 课题3 防雷引下线安装

## 3.1 防雷引下线的设置

引下线是连接接闪器和接地装置的金属导体，用来将接闪器接受的雷电流引到接地装置。由于雷电流的幅值可达几万安培，故要求引下线应有较好的导电能力和足够的机械强度。引下线的安装形式有明敷设和暗敷设两种，设置要求如下：

（1）引下线采用镀锌圆钢或扁钢制作，圆钢直径不小于 8mm；扁钢截面积不小于 $48mm^2$，厚度为 4mm。

（2）装设在烟囱上的引下线，要求圆钢直径为 12mm；扁钢截面积为 $100m^2$，厚度为 4mm。暗敷时要求圆钢直径不小于 10mm；扁钢截面积不小于 $80mm^2$。

（3）引下线应镀锌，焊接处应涂防腐漆，但利用混凝土中钢筋作引下线时除外。在腐蚀性较强的场所，还应适当加大截面积或采取其他防腐措施。

（4）引下线应沿建筑物外墙敷设，并经最短路径接地，建筑装饰要求较高的建筑物应暗敷，但截面积应加大一级。

（5）引下线的根数不应少于 2 根，并沿建筑物周围均匀或对称布置。多根引下线之间的距离要求为：一级防雷建筑物专设的引下线间距不应大于 12m；防雷电感应的引下线间距应在 18～24m 之间。二级防雷建筑物引下线间距不应大于 18m。三级防雷建筑物引下线的间距不应大于 24m。

（6）引下线的中间接头应进行搭接焊接。扁钢引下线搭接长度不应小于其宽度的 2 倍，最少在三个棱边处焊接。圆钢引下线的搭接长度不应小于圆钢直径的 6 倍，且应在两面焊接。

（7）装有避雷针的金属筒体，当其厚度不小于 4mm 时，可做防雷引下线。筒体底部应有两处与接地体对称连接。

## 3.2 明敷引下线的安装

明敷引下线用预埋的支持卡子固定，支持卡子应突出外墙装饰面 15 mm 以上，露出长度应一致。支持卡子的间距为 1.5～2m，排列应均匀、整齐。

安装时，先把引下线调直，从建筑物的最高点由上而下，逐点与预埋在墙体内的支持卡子套环卡固，用螺栓或焊接固定，直至断接卡子为止。如图 5-23 所示。

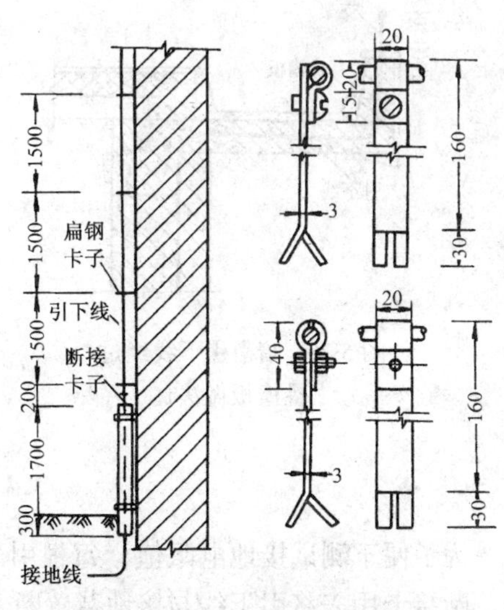

图 5-23 引下线明敷做法

引下线通过屋面挑檐板或转弯时，应作弧

形弯曲。如图 5-24 所示为明敷引下线经过挑檐板时的做法，如图 5-25 所示为明敷引下线经过女儿墙的做法。

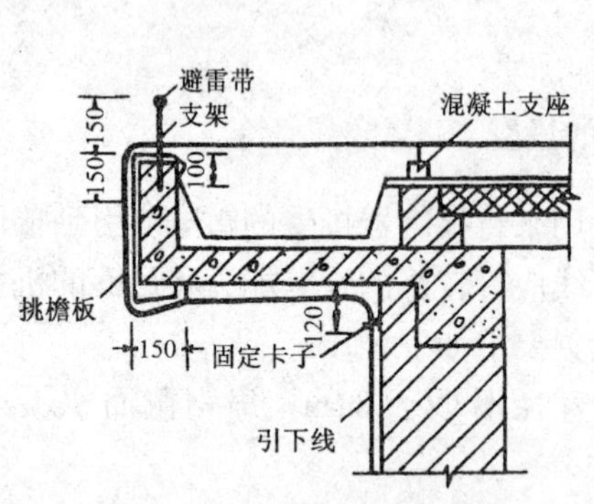


图 5-24　明敷引下线经过挑檐板做法

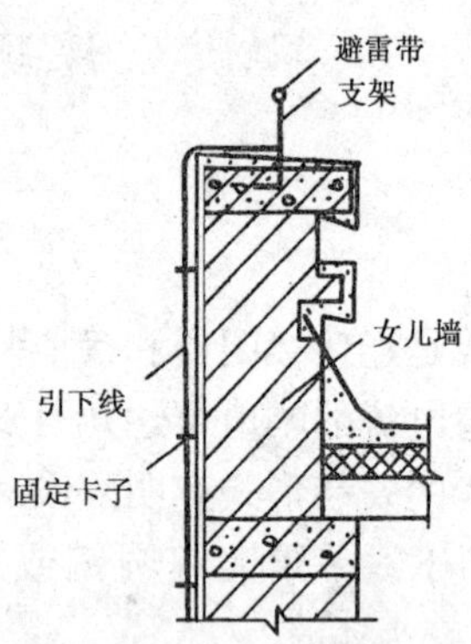


图 5-25　明敷引下线经过女儿墙做法

## 3.3　暗敷引下线的安装

引下线暗敷设时，一般使用直径不小于 $\phi12$ 的镀锌圆钢或截面为 25mm × 4mm 的镀锌扁钢沿墙暗敷设。如图 5-26 所示为引下线暗敷设时经过挑檐板的做法。图 5-27 所示为引下线暗敷设时经过女儿墙的做法。

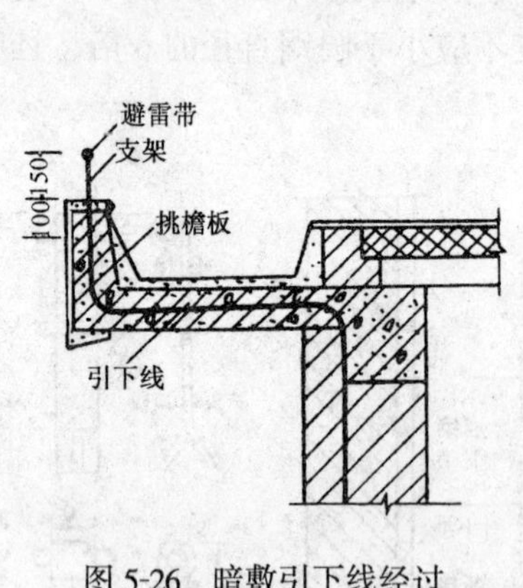


图 5-26　暗敷引下线经过挑檐板做法

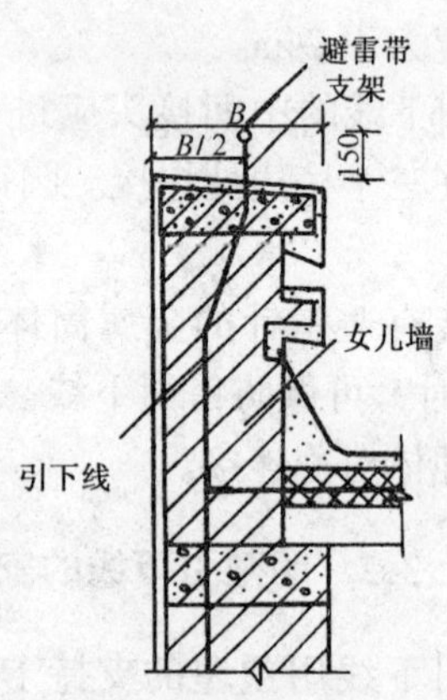


图 5-27　暗敷引下线经过女儿墙做法

## 3.4　断 接 卡 子

为了便于测试接地电阻值，每根引下线应在距地面 1.5 ~ 1.8m 高的位置设置断接卡子。断接卡用来将引下线与接地装置断开，以便准确测量接地装置的接地电阻值。断接卡应有保护措施。明装引下线在断接卡子下部，应外套竹管、硬塑料管保护。保护管深入地下部分不应小于300mm。

断接卡子的安装形式有明装和暗装两种，可利用截面不小于40mm×4mm的镀锌扁钢制作，用两根镀锌螺栓拧紧。引下线的圆钢与断接卡的扁钢应采用搭接焊，搭接的长度不应小于圆钢直径的6倍，且应在两面焊接。明装断接卡如图5-28所示，暗装断接卡如图5-29所示。

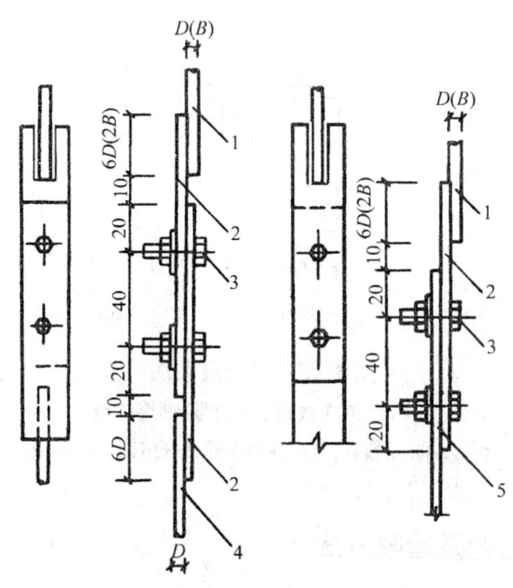


图5-28　明装断接卡安装

1—圆钢引下线；2—连接板（25mm×4mm扁钢）；3—镀锌螺栓（M8×30mm）；4—圆钢接地线；5—扁钢接地线

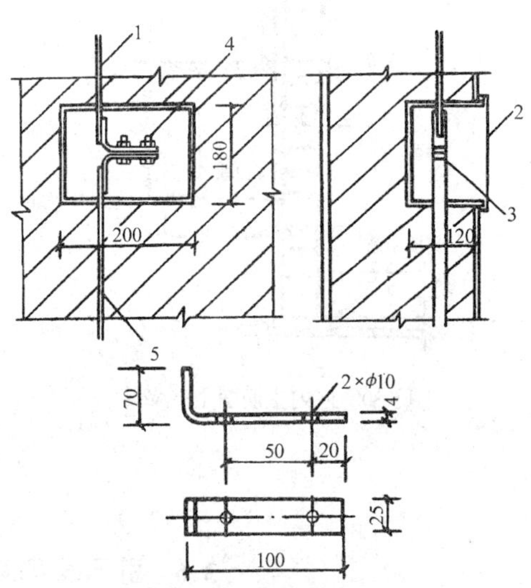


图5-29　暗装断接卡安装

1—圆钢引下线；2—断接卡箱；3—断接卡；4—镀锌螺栓（M10×30mm）；5—接地线

## 3.5　柱内主筋引下线

利用建筑物柱内钢筋做引下线时，当钢筋直径在$\phi16$以上时，应利用柱内至少两根钢筋作为一组引下线；当钢筋直径为$\phi10\sim\phi16$时，应利用4根钢筋作为一组引下线。高层建筑必须采用柱内主筋作为引下线。

作为引下线的主筋上部（屋顶上）应与接闪器焊接，焊接长度不应小于钢筋直径的6倍，并应在两面进行焊接，中间上下连接处应焊接并与每层结构钢筋进行绑扎或焊接，下部在室外地坪下0.8～1m处焊出一根$\phi12$的镀锌圆钢或截面为40mm×4mm的镀锌扁钢作为外加人工接地极的连接点，伸向室外距外墙皮的距离不小于1m。

用建筑物柱内钢筋做引下线时，由于钢筋从上而下连接成电气通路，因此不能设置断接卡子，需在柱内作为引下线的钢筋上，另焊一根圆钢引至柱（或墙）外侧的墙体上，在距地面1.8m处，设置接地电阻测试箱。也可在距地面1.8m处的柱（或墙）的外侧，将用角钢或扁钢制作的预埋连接板与柱（或墙）的主筋进行焊接，再用引出连接板与预埋连接板相焊接，引至墙体的外表面。

柱内主筋引下线的做法如图5-30所示，接地电阻测试引出连接板做法如图5-31所示。

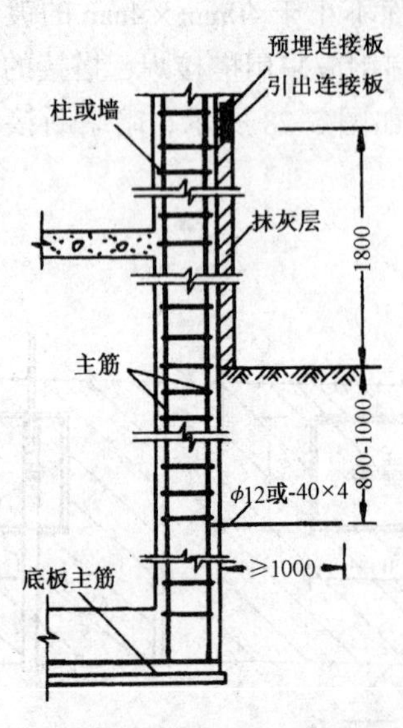


图 5-30　柱内主筋引下线做法

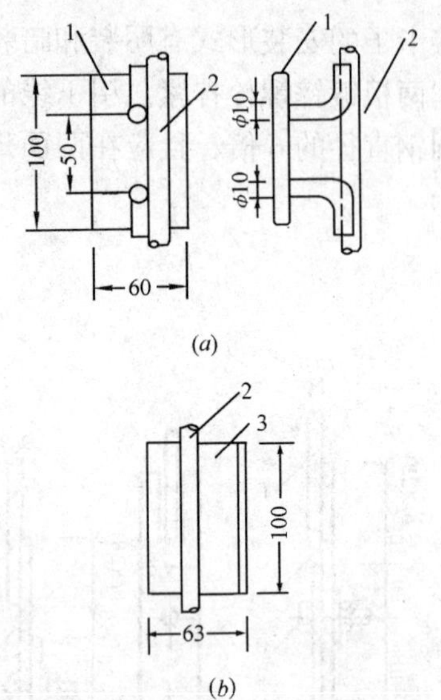


图 5-31　连接板做法

（a）扁钢连接板；（b）角钢连接板

1—扁钢(厚 6mm)；2—柱内主筋；3—角钢(厚 5mm)

## 3.6　引下线安装质量检查及验收方法

3.6.1　引下线安装施工工序

引下线安装应按以下程序进行：

(1) 利用建筑物柱内主筋作引下线，在柱内主筋绑扎后，按设计要求焊接施工，经检查确认后才能支模。

(2) 直接从基础接地体或人工接地体暗敷埋入粉刷层内的引下线，经检查确认不外露，才能贴面砖或刷涂料等。

(3) 直接从基础接地体或人工接地体引出明敷的引下线，先埋设或安装支架，经检查确认，才能敷设引下线。

3.6.2　防雷引下线安装质量验收主控项目

(1) 暗敷在建筑物抹灰层内的引下线应有卡钉分段固定；明敷设的引下线应平直、无急弯，与支架焊接处，应刷防腐漆，且无遗漏。

(2) 变压器室、高低压开关室内的接地干线应有不少于 2 处与接地装置引出干线连接。

(3) 当利用金属构件、金属管道做接地线时，应在构件或管道与接地干线间焊接金属跨接线。

3.6.3　防雷引下线安装质量验收一般项目

(1) 钢制接地线的焊接应采用搭接焊，材料采用及最小允许规格、尺寸应符合规定。

(2) 明敷接地引下线及室内接地干线的支持件间距应均匀，水平直线部分 0.5～1.5m；垂直直线部分 1.5～3m；弯曲部分 0.3～0.5m。

(3) 接地线在穿越墙壁、楼板和地坪处应加套钢管或其他坚固的保护套管，钢套管应与接地线做电气连通。

# 课题 4　接地装置安装

## 4.1　接地装置及接地电阻

接地装置是指接地线和接地体的总和。接地体是指埋入土壤中或混凝土基础中作散流用的导体，接地线是指从引下线断接卡子或换线处至接地体的连接导体。

当有电流流过接地装置时，电流通过接地体向大地作半球形散开，土壤对该电流的作用称为散流电阻。在距接地体越远的地方球面越大，散流电阻就越小。在距接地体 20m 以外的地方，散流电阻基本为零。

接地电阻是指接地线、接地体电阻及散流电阻的总和。工频接地电流流经接地装置所呈现的接地电阻，称为工频接地电阻；雷电流流经接地装置所呈现的接地电阻，称为冲击接地电阻。接地装置的工频接地电阻及冲击接地电阻规定见表 5-5 所示。

**部分接地装置的接地电阻值**　　**表 5-5**

| 接地类别 | | 允许接地电阻最大值（Ω） |
|---|---|---|
| TN、TT 系统中变压器中性点接地 | 单台容量 < 100kVA | 10 |
| | 单台容量≥100kVA | 4 |
| 低压系统 PE 线重复接地 | 电力系统工作接地电阻为 10Ω 时 | 30 |
| | 电力系统工作接地电阻为 4Ω 时 | 10 |
| 燃油系统设备及管道防静电接地 | | 30 |
| 电子设备接地 | 直流设备 | 4 |
| | 交流设备 | 4 |
| | 防静电接地 | 30 |
| 建筑物防雷接地 | 一类防雷建筑物 | 10 |
| | 二类防雷建筑物 | 20 |
| | 三类防雷建筑物 | 30 |
| 共用建筑物基础钢筋作接地装置时 | | 1 |

接地装置分为人工接地装置和建筑物基础钢筋接地装置两种。建筑物的防雷接地、电气接地和等电位接地可共用接地装置。接地装置一般采用镀锌钢材制作，其最小截面积应符合表 5-6 的规定。低压电气设备外露的铜或铝接地线的最小截面积应符合表 5-7 的规定。

**钢接地体和接地线的最小规格** **表 5-6**

| 材料 | | 地上 | | 地下 | |
|---|---|---|---|---|---|
| | | 室内 | 室外 | 交流回路 | 直流回路 |
| 圆钢直径（mm） | | 6 | 8 | 10 | 12 |
| 扁钢 | 截面积（$mm^2$） | 60 | 100 | 100 | 100 |
| | 厚度（mm） | 3 | 4 | 4 | 6 |
| 角钢厚度（mm） | | 2 | 2.5 | 4 | 6 |
| 钢管壁厚（mm） | | 2.5 | 2.5 | 3.5 | 4.5 |

**电气设备外露的铜或铝接地线的最小截面积** **表 5-7**

| 名称 | 铜（$mm^2$） | 铝（$mm^2$） |
|---|---|---|
| 明敷设的裸导体 | 4 | 6 |
| 绝缘导体 | 1.5 | 2.5 |
| 多芯导线的接地线芯 | 1 | 1.5 |

## 4.2 人工接地装置安装

### 4.2.1 接地体安装

人工接地装置的接地体一般采用 50mm × 50mm × 5mm 的角钢，或者直径为 50mm 的钢管，或者 $\phi$20 的圆钢制成长度不小于 2.5m、一端为尖状的接地极，将接地极垂直打入地下（顶端焊接 100mm × 100mm × 6mm 的钢板，便于打击），埋深 0.6～0.8m。接地极每组至少 3 根，相距 5m，距离建筑物外墙 3m 以上。再用 40mm × 4mm 的镀锌扁钢将各接地体水平焊接，形成整体。角钢接地体做法如图 5-32 所示、钢管接地体做法如图 5-33 所示。

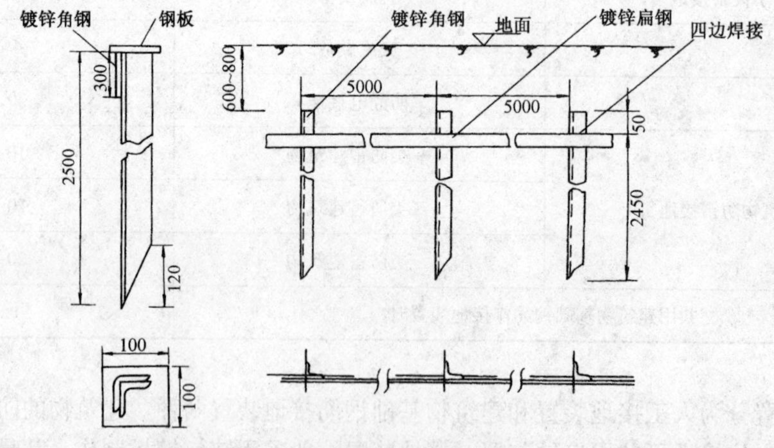


图 5-32 角钢接地体做法

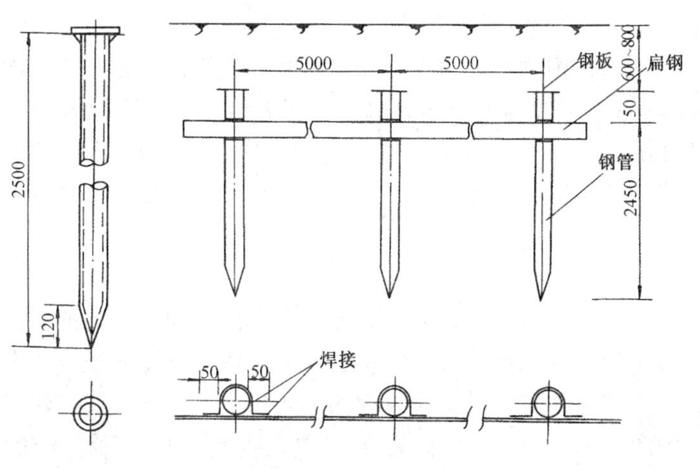


图 5-33　钢管接地体做法

4.2.2　接地线安装

接地线一般采用镀锌扁钢或镀锌圆钢制作。接地线的截面除设计另有要求外，均采用 40mm × 4mm 的镀锌扁钢或 $\phi16$ 的镀锌圆钢。接地线上端与断接卡子焊接，下端与接地体焊接，焊接处需作防腐处理。接地线有明敷设和暗敷设两种方式，明敷接地线与接地体连接方法如图 5-34 所示，暗敷接地线与接地体连接方法如图 5-35 所示。

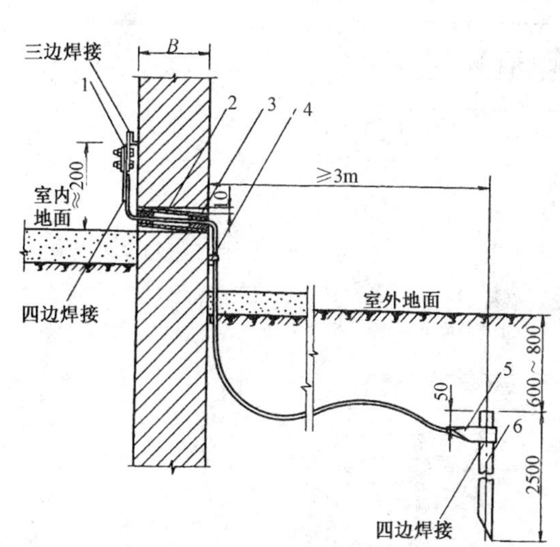


图 5-34　明敷接地线与接地体连接方法

1—断接卡子或接地端子板；2—塑料套管（$\phi50, L = B$）；3—沥青麻丝或建筑密封膏封堵管口；4—固定钩；5—接地线；6—接地体

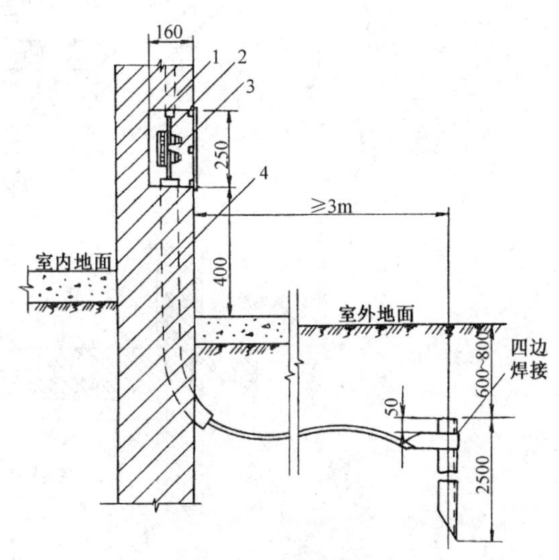


图 5-35　暗敷接地线与接地体连接方法

1—暗装引下线；2—断接卡子；3—断接卡箱；4—硬塑料保护管

## 4.3　建筑物基础接地装置安装

利用建筑物基础内的钢筋作为接地装置时，应在土建基础施工时进行。将桩内钢筋、基

础内的主筋、地梁主筋、作为防雷引下线的柱内主筋进行焊接，使其形成良好的电气通路。

作为防雷引下线的柱内主筋还应在相对于室外地面埋深0.8～1m的地方，用$\phi$12的镀锌圆钢或40mm×4mm的镀锌扁钢焊接引出室外作为附加人工接地体的接地线，距离外墙皮的长度不小于1mm，如图5-30所示。基础施工完成后，必须通过测试点测量接地电阻，若达不到设计要求，可附加人工接地体。

## 4.4 均压带安装

当雷电流流经接地装置时，会在接地装置周围地面形成不均匀的电位分布，越靠近接地体电位越高，容易使站立地面的人员两脚之间形成跨步电压而导致电击。为了降低雷击时的跨步电压，人工接地装置应避开建筑物的出入口及人行道，或与建筑物的出入口及人行道保持3m以上的距离。当距离小于3m时，应在接地装置上面铺设50～80mm厚的沥青层，其宽度应超过接地装置2m，也可采用帽檐式均压带的做法降低跨步电压。

帽檐式均压带与柱内避雷引下线的连接应采用焊接，其焊接面应不小于截面的6倍。地下焊接点应做防腐处理。均压带的长度可依建筑物的出入口宽度确定。帽檐式均压带做法如图5-36所示。

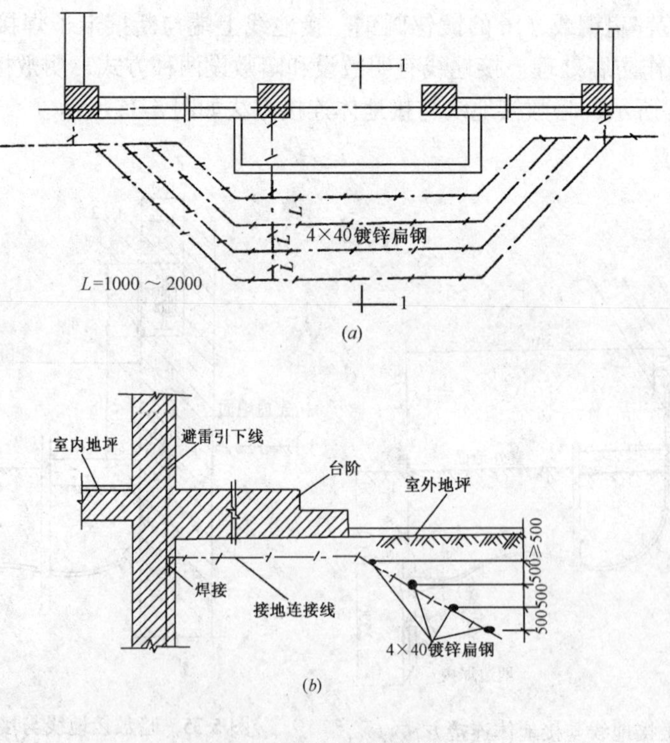


图5-36 帽檐式均压带做法

（a）平面图；（b）剖面图

## 4.5 接地端子板安装

接地端子板从作为防雷引下线的柱内主筋焊接引出，是接地干线与接地装置的连接端。接地端子板可采用铜质或钢质的材料，配套的螺栓材质应与之相对应。同种金属材料之间采用普通焊接，铜和钢之间采用放热式焊接或107铜焊条焊接。

接地端子板一般设在电源进线处，安装高度为300～600mm，预埋在墙（柱）中，与墙面或柱面平齐，施工时端子扳平面应用胶膜保护。接地端子板安装方法如图5-37所示。

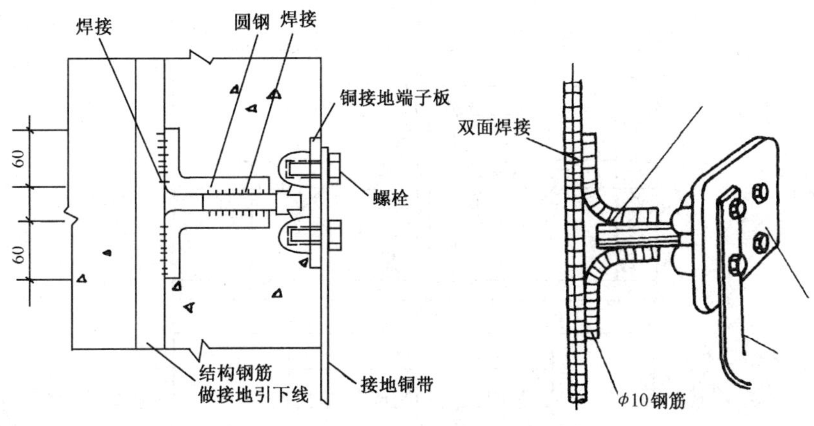


图5-37 接地端子板安装

## 4.6 接地干线安装

接地干线是建筑物内电气接地、等电位接地及其他接地的连接干线，通过接地干线，使建筑物内需要接地的物体与接地装置可靠连通。接地干线应在两个以上不同点与接地装置相连接。

接地干线可用铜带、钢带或圆钢制成，截面积由设计决定但不得小于50mm²。安装接地干线时，应先调直、打眼、煨弯加工，再沿墙吊起，用支持件固定。接地干线与墙面间隙为10～15mm，过墙时应穿保护套管，连接时应焊接。室内接地干线安装如图5-38所示。

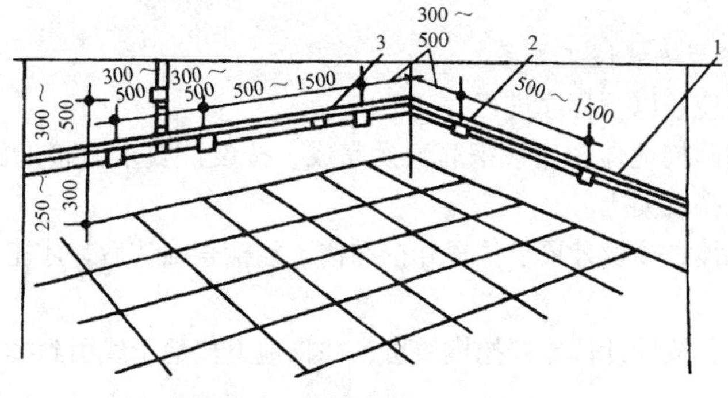


图5-38 室内接地干线安装

接地干线经过建筑物的伸缩缝（沉降缝）时，应做成弧形，或用φ12的圆钢弯成弧形后与两端接地干线焊接，也可用裸铜软绞线（截面积不小于50mm²）连接。接地干线经过建筑物的伸缩缝（沉降缝）的做法如图5-39所示。

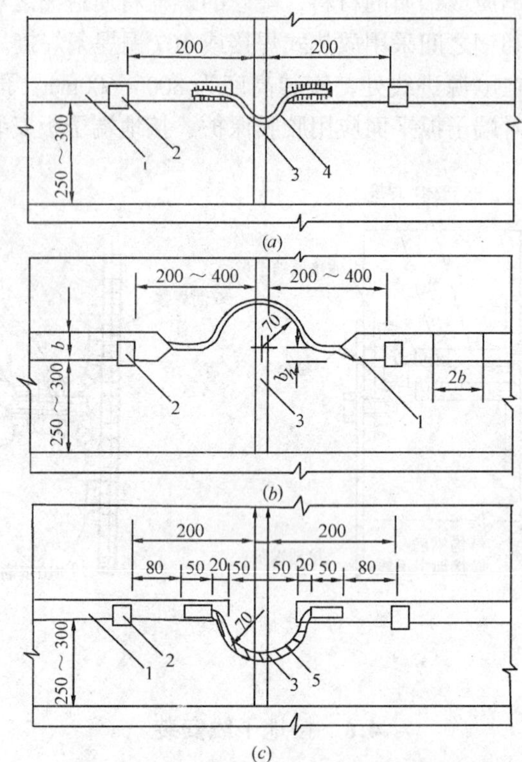


图 5-39 接地干线经过伸缩缝、沉降缝的做法
（a）圆钢跨接；（b）扁钢跨接；（c）裸铜软绞线跨接
1—接地干线；2—支持件；3—变形缝；
4—圆钢；5—裸铜软绞线

## 4.7 接地装置安装施工质量检查及验收方法

4.7.1 接地装置安装施工工序

接地装置安装应按以下程序进行：

(1) 建筑物基础接地体：底板钢筋敷设完成，按设计要求做接地施工，经检查确认后，才能支模或浇捣混凝土。

(2) 人工接地体：按设计要求位置开挖沟槽，经检查确认后，才能打入接地极和敷设地下接地干线。

(3) 接地模块：按设计位置开挖模块坑，并将地下接地干线引到模块上，经检查确认后，才能相互焊接。

(4) 接地装置隐蔽：检查验收合格，才能覆土回填。

4.7.2 接地装置安装质量验收主控项目

(1) 人工接地装置或利用建筑物基础钢筋的接地装置必须在地面以上按设计要求位置设测试点。检测点通常不少于两个。

(2) 测试接地装置的接地电阻值必须符合设计要求。若不符合应由原设计单位提出措施，进行完善后再经检测，直至符合要求为止。

（3）防雷接地的人工接地装置的接地干线埋设，经人行通道处埋地深度不应小于1m，且应采取均压措施或在其上方铺设卵石或沥青地面。

（4）接地模块顶面埋深不应小于0.6m，接地模块间距不应小于模块长度的3~5倍。接地模块埋设基坑，一般为模块外形尺寸的1.2~1.4倍，且在开挖深度内详细记录地层情况。

（5）接地模块应垂直或水平就位，不应倾斜设置，保持与原土层接触良好。

4.7.3　接地装置安装质量验收一般项目

（1）当设计无要求时，接地装置顶面埋设深度不应小于0.6m。圆钢、角钢及钢管接地极应垂直埋入地下，间距不应小于5m。接地装置的焊接应采用搭接焊，搭接长度应符合下列规定：

1）扁钢与扁钢搭接为扁钢宽度的两倍，不少于三面施焊。

2）圆钢与圆钢搭接为圆钢直径的6倍，双面施焊。

3）圆钢与扁钢搭接为圆钢直径的6倍，双面施焊。

4）扁钢与钢管，扁钢与角钢焊接，紧贴角钢外侧两面，或紧贴3/4钢管表面，上下两侧施焊。

5）除埋设在混凝土中的焊接接头外，其他焊接接头均应有防腐措施。

（2）当设计无要求时，接地装置的材料采用钢材，热浸镀锌处理，最小允许规格、尺寸应符合表5-6的规定。

（3）接地模块应集中引线，用干线把接地模块并联焊接成一个环路，干线的材质与接地模块焊接点的材质应相同，钢制的采用热浸镀锌扁钢，引出线不少于两处。

# 课题5　等电位连接

## 5.1　等电位连接的概念和作用

等电位连接是将建筑物内的金属构架、金属装置、电气设备不带电的金属外壳和电气系统的保护导体等与接地装置做可靠的电气连接。用作等电位连接的保护线称为等电位连接线。

等电位连接有以下作用：

（1）等电位连接能减小发生雷击时各金属物体、各电气系统保护导体之间的电位差，避免发生因雷电导致的火灾、爆炸、设备损毁及人身伤亡事故。

（2）等电位连接能减小电气系统发生漏电或接地短路时电气设备金属外壳及其他金属物体与地之间的电压，减小因漏电或短路而导致的触电危险。

（3）等电位连接有利于消除外界电磁场对保护范围内部电子设备的干扰，改善电子设备的电磁兼容性。

对穿过不同防雷区分界处或处在同一防雷区的金属物体及电气系统，都应在分界处作等电位连接。高层建筑或电气系统采用接地故障保护的建筑物内应实施总等电位连接。

## 5.2　等电位连接的分类

等电位连接分为总等电位连接（MEB）、局部等电位连接（LEB）、辅助等电位连接

(SEB) 三种。

### 5.2.1 总等电位连接(MEB)

总等电位连接是指将 PE 干线、电气装置接地极的接地干线、建筑物内各种金属管道和金属构件全部连接起来，并与接地装置连接形成等电位。建筑物内总等电位连接如图 5-40 所示。

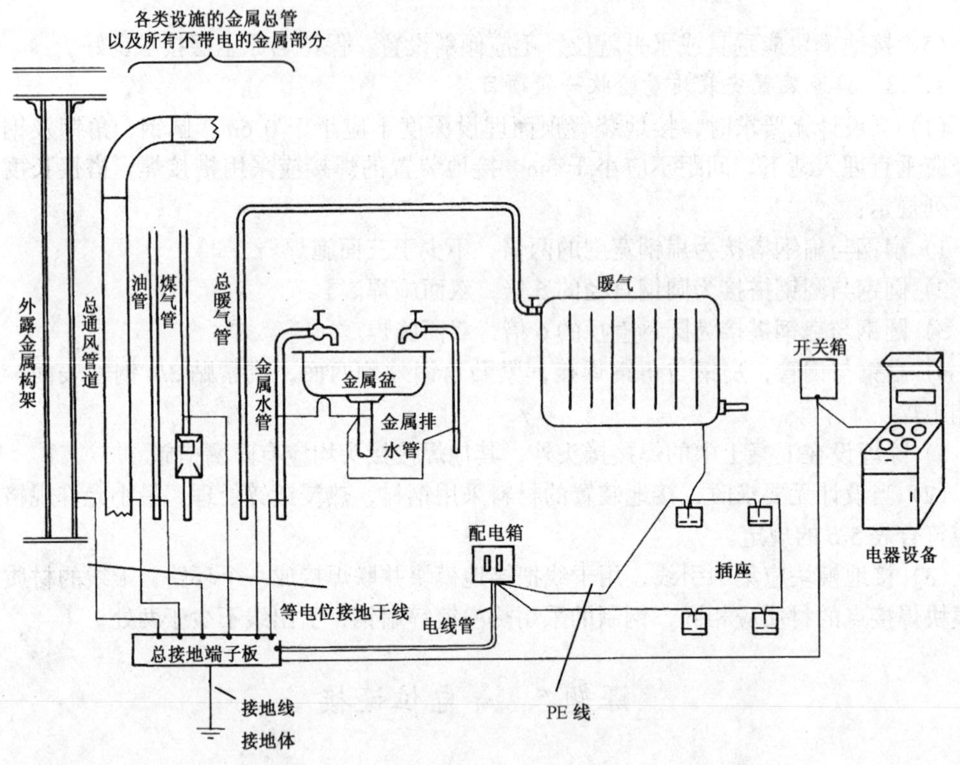


图 5-40 总等电位连接示意图

### 5.2.2 局部等电位连接(LEB)

局部等电位连接是指在一个局部范围内，将同时能够触及的所有外露可导电部分连接形成等电位。通过局部等电位连接端子板将 PE 干线、公用设施的金属管道、建筑物金属结构等部分互相连通。

在如下情况下需做局部等电位连接：电源网络阻抗过大，使自动切断电源时间过长，不能满足防电击要求；TN 系统内自同一配电箱供电给固定式和移动式两种电气设备而固定式设备保护电器切断电源时间不能满足移动式设备防电击要求；为满足浴室、游泳池、医院手术室、农牧业等场所对防电击的特殊要求；为满足防雷和信息系统抗干扰的要求。

### 5.2.3 辅助等电位连接(SEB)

在建筑物做了总等电位连接之后，在伸臂范围内的某些外露可导电部分与装置外可导电部分之间，再用导线附加连接，以使其间的电位相等或更接近，称为辅助等电位连接。辅助等电位连接必须包括固定式设备的所有能同时触及的外露可导电部分和装置外可导电部分。

## 5.3 等电位连接施工

总等电位连接一般设置在地下设备层的配电室内。在配电室内便于接线的位置装设等电位连接端子板，并通过接地干线在至少两处以上与接地体可靠连接。建筑物内需作等电位连接的设施用连接导体接至等电位连接端子板或就近与接地干线连接。

变压器的中性点、低压供配电系统的中性线（N 线）、电气设备接地保护线（PE 线）直接接在总等电位连接端子板上。其他非电气系统的金属装置如电梯轨道、吊车、金属地板、金属门框架、设施管道、电缆桥架等大尺寸的金属物体，应以最短路径接在最近的等电位接地干线上或其他已做了等电位连接的金属物体。各导电物体之间宜附加多次互相连接。高度超过 20m 的建筑物，在地面以上垂直每隔不大于 20m 处，连接端子板应与引下线连接。如图 5-41 所示为建筑物设备层总等电位连接平面图。

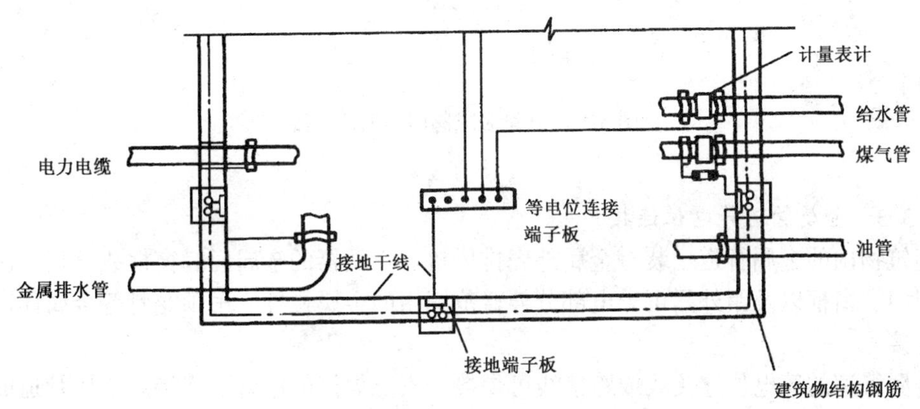


图 5-41 总等电位连接平面图

### 5.3.1 电缆等电位连接

金属铠装电力电缆、电话电缆等的金属外皮，进户穿墙保护套管等应作等电位连接。先用圆抱箍与电缆的金属外护层紧固，再用 25mm × 4mm 的镀锌扁钢接地干线焊接。保护套管应用防水油膏填实，防止漏水。电缆等电位连接安装做法如图 5-42 所示。

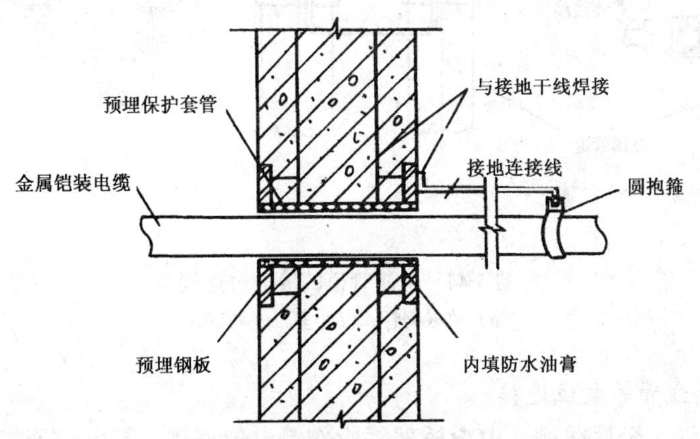


图 5-42 电缆等电位连接安装做法

### 5.3.2　计量表或阀门等电位连接

给水管、煤气管等通常带有计量表或者阀门，等电位连接时应在计量表或阀门处作跨接，跨接线可用 25mm×4mm 的镀锌扁钢，也可用 6mm$^2$ 的铜芯软绞线。计量表或阀门等电位连接如图 5-43 所示。

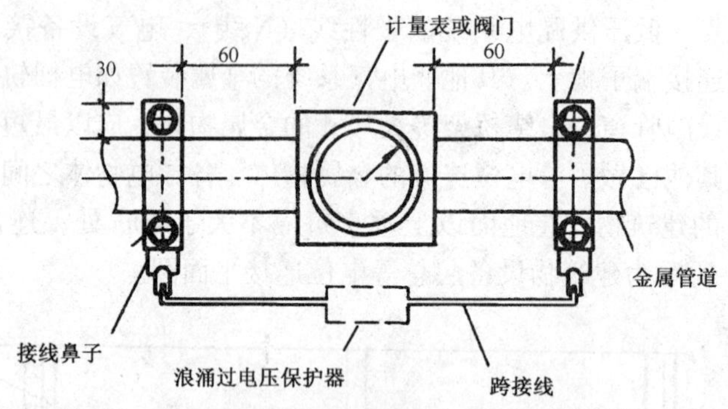


图 5-43　计量表或阀门等电位连接

### 5.3.3　金属管道等电位连接

建筑物内的金属管道、装有金属外壳排风机、空调器的金属门、窗框或靠近电源插座的金属门、窗框以及距外露可导电部分伸臂范围内的金属栏杆、吊顶龙骨等金属体需做等电位连接。

金属管道的等电位连接线或跨接线可焊接，不能焊接的用管卡连接。金属管道的等电位连接方法如图 5-44 所示。

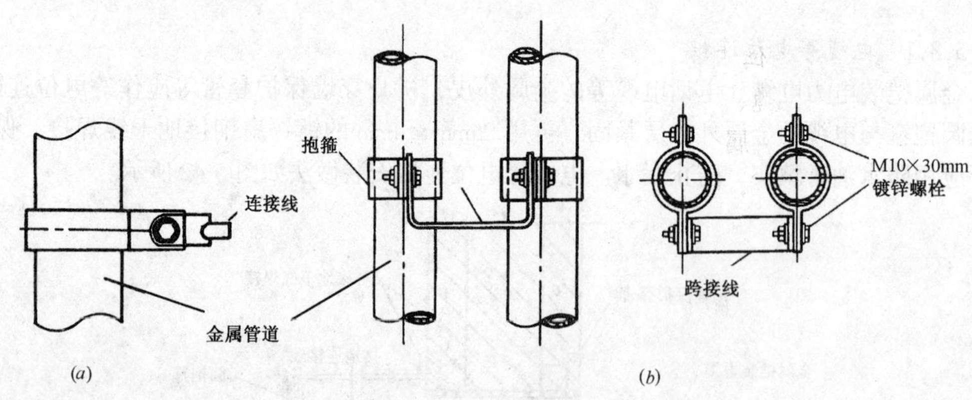


图 5-44　金属管道的等电位连接

（a）单根钢管；（b）多根并列钢管

### 5.3.4　金属线管等电位连接

配电金属线管、金属线槽、电缆桥架等应作等电位连接。等电位连接处应悬挂警告性告示牌，警告牌由白色塑料制成，上面印有红色字样。金属线管等电位连接如图 5-45 所示，接地警告性告示牌如图 5-46 所示。

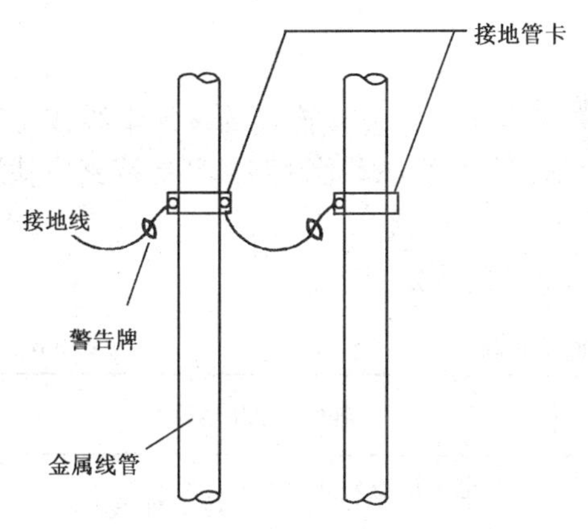


图 5-45 多根金属线管等电位连接

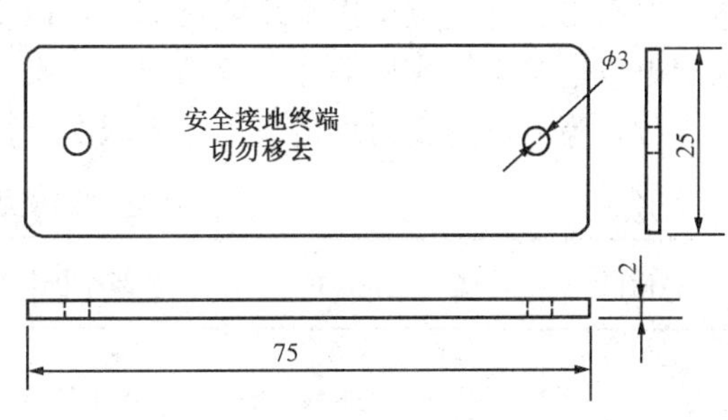


图 5-46 接地警告牌

5.3.5 等电位连接线

等电位连接时各导体间的连接可采用 25mm × 4mm 的镀锌扁钢焊接，焊接处不应有夹渣、咬边、气孔及未焊透等情况。也可采用管箍压接，压接时应把接触面刮干净，有足够的接触压力和接触面积。安装完毕后刷防护漆。

等电位连接端子板采用螺栓连接，以便拆卸进行定期检测。等电位接地干线可选用铜带、扁钢、圆钢等，支线可选用有黄绿相间绝缘层的铜芯导线。

等电位连接线应有黄绿相间的色标，在等电位连接端子板上应刷黄色底漆并标以黑色记号，其符号为“↓”。

对于暗敷的等电位连接线及其连接处，电气施工人员应做隐检记录及检测报告，对于隐藏部分的等电位连接线及其连接处应在竣工图上注明其实际走向和部位。

## 5.4 等电位连接导通性的测试

等电位连接安装完毕后应进行导通性测试，对等电位连接用的管夹、端子板、连接线、有关接头、截面和整个路径上的色标等进行检验，通过测定来证实等电位连接的有效性。测试用电源可采用空载电压为 4 ~ 24V 的直流或交流电源，测试电流不应小于 0.2A，当测得等电位连接端子板与等电位连接范围内的金属管道等金属体末端之间的电阻不超过 3Ω 时，可认为等电位连接是有效的。若发现导通不良的管道连接处，应作跨接线，在投入使用后应定期作导通性测试。

## 5.5 等电位连接施工质量检查及验收方法

5.5.1 等电位连接施工工序

等电位连接应按以下程序进行：

(1) 总等电位连接：对可作导电接地体的金属管道入户处和供总等电位连接的接地干线的位置检查确认后，才能安装焊接总等电位连接端子板，按设计要求做总等电位连接。

(2) 辅助等电位连接：对供辅助等电位连接的接地母线位置检查确认，才能安装焊接辅助等电位连接端子板，按设计要求做辅助等电位连接。

(3) 对特殊要求的建筑金属屏蔽网箱，网箱施工完成，经检查确认，才能与接地线连接。

### 5.5.2 等电位连接质量验收主控项目

(1) 建筑物等电位连接干线应从与接地装置有不少于2处直接连接的接地干线或总等电位箱引出，等电位连接干线或局部等电位箱间的连接线形成环形网路，环形网路应就近与等电位连接干线或局部等电位箱连接。支线间不应串联连接。

(2) 等电位连接的线路最小允许截面应符合表5-8的规定。

**等电位连接线的允许截面** **表5-8**

<table>
<tr><th>截面积</th><th>总等电位连接</th><th>局部等电位连接</th><th colspan="2">辅助等电位连接</th></tr>
<tr><td rowspan="2">一般值</td><td rowspan="2">不小于进线PE(PEN)线截面积的一半</td><td rowspan="2">不小于场所内最大PE（PEN）线截面积的一半</td><td>两电气设备外露导电部分间</td><td>较小PE线截面</td></tr>
<tr><td>电气设备与装置外露导电部分间</td><td>PE线截面积的一半</td></tr>
<tr><td rowspan="3">最小值</td><td>6mm² 铜线</td><td rowspan="3">与辅助等电位连接相同</td><td>有机械保护时</td><td>2.5mm² 铜线或4mm² 铝线</td></tr>
<tr><td>16mm² 铝线</td><td>无机械保护时</td><td>4mm² 铜线</td></tr>
<tr><td>50mm² 钢带</td><td>16mm² 铁线</td><td></td></tr>
<tr><td>最大值</td><td>25mm² 铜线或相同电导值的导线</td><td colspan="3">—</td></tr>
</table>

### 5.5.3 等电位连接质量验收一般项目

(1) 等电位连接的可接近裸露导体或其他金属部件、构件与支线连接应可靠，熔焊、钎焊或机械紧固应导通正常。

(2) 需等电位连接的高级装修金属部件或零件，应有专用接线螺栓与等电位连接支线连接，且有标识；连接处螺帽紧固、防松零件齐全。

### 5.5.4 验收时应提交下列资料和文件

(1) 实际施工的竣工图。

(2) 变更设计的证明文件。

(3) 安装技术记录（包括隐蔽工程记录等）。

(4) 测试记录。

## 单元小结

(1) 雷电是大自然中的放电现象，雷击是一种自然灾害。根据雷电对建筑物的危害方式不同，雷电可分为直击雷、感应雷和雷电波侵入等三种。建筑物防雷应有防直击雷和防雷电波侵入的措施。

(2) 防直击雷的防雷装置由接闪器、引下线和接地装置组成。接闪器包括避雷针、避雷线、避雷带和避雷网等多种形式。引下线可用钢筋专门设置，也可利用建筑物柱内钢筋充当。接地装置可由专门埋入地下的金属物体组成，也可利用建筑物基础中的钢筋作为接地装置。

(3) 等电位连接是将建筑物内的金属构架、金属装置、电气设备不带电的金属外壳和电气系统的保护导体等与接地装置做可靠的电气连接。以减小发生雷击时各金属物体、各电气系统保护导体之间的电位差，避免发生因雷电导致的火灾、爆炸、设备损毁及人身伤亡事故。等电位连接分为总等电位连接（MEB)、局部等电位连接（LEB)、辅助等电位连接（SEB）三种。

(4) 防雷及接地工程施工结束后，应进行质量检查和验收，对防雷接地系统进行测试。测试接地电阻值和等电位连接的有效性。

## 思考题与习题

1. 什么叫雷电？雷电有哪些危害？
2. 建筑物的防雷等级有哪几类？应有哪些防雷措施？
3. 防直击雷的防雷装置由哪几部分组成？各部分的作用分别是什么？
4. 简述避雷针的施工方法及施工要求。
5. 简述避雷带的施工方法及施工要求。
6. 防雷引下线有哪几种方式？施工方法及施工要求是什么？
7. 什么叫接地装置？其作用是什么？
8. 简述人工接地装置的组成及施工方法。
9. 利用建筑物柱内主筋作引下线、基础作接地装置有什么好处？施工时有哪些要求？
10. 什么是等电位连接？等电位连接有何作用？
11. 简述总等电位连接的方法和要求。
12. 等电位连接的干线和支线的规格有什么要求？
13. 简述防雷与接地工程的施工工序。

# 单元6　建筑供配电与照明工程综合实训

**知 识 点**：本单元在前面各单元的基础上，详细讲述了实际电气工程的施工过程、施工质量控制、质量验收程序、质量验收方法等基本知识。并结合建筑供配电与照明工程的施工特点，设计了常见分部工程的综合实训项目，供学习时参考。

**教学目标**：了解建筑电气安装工程分部、分项工程的划分，掌握各分项工程的施工技术及质量验收方法。通过实训，具备相应的施工技能及质量控制、质量验收能力。

## 课题1　建筑电气施工过程及施工质量验收

### 1.1　建筑电气分部分项工程划分

分部工程是按照专业性质、建筑部位进行划分的，建筑电气工程是建筑工程中的一个分部工程。

当分部工程较大或较复杂时，可按材料种类、施工特点、施工程序、专业系统及类别等划分为若干个子分部工程。建筑电气工程共划分为7个子分部工程。

每个子分部工程可按主要工种、材料、施工工艺、设备类别等划分为若干个分项工程。在进行质量验收时，每个分项工程可由一个或若干个检验批组成，检验批可根据施工及质量控制以及专业验收的需要按楼层、施工段、变形缝等进行划分。

建筑电气工程的子分部、分项工程划分见表6-1。

**建筑电气工程的子分部、分项工程划分　　表6-1**

| 分部工程 | 子分部工程 | 分　项　工　程 |
|---|---|---|
| 建筑电气 | 室外电气 | 架空线路及杆上电气设备安装；变压器、箱式变电所安装；成套配电柜、控制柜（屏、台）和动力、照明配电箱（盘）及控制柜安装；电线、电缆导管和线槽敷设；电线、电缆穿管和线槽敷设；电缆头制作、导线连接和线路电气试验；路灯安装；建筑照明通电试运行；接地装置安装 |
| | 变配电室 | 变压器、箱式变电所安装；成套配电柜、控制柜（屏、台）和动力、照明配电箱（盘）安装；裸母线、封闭母线、插接式母线安装；电缆沟内和电缆竖井内电缆敷设；电缆头制作、导线连接和线路电气试验；接地装置安装；避雷引下线和变配电室接地干线敷设 |
| | 供电干线 | 裸母线、封闭母线、插接式母线安装；桥架安装和桥架内电缆敷设；电缆沟内和电缆竖井内电缆敷设；电线、电缆导管和线槽敷设；电线、电缆穿管和线槽敷线；电缆头制作、导线连接和线路电气试验 |

续表

| 分部工程 | 子分部工程 | 分项工程 |
| --- | --- | --- |
| 建筑电气 | 电气动力 | 成套配电柜、控制柜（屏、台）和动力、照明配电箱（盘）及安装；低压电动机、电加热器及电动执行机构检查、接线；低压电气动力设备检测、试验和空载试运行；桥架安装和桥架内电缆敷设；电线、电缆导管和线槽敷设；电线、电缆穿管和线槽敷线；电缆头制作、导线连接和线路电气试验；插座、开关、风扇安装 |
| | 电气照明安装 | 成套配电柜、控制柜（屏、台）和动力、照明配电箱（盘）安装；电线、电缆导管和线槽敷设；电线、电缆导管和线槽敷线；槽板配线；钢索配线；电缆头制作、导线连接和线路电气试验；普通灯具安装；专用灯具安装；插座、开关、风扇安装；建筑照明通电试运行 |
| | 备用和不间断电源安装 | 成套配电柜、控制柜（屏、台）和动力、照明配电箱（盘）安装；柴油发电机组安装；不间断电源的其他功能单元安装；裸母线、封闭母线、插接式母线安装；电线、电缆导管和线槽敷设；电缆头制作、导线连接和线路电气试验；接地装置安装 |
| | 防雷及接地安装 | 接地装置安装；避雷引下线和变配电室接地干线敷设；建筑物等电位连接；接闪器安装 |

## 1.2 建筑电气工程施工过程

### 1.2.1 施工准备

施工准备是指工程施工前将施工必需的技术、物资、劳动组织、生活等方面的工作事先做好，以便正式施工时组织实施。只有充分做好施工前的准备工作，才能保证工程施工顺利进行。

施工准备通常包括：技术准备、施工现场准备，物资、机具及劳力准备以及季节施工准备。

电气安装专业技术准备主要包括以下内容：

(1) 熟悉和审查图纸。熟悉和审查图纸包括学习图纸、了解图纸设计意图、掌握设计内容及技术条件、会审图纸、核对土建与安装图纸之间有无矛盾和错误、明确各专业间的配合关系。

(2) 编制施工组织计划或施工方案。编制施工组织计划（或施工方案）是做好施工准备的核心内容。建筑安装工程必须根据工程的具体要求和施工条件，采用合理的施工方法。每项工程都需要编制施工组织计划，以确定施工方案、施工进度和施工组织方法，作为组织和指导施工的重要依据。

(3) 编制施工预算。按照施工图纸的工程量、施工组织计划（或施工方案）拟定的施工方法，参考建筑安装工程预算定额和有关施工费用规定，编制出详细的施工预算。它可以作为备料、供料、编制各项具体施工计划的依据。

(4) 进行技术交底。工程开工前，由设计部门、施工部门和业主等多方技术人员参加的技术交底是施工准备工作不可缺少的一个重要步骤，是施工企业技术管理的一项主要内容，也是施工技术准备的重要措施。

1.2.2 建筑电气施工过程

建筑电气安装是建筑电气设计的实施和实现过程,也是对设计的再创造和再完善的过程。施工图是建筑电气施工的主要依据,施工及验收的有关规范是施工技术的法律性文件。

建筑电气的施工过程可分为三个阶段进行：

(1) 施工准备阶段。阅读和熟悉施工图纸、编制施工预算、编写施工组织设计或施工方案、领取施工材料、对埋设件进行预制加工、开工前工具及设施的准备、劳动力的组织准备等。

(2) 施工阶段。配合土建施工,预埋电缆电线保护管和支持固定件、固定接线箱、灯头盒及电器底座等。随着土建工程的进展,逐步进行设备安装、线路敷设、单体检查试验。

(3) 竣工验收阶段。进行系统调试，并投入正常运行，填写有关交接试验表格；请建设单位、施工单位、政府质量监督部门审查，现场验收。最后由政府质量监督部门对工程作出质量等级评定。

## 1.3 建筑电气工程施工质量验收

质量验收是指在施工单位自行质量检查评定的基础上，由参与建设活动的有关单位共同对检验批、分项、分部、单位工程的质量进行抽样复验，根据相关标准以书面形式对工程质量达到合格与否做出确认。

1.3.1 施工质量验收的一般规定

(1) 安装电工、焊工、起重吊装工和电气调试人员等，应按规定持证上岗。安装和调试所用的各类计量器具，应检定合格，使用时在有效期内。

(2) 除设计要求外，承力的建筑钢结构构件上，不得采用熔焊连接固定电气线路、设备和器具的支架、螺栓等部件，且严禁热加工开孔。

(3) 额定电压在交流 l kV 及以下、直流 1.5kV 及以下的应为低压电器设备、器具和材料；额定电压大于交流 1kV，直流 1.5kV 的应为高压电器设备、器具和材料。

(4) 电气设备上的计量仪表和与电气保护有关的仪表应检定合格，当投入试运行时，应在有效期内。

(5) 建筑电气动力工程的空载试运行和建筑电气照明工程的负荷试运行，应按《建筑电气工程施工质量验收规范》(GB 50303—2002) 的规定执行。建筑电气动力工程的负荷试运行，依据电气设备及相关建筑设备的种类、特性，编制试运行方案或作业指导书，并应经施工单位审查批准、监理单位确认后执行。

(6) 动力和照明工程的漏电保护装置应做模拟动作试验。

(7) 接地（PE）或接零（PEN）保护支线必须单独与接地（PE）或接零（PEN）保护干线相连接，不得串联连接。

(8) 高压电气设备和布线系统及继电保护系统的交接试验，必须符合现行国家标准《电气装置安装工程电气设备交接试验标准》(GB 50150—1991) 的规定。

(9) 低压电气设备和布线系统的交接试验，应符合《建筑电气工程施工质量验收规范》(GB 50303—2002) 的规定。

(10) 送至建筑智能化工程变送器的电量信号精度等级应符合设计要求，状态信号应正确。接收建筑智能化工程的指令应使建筑电气工程的自动开关动作符合指令要求，且手动、自动切换功能正常。

### 1.3.2 施工质量控制与管理

(1) 施工质量控制

1) 建筑电气工程采用的主要材料，包括成品、半成品、建筑构配件、器具和设备，应进行进场验收。进场验收是对进入施工现场的材料、构配件、设备等按相关标准规定及要求进行检验（对检验项目中的性能进行量测、检查、试验等，并将结果与标准规定要求进行比较，以确定每项性能是否合格），对产品达到合格与否做出确认。凡涉及安全、功能的有关产品，应按各专业工程质量验收规范的规定进行复验，并经监理工程师（建设单位技术负责人）检查认可。

主要设备、材料、成品和半成品进场检验结论应有记录，确认符合《建筑电气工程施工质量验收规范》(GB 50303—2002) 的规定，才能在施工中使用。因有异议而送有相关资质的试验室进行抽样检测时，试验室应出具检测报告，确认符合《建筑电气工程施工质量验收规范》(GB 50303—2002) 和相关技术标准的规定，才能在施工中使用。依法定程序批准进入市场的新电气设备、器具和材料进场验收，除符合《建筑电气工程施工质量验收规范》(GB 50303—2002)规定外，还应提供安装、使用、维修和试验要求等技术文件。进口电气设备、器具和材料进场验收，除符合《建筑电气工程施工质量验收规范》(GB 50303—2002)规定外，还应提供商检证明和中文的质量合格证明文件、规格、型号、性能检测报告以及中文的安装、使用、维修和试验要求等技术文件。经批准的免检产品或认定的名牌产品，当进场验收时，可不做抽样检测。

2) 各工序应按施工技术标准进行质量控制，每道工序完成后，应进行检查。

3) 相关各专业工种之间，应进行交接检验（由施工的承接方与完成方经双方检查并对可否继续施工做出确认的活动），并形成记录。未经监理工程师（建设单位技术负责人）检查认可，不得进行下道工序施工。

(2) 质量管理检查记录

建筑电气施工现场质量管理应有相应的施工技术标准，健全的质量管理体系、施工质量检验制度和综合施工质量水平评定考核制度。

施工现场质量管理检查记录应由施工单位按表 6-2 的要求进行检查记录。

### 1.3.3 施工质量验收要求

(1) 建筑电气工程施工质量应符合《建筑电气工程施工质量验收规范》(GB 50303—2002) 和相关专业验收规范的规定。

(2) 建筑电气工程施工应符合工程勘察、设计文件的要求。

(3) 参加工程施工质量验收的各方人员应具备规定的资格。

(4) 工程质量的验收均应在施工单位自行检查评定的基础上进行。

(5) 隐蔽工程在隐蔽前应由施工单位通知有关单位进行验收，并应形成验收文件。

(6) 涉及结构安全的试块、试件以及有关材料，应按规定进行见证取样检测（在监理单位或建设单位监督下，由施工单位有关人员现场取样，并送至具备相应资质的检测单位所进行的检测）。

(7) 检验批（按统一的生产条件或按规定的方式汇总起来供检验用的，由一定数量样本组成的检验体）的质量应按主控项目（建筑工程中的对安全、卫生、环境保护和公众利

**施工现场质量管理检查记录** **表 6-2**

开工日期：

| 工程名称 | | | 施工许可证 | |
|---|---|---|---|---|
| 建设单位 | | | 项目负责人 | |
| 设计单位 | | | 项目负责人 | |
| 监理单位 | | | 总监理工程师 | |
| 施工单位 | | 项目经理 | 项目技术负责人 | |
| 序号 | 项目 | | 内容 | |
| 1 | 现场质量管理制度 | | | |
| 2 | 质量责任制 | | | |
| 3 | 主要专业工种操作上岗证书 | | | |
| 4 | 分包方资质与对分包单位的管理制度 | | | |
| 5 | 施工图审查情况 | | | |
| 6 | 地质勘查资料 | | | |
| 7 | 施工组织设计、施工方案及审批 | | | |
| 8 | 施工技术标准 | | | |
| 9 | 工程质量检验制度 | | | |
| 10 | 搅拌站及计量设置 | | | |
| 11 | 现场材料、设备存放与管理 | | | |
| 12 | | | | |
| 检查结论：<br><br>总监理工程师<br>（建设单位项目负责人） 年 月 日 | | | | |

益起决定性作用的检验项目）和一般项目（除主控项目以外的检验项目）验收。

（8）对涉及结构安全和使用功能的重要分部工程应进行抽样检测（按照规定的抽样方案，随机地从进场的材料、构配件、设备或建筑工程检验项目中，按检验批抽取一定数量的样本所进行的检验）。

（9）承担见证取样检测及有关结构安全检测的单位应具有相应资质。

（10）工程的观感质量（通过观察和必要的量测所反映的工程外在质量）应由验收人员通过现场检查，并应共同确认。

1.3.4 *施工质量验收方法*

（1）检验批质量验收方法

检验批质量合格的要求：主控项目和一般项目的质量经抽样检验合格；具有完整的施工操作依据、质量检查记录。

当进行建筑电气分部工程施工质量检验时，检验批的划分应符合下列规定：

1）室外电气安装工程中分项工程的检验批，依据庭院大小、投运时间先后、功能区块的不同进行划分。

2）变配电室安装工程中分项工程的检验批：主变配电室为 1 个检验批；有数个分变

配电室，且不属于子单位工程的子分部工程，各为1个检验批，其验收记录汇入所有变配电室有关分项工程的验收记录中；如各分变配电室属于各子单位工程的子分部工程，所属分项工程各为1个检验批，其验收记录应为一个分项工程验收记录，经子分部工程验收记录汇入分部工程验收记录中。

3）供电干线安装工程分项工程的检验批，依据供电区段和电气线缆竖井的编号划分。

4）电气动力和电气照明安装工程中分项工程及建筑物等电位连接分项工程的检验批，其划分的界区，应与土建工程一致。

5）备用和不间断电源安装工程中的分项工程各自成为1个检验批。

6）防雷及接地装置安装工程中分项工程检验批：人工接地装置和利用建筑物基础钢筋的接地体各为1个检验批，大型基础可按区块划分成几个检验批；避雷引下线安装6层以下的建筑为1个检验批，高层建筑依均压环设置间隔的层数为1个检验批；接闪器安装同一屋面为1个检验批。

检验批的质量验收记录由施工项目专业质量检查员填写，监理工程师（建设单位项目专业技术负责人）组织项目专业质量检查员等进行验收，并按表6-3进行记录。

**检验批质量验收记录** **表6-3**

| 工程名称 | | | 分项工程名称 | | 验收单位 | |
|---|---|---|---|---|---|---|
| 施工单位 | | | 专业工长 | | 项目经理 | |
| 施工执行标准名称及编号 | | | | | | |
| 分包单位 | | | 分包项目经理 | | 施工班组长 | |
| | 质量验收规范的规定 | | 施工单位检查评定记录 | | 监理(建设)单位验收记录 | |
| 主控项目 | 1 | | | | | |
| | 2 | | | | | |
| | 3 | | | | | |
| | 4 | | | | | |
| | 5 | | | | | |
| | 6 | | | | | |
| | 7 | | | | | |
| | 8 | | | | | |
| | 9 | | | | | |
| | | | | | | |
| 一般项目 | 1 | | | | | |
| | 2 | | | | | |
| | 3 | | | | | |
| | 4 | | | | | |
| 施工单位检查评定结果 | 项目专业质量检查员 | | | | 年 月 日 | |
| 监理（建设）单位验收结论 | 监理工程师（建设单位项目专业技术负责人） | | | | 年 月 日 | |

(2) 分项工程质量验收方法

分项工程质量合格的要求：分项工程所含的检验批均应符合质量合格的规定；分项工程所含的检验批的质量验收记录应完整。

分项工程质量应由监理工程师（建设单位项目专业技术负责人）组织项目专业技术负责人等进行验收，并按表 6-4 进行记录。

**分项工程质量验收记录** **表 6-4**

| 工程名称 | | 结构类型 | | 检验批数 | |
|---|---|---|---|---|---|
| 施工单位 | | 项目经理 | | 项目技术负责人 | |
| 分包单位 | | 分包单位负责人 | | 分包项目经理 | |
| 序号 | 检验批部位、区段 | 施工单位检查评定结果 | 监理（建设）单位验收结论 | | |
| 1 | | | | | |
| 2 | | | | | |
| 3 | | | | | |
| 4 | | | | | |
| 5 | | | | | |
| 6 | | | | | |
| 7 | | | | | |
| 8 | | | | | |
| 9 | | | | | |
| 10 | | | | | |
| 11 | | | | | |
| 12 | | | | | |
| 13 | | | | | |
| 14 | | | | | |
| 15 | | | | | |
| 16 | | | | | |
| 17 | | | | | |
| | | | | | |
| | | | | | |
| 检查结论 | 项目专业技术负责人　　年　月　日 | 验收结论 | 监理工程师（建设单位项目专业技术负责人）　年　月　日 | | |

(3) 分部（子分部）工程质量验收方法

分部（子分部）工程质量合格的要求：分部（子分部）工程所含分项工程的质量均应验收合格；质量控制的文件资料应完整；地基与基础、主体结构和设备安装等分部工程有关安全及功能的检验和抽样检测结果应符合有关规定；观感质量验收应符合要求。

当验收建筑电气工程时，应核查下列各项质量控制资料，并检查分项工程质量验收记录和分部（子分部）工程质量验收记录，责任单位和责任人的签章应齐全。

1）建筑电气工程施工图设计文件和图样会审记录及洽商记录。

2）主要设备、器具、材料的合格证和进场验收记录。

3）隐蔽工程记录。

4）电气设备交接试验记录。

5）接地电阻、绝缘电阻测试记录。

6）空载试运行和负荷试运行记录。

7）建筑照明通电试运行记录。

8）工序交接合格等施工安装记录。

分部（子分部）工程质量应由总监理工程师（建设单位项目专业负责人）组织施工项目经理和有关勘察、设计单位项目负责人进行验收，并按表6-5进行记录。根据单位工程实际情况，检查建筑电气分部（子分部）工程所含分项工程的质量验收记录应无遗漏缺项。

**分部（子分部）工程质量验收记录** **表6-5**

| 工程名称 | | 结构类型 | | 层数 | |
|---|---|---|---|---|---|
| 施工单位 | | 技术部门负责人 | | 质量部门负责人 | |
| 分包单位 | | 分包单位负责人 | | 分包技术负责人 | |
| 序号 | 分项工程名称 | 检验批数 | 施工单位检查评定 | 验收意见 | |
| 1 | | | | | |
| 2 | | | | | |
| 3 | | | | | |
| 4 | | | | | |
| 5 | | | | | |
| 6 | | | | | |
| 7 | | | | | |
| | | | | | |
| 质量控制资料 | | | | | |
| 安全和功能检验（检测）报告 | | | | | |
| 观感质量验收 | | | | | |
| 验收单位 | 分包单位 | | 项目经理 | 年　月　日 | |
| | 施工单位 | | 项目经理 | 年　月　日 | |
| | 勘察单位 | | 项目负责人 | 年　月　日 | |
| | 设计单位 | | 项目负责人 | 年　月　日 | |
| | 监理（建设）单位 | | 总监理工程师（建设单位项目专业负责人） | 年　月　日 | |

(4) 单位（子单位）工程质量验收方法

单位（子单位）工程质量验收合格的要求：单位（子单位）工程所含分部（子分部）工程的质量均应验收合格；质量控制资料应完整；单位（子单位）工程所含分部工程有关

安全和功能的检测资料应完整；主要功能项目的抽查结果应符合相关专业质量验收规范的规定；观感质量验收应符合要求。

当进行单位工程质量验收时，建筑电气分部（子分部）工程实物质量的抽检结果应符合《建筑电气工程施工质量验收规范》（GB 50303—2002）的规定，抽检部位如下：

1）大型公用建筑的变配电室，技术层的动力工程，供电干线的竖井，建筑顶部的防雷工程，重要的或大面积活动场所的照明工程，以及5%自然间的建筑电气动力、照明工程。

2）一般民用建筑的配电室和5%自然间的建筑电气照明工程，以及建筑顶部的防雷工程。

3）室外电气工程以变配电室为主，且抽检各类灯具的5%。

核查各类技术资料应齐全，且符合工序要求，有可追溯性；各责任人均应签章确认。

为方便检测验收，高低压配电装置的调整试验应提前通知监理和有关监督部门，实行旁站确认。变配电室通电后可抽测的项目主要为：各类电源自动切换或通断装置、馈电线路的绝缘电阻、接地（PE）或接零（PEN）的导通状态、开关插座的接线正确性、漏电保护装置的动作电流和时间、接地装置的接地电阻和由照明设计确定的照度等。抽测的结果应符合设计要求以及《建筑电气工程施工质量验收规范》（GB 50303—2002）的规定。

检验方法应符合下列规定：

1）电气设备、电缆和继电保护系统的调整试验结果，查阅试验记录或试验时旁站。

2）空载试运行和负荷试运行结果，查阅试运行记录或试运行时旁站。

3）绝缘电阻、接地电阻和接地（PE）或接零（PEN）导通状态及插座接线正确性的测试结果，查阅测试记录或测试时旁站或用适配仪表进行抽测。

4）漏电保护装置动作数据值，查阅测试记录或用适配仪表进行抽测。

5）负荷试运行时大电流节点温升测量用红外线遥测温度仪抽测或查阅负荷试运行记录。

6）螺栓紧固程度用适配工具做拧动试验；有最终拧紧力矩要求的螺栓用扭力扳手抽测。

7）需吊芯、抽芯检查的变压器和大型电动机，吊芯、抽芯时旁站或查阅吊芯、抽芯记录。

8）需做动作试验的电气装置，高压部分不应带电试验，低压部分无负荷试验。

9）水平度用铁水平尺测量，垂直度用线锤吊线尺量，盘面平整度用拉线尺量，各种距离的尺寸用塞尺、游标卡尺、钢尺、塔尺或采用其他仪器仪表等测量。

10）外观质量情况目测检查。

11）设备规格型号、标志及接线，对照工程设计图样及其变更文件检查。

单位（子单位）工程质量验收应按表6-6～表6-9进行记录。表6-6为单位（子单位）工程质量竣工验收记录。表6-7为单位（子单位）工程质量控制资料核查记录，表6-8为单位（子单位）工程安全和功能检验资料核查及主要功能抽查记录，表6-9为单位（子单位）工程观感质量检查记录。

**单位（子单位）工程质量竣工验收记录** 表 6-6

| 工程名称 | | 结构类型 | | 检验批数 | |
|---|---|---|---|---|---|
| 施工单位 | | 项目经理 | | 项目技术负责人 | |
| 分包单位 | | 分包单位负责人 | | 分包项目经理 | |

| 序号 | 项　目 | 验　收　记　录 | 验　收　结　论 |
|---|---|---|---|
| 1 | 分部工程 | 共　分部，经查　分部<br>符合标准及设计要求　分部 | |
| 2 | 质量控制资料核查 | 共　项，经审查符合要求　项，<br>经核定符合规范要求　项 | |
| 3 | 安全和主要使用功能核查及抽查结果 | 共核查　项，符合要求　项，<br>共抽查　项，符合要求　项，<br>经返工处理符合要求　项 | |
| 4 | 观感质量验收 | 共抽查　项，符合要求　项，<br>不符合要求　项 | |
| 5 | 综合验收结论 | | |

| 参加验收单位 | 建设单位 | 监理单位 | 施工单位 | 设计单位 |
|---|---|---|---|---|
| | （公章）<br>单位（项目）负责人<br>年　月　日 | （公章）<br>总监理工程师<br>年　月　日 | （公章）<br>单位负责人<br>年　月　日 | （公章）<br>单位（项目）负责人<br>年　月　日 |

**单位（子单位）工程质量控制资料核查记录** 表 6-7

| 工程名称 | | | 施工单位 | | |
|---|---|---|---|---|---|
| 序号 | 项目 | 资　料　名　称 | 份数 | 核查意见 | 核查人 |
| 1 | 建筑电气 | 图样会审、设计变更、洽商记录 | | | |
| 2 | | 材料、设备出厂合格证书及进场检（试）验报告 | | | |
| 3 | | 设备测试记录 | | | |
| 4 | | 接地、绝缘电阻测试记录 | | | |
| 5 | | 隐蔽工程验收记录 | | | |
| 6 | | 施工记录 | | | |
| 7 | | 分项、分部工程质量验收记录 | | | |
| 8 | | | | | |

结论：

施工单位项目经理　　　　总监理工程师（建设单位项目负责人）

年　月　日　　　　年　月　日

**单位（子单位）工程安全和功能检验资料核查及主要功能抽查记录　　表 6-8**

| 工程名称 | | | 施工单位 | | | |
|---|---|---|---|---|---|---|
| 序号 | 项目 | 安全和功能检查项目 | 份数 | 核查意见 | 抽查结果 | 核查（抽查）人 |
| 1 | 建筑电气 | 照明全负荷试验记录 | | | | |
| 2 | | 大型灯具牢固性试验记录 | | | | |
| 3 | | 防雷接地电阻测试记录 | | | | |
| 4 | | 线路、插座、开关接地检验记录 | | | | |
| 5 | | | | | | |
| 结论：<br><br>施工单位项目经理<br><br>年　月　日 | | | 总监理工程师<br>（建设单位项目负责人）<br><br>年　月　日 | | | |

**单位（子单位）工程观感质量检查记录　　表 6-9**

<table>
<tr><td colspan="2">工程名称</td><td></td><td colspan="6">施工单位</td><td colspan="6"></td></tr>
<tr><td rowspan="2">序号</td><td rowspan="2" colspan="2">项　　目</td><td rowspan="2" colspan="10">抽查质量状况</td><td colspan="3">质量评价</td></tr>
<tr><td>好</td><td>一般</td><td>差</td></tr>
<tr><td>1</td><td colspan="2">配电箱、盘、板、接线盒</td><td></td><td></td><td></td><td></td><td></td><td></td><td></td><td></td><td></td><td></td><td></td><td></td><td></td></tr>
<tr><td>2</td><td colspan="2">设备器具、开关、插座</td><td></td><td></td><td></td><td></td><td></td><td></td><td></td><td></td><td></td><td></td><td></td><td></td><td></td></tr>
<tr><td>3</td><td colspan="2">防雷、接地</td><td></td><td></td><td></td><td></td><td></td><td></td><td></td><td></td><td></td><td></td><td></td><td></td><td></td></tr>
<tr><td colspan="3">观感综合评价</td><td colspan="10"></td><td></td><td></td><td></td></tr>
<tr><td>检查<br>结论</td><td colspan="7">施工单位项目经理<br>年　月　日</td><td colspan="8">总监理工程师<br>（建设单位项日负责人）<br>年　月　日</td></tr>
</table>

注：质量评价为差的项目，应进行返修。

表 6-6 验收记录由施工单位填写，验收结论由监理（建设）单位填写。综合验收结论由参加验收各方共同商定，应对工程质量是否符合设计和规范要求及总体质量水平做出评价，由建设单位填写。

1.3.5　工程质量不合格的处理方法

对不合格的工程部位应采取重新制作、重新施工等措施进行返工，经返工重做或更换器具、设备的检验批，应重新进行验收。经有资质的检测单位检测鉴定能够达到设计要求的检验批，应予以验收；经有资质的检测单位检测鉴定达不到设计要求、但经原设计单位核算认可能够满足结构安全和使用功能的检验批，可予以验收。经返修（对工程不符合标准规定的部位采取整修等措施）或加固处理的分项、分部工程，虽然改变了外形尺寸但仍能满足安全使用要求，可按技术处理方案和协商文件进行验收。

通过返修或加固处理后仍不能满足安全使用要求的分部工程、单位（子单位）工程，严禁验收。

### 1.4 质量验收程序和组织

检验批及分项工程应由监理工程师（建设单位项目技术负责人）组织施工单位项目专业质量（技术）负责人等进行验收。

分部工程应由总监理工程师（建设单位项目负责人）组织施工单位项目负责人和技术、质量负责人等进行验收。地基与基础、主体结构分部工程的勘察、设计单位工程项目负责人和施工单位技术、质量部门负责人也应参加相关分部工程验收。

单位工程完工后，施工单位应自行组织有关人员进行检查评定，并向建设单位提交工程验收报告。

建设单位收到工程验收报告后，应由建设单位（项目）负责人组织施工（含分包单位)、设计、监理等单位（项目）负责人进行单位（子单位）工程验收。

单位工程有分包单位施工时，分包单位对所承包的工程项目应按本标准规定的程序检查评定，总包单位应派人参加。分包工程完成后，应将工程有关资料交总包单位。

当参加验收各方对工程质量验收意见不一致时，可请当地建设行政主管部门或工程质量监督机构协调处理。

单位工程质量验收合格后，建设单位应在规定时间内将工程施工验收报告和有关文件，报建设行政管理部门备案。

## 课题2 低压配电柜安装与调试

### 2.1 实训室方案

低压配电柜安装与调试实训室建设方案如图6-1所示。配电柜安装基础已制好，配电柜可选用成套型或组装型，每三台为一组，包括进线计量柜、馈电出线柜，也可根据实际需要换用其他用途的配电柜。

配电柜组数应在3组以上，其中1组可移动，供配电柜安装实训所用，其余组固定不动，供柜内电器安装、接线、调试实训所用。布置实训室时，配电柜间距及各种通道的宽度应符合规范的要求。

### 2.2 实训内容

(1) 读懂低压配电系统图，了解系统图中各配电柜的型号、用途、内部结构、技术参数等知识。复习配电柜的移动、定位、固定、进线及出线电缆接线、母线安装、调试的方法及技术要求，复习配电柜安装质量检查及验收的方法。

(2) 制定安装计划，包括组内成员分工、安装工序等。做好安装前的技术准备。

(3) 起吊、移动、定位配电柜。

(4) 用水平尺校正配电柜的水平度，用线坠校正配电柜的垂直度。

(5) 固定配电柜。

(6) 安装母线。

| 柜　　号 | | P1 | P2 | P3 |
|---|---|---|---|---|
| 柜　　型 | | GCK-02 | GCK | GCK |
| 母线规格 0.4 kV | TMY-3×[120×101] | | | |
| 低压一次系统主接线图 | | kWh<br>kvarh | NF-630SW/630A N1<br>NF-400SW/300A N2<br>NF-400SW/300A N3<br>NF-160SW/140A N4<br>NF-160SW/140A N5<br>NF-160SW/140A N6 | F1S-1600/R1250 4P N7<br>F1S-1250/R1000 3P N8 |
| 主要电气设备及元件 | 低压断路器 | AE3200SS/1600A　1 | | |
| | 电流互感器 | LMZJ1-0.5　800/5　3 | | |
| | 避雷器 | | | |
| | 电能计量表计 | | | |
| | | | | |
| 容量／功率 | | 500 kVA(800 kW) | | |
| 用　　途 | | 主开关进线柜 | 馈电出线柜 | 馈电出线柜 |
| 二次线路图号 | | | | |
| 柜 体 尺 寸 | | 800 ×1000 × 2200 | 800 × 1000 × 2200 | 800 × 1000 × 2200 |
| 电缆型号规格 | | W-1KV, 3×300+1×150 | | |
| 回 路 编 号 | | 接变压器 | | |

低压配电系统图

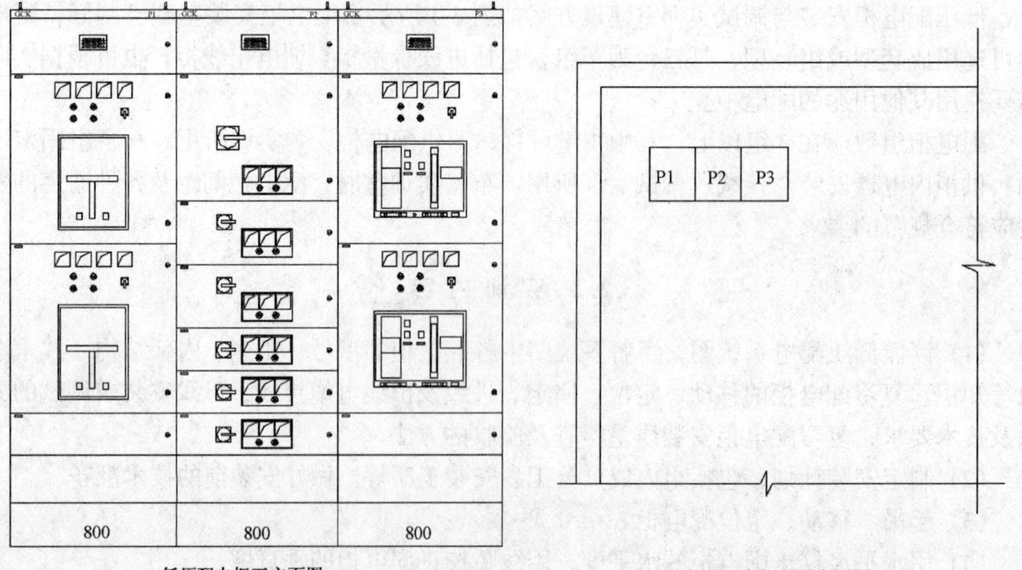


低压配电柜正立面图　　低压配电柜平面布置图

图 6-1　低压配电柜安装实训室方案

（7）制作电缆头，安装进线电缆、出线电缆。

（8）质量检查及验收。

（9）通电试运行。（选作）

（10）实训总结。

## 2.3 实训时间

低压配电柜安装与调试实训每小组6~10人，完成时间：4天。

## 2.4 检查评分

实训结束后，指导教师结合安装过程、组内质量检查结果及实训总结进行全面检查、评分，评出本实训项目的成绩。检查评分表见表6-10。

低压配电柜安装与调试检查评分表　　表6-10

| 姓名 | | 班级 | | 实训成绩 | |
|---|---|---|---|---|---|
| 实操部分（共90分） | | | | | |
| 序号 | 实操项目 | 要　　求 | 分值 | 评分标准 | 实际得分 |
| 1 | 施工计划 | 安装工序正确，选用的安装技术符合要求，表达清楚 | 10 | 不合要求时，每处扣3分 | |
| 2 | 移动、吊装配电柜 | 选用工具正确，方法正确，配电柜无磕碰、无划伤 | 20 | 不合要求时，每处扣5分 | |
| 3 | 固定配电柜 | 定位准确，误差小，安装端正，牢固可靠，水平度和垂直度偏差符合要求 | 15 | 不合要求时，每处扣5分 | |
| 4 | 安装母线 | 安装正确，牢固，符合工艺要求 | 10 | 不合要求时，每处扣3分 | |
| 5 | 安装电缆 | 电缆头制作符合要求，电缆排列整齐美观，无绞结，接线牢固可靠 | 10 | 不合要求时，每处扣3分 | |
| 6 | 安全操作 | 遵守安全操作规程，不发生安全事故 | 10 | 不合要求时，每处扣5分 | |
| 7 | 文明施工 | 材料无浪费，现场清理干净，废品分类符合要求，工具整理有序无损坏 | 10 | 不合要求时，每处扣5分 | |
| 8 | 通电试验（选作） | 通电成功 | 5 | 不合要求时，每处扣5分 | |
| | | | | 合计得分 | |
| 理论部分（共10分） | | | | | |
| 1 | 质量检查和验收 | 熟悉检查和验收方法，检查正确、合理，无漏项 | 5 | 不合要求时，每处扣2分 | |
| 2 | 实训总结 | 掌握实训要领，理解安装工序及安装工艺要求，语句通顺，书写认真 | 5 | 不合要求或有错误时，每处扣2分 | |
| | | | | 合计得分 | |

## 课题3　照明器具安装与调试

### 3.1　实训室方案

如图6-2所示为照明器具安装与调试实训室配电系统图和电气照明平面图，每间实训室面积不小于2m×3m，高度不小于2m。实训室四周墙壁用木板镶嵌，预留开关箱、灯具开关、插座、壁灯、壁扇等电器安装的底盒；顶板用木板吊顶，预留灯具安装底盒，吊顶内预埋好PVC管，PVC管与灯具安装底盒已连通。

荧光灯可吸顶安装、链吊式安装，实训时指定。

插座距地1.3m、0.3m，实训时指定。

开关距地1.3m，配电箱距地1.8m。

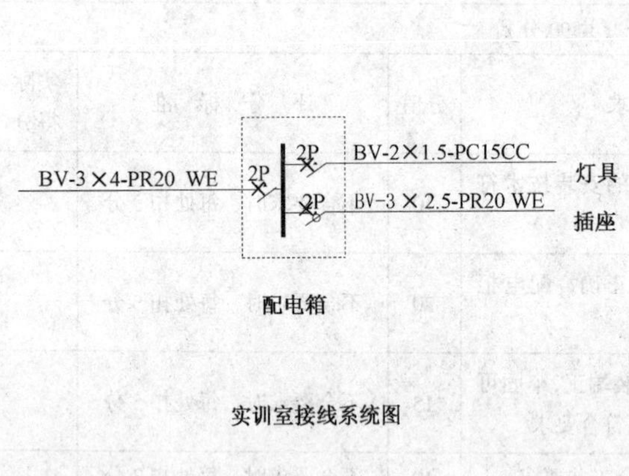


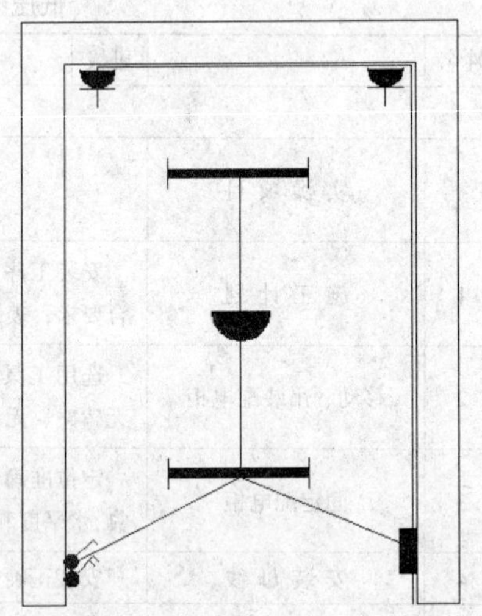


图6-2　照明器具安装与调试实训室方案

每间实训室可同时供2~3人操作，实训室数量可根据实际情况确定，室内接线系统及平面布置可灵活设定。

### 3.2　实训内容

(1) 读懂接线系统图及平面布置图，画出配电箱接线图及灯具控制原理图。复习各安装项目的安装方法、技术要求和质量标准。

(2) 根据施工图纸及实训室现场进行施工预算，详细列出实训所需的设备、材料及其数量，填写实训材料领取表及实训工具领取表。实训材料领取表格式见表6-11，实训工具领取表格式见表6-12。

(3) 凭实训材料领取表及实训工具领取表领取实训材料及工具。

(4) 按要求确定配电箱、灯具、灯具开关、插座的位置。

**实训材料领取表** 表 6-11

| 姓　名 | | 班　级 | | | 组　别 | |
|---|---|---|---|---|---|---|
| 实训项目 | | | | | | |
| 指导教师 | | 领取日期 | | | 归还日期 | |
| 序　号 | 设备、材料名称 | | 单位 | 数量 | 领取时检查结果 | 归还时验收结果 |
| 1 | | | | | | |
| 2 | | | | | | |
| 3 | | | | | | |
| 4 | | | | | | |
| 5 | | | | | | |
| 6 | | | | | | |
| 7 | | | | | | |
| 8 | | | | | | |
| 9 | | | | | | |
| 10 | | | | | | |
| 11 | | | | | | |
| 12 | | | | | | |
| 设备、材料损坏处理 | | | | | | |
| 指导教师签名 | | | 材料员签名 | | | |

**实训工具领取表** 表 6-12

| 姓　名 | | 班　级 | | | 组　别 | |
|---|---|---|---|---|---|---|
| 实训项目 | | | | | | |
| 指导教师 | | 领取日期 | | | 归还日期 | |
| 序　号 | 工 具 名 称 | | 单位 | 数量 | 领取时检查结果 | 归还时验收结果 |
| 1 | | | | | | |
| 2 | | | | | | |
| 3 | | | | | | |
| 4 | | | | | | |
| 5 | | | | | | |
| 6 | | | | | | |
| 7 | | | | | | |
| 8 | | | | | | |
| 9 | | | | | | |
| 10 | | | | | | |
| 11 | | | | | | |
| 12 | | | | | | |
| 工具损坏处理 | | | | | | |
| 指导教师签名 | | | 材料员签名 | | | |

(5) 划线确定塑料线槽的敷设位置。

(6) 钉线槽，线槽配线。

(7) 管内穿线。

(8) 组装荧光灯，安装灯具并接线。

(9) 安装灯具开关。

(10) 安装插座。

(11) 安装配电箱，箱内电器接线。

(12) 接通电源，通电试灯。

(13) 检查评分。

(14) 实训总结。

### 3.3 实训时间

照明器具安装与调试实训每小组 3 人，完成时间：3 天。

### 3.4 检查评分

实训结束后，各小组之间交换检查、验收、评分。指导教师进行全面检查、评分，评定实操成绩，再结合实训总结，评出本实训项目的成绩。检查评分表见表 6-13。

**照明器具安装与调试检查评分表** **表 6-13**

| 姓名 | | 班级 | | 实训成绩 | |
|---|---|---|---|---|---|
| 实操部分（共 80 分） | | | | | |
| 序号 | 实操项目 | 要求 | 分值 | 评分标准 | 实际得分 |
| 1 | 材料计划 | 选择材料正确、符合要求 | 5 | 材料短缺或多余，每件扣 1 分；导线每米扣 1 分 | |
| 2 | 线槽配线 | 定位准确，安装牢固可靠，槽体紧贴墙面，槽盖严密平整，线路整齐美观，导线无绞结 | 10 | 不合要求时，每处扣 3 分 | |
| 3 | 管内穿线 | 导线绝缘完好，无绞结，管内无接头，箱、盒内无杂物，导线松紧适宜 | 10 | 不合要求时，每处扣 3 分 | |
| 4 | 开关、插座安装 | 定位准确，误差小，安装端正，盖板紧贴墙面，接线正确，牢固可靠，符合工艺要求 | 10 | 不合要求时，每处扣 3 分 | |
| 5 | 灯具安装 | 荧光灯组装正确，灯具定位准确，安装牢固可靠，高度一致，排列整齐 | 10 | 不合要求时，每处扣 3 分 | |
| 6 | 配电箱安装 | 定位准确，误差小，安装端正牢固；箱内电器整齐端正，接线正确，整齐美观 | 15 | 不合要求时，每处扣 4 分 | |
| 7 | 通电试验 | 通电成功，灯具开关控制正确；插座接线正确，漏电保护动作可靠 | 10 | 不合要求时，每处扣 5 分 | |

续表

| 姓名 | | 班级 | | | 实训成绩 | |
|---|---|---|---|---|---|---|
| 实操部分（共80分） | | | | | | |
| 序号 | 实操项目 | 要　求 | | 分值 | 评 分 标 准 | 实际得分 |
| 8 | 安全操作 | 遵守安全操作规程，不发生安全事故 | | 5 | 不合要求时，每处扣5分 | |
| 9 | 文明施工 | 材料无浪费，现场清理干净，废品分类符合要求 | | 5 | 不合要求时，每处扣3分 | |
| | | | | | 合计得分 | |
| 理论部分（共30分） | | | | | | |
| 1 | 灯具控制原理图 | 画图正确、整齐美观 | | 5 | 不合要求或有错误时，每处扣2分 | |
| 2 | 配电箱接线图 | 画图正确、整齐美观 | | 5 | 不合要求或有错误时，每处扣2分 | |
| 3 | 设备材料表 | 备料准确、合理 | | 5 | 有错误时，每处扣2分 | |
| 4 | 实训总结 | 掌握实训要领，理解安装工序及安装工艺要求，语句通顺，书写认真 | | 5 | 不合要求或有错误时，每处扣3分 | |
| | | | | | 合计得分 | |

# 课题4　电气测量及试验

## 4.1　实训室方案

电气测量及试验实训可在低压配电柜安装实训室和照明器具安装与调试实训室中进行。

### 4.1.1　电气测量及试验实训仪表

电气测量及试验实训所需仪器、仪表主要为：三相电度表、电流互感器、交流电流表(配电柜自带)，兆欧表、直流单臂电桥、接地电阻测试仪等，其型号及规格如表6-14所示。

**电气测量仪表型号及规格**　　**表6-14**

| 名　称 | 型号 | 准确度等级 | 额定电压（V） | 量　限 | 用　途 |
|---|---|---|---|---|---|
| 兆欧表 | ZC25-2 | 1.0 | 250 | 250 MΩ | 100V以下的电气设备或回路 |
| | ZC25-3 | 1.0 | 500 | 500 MΩ | 100～500V的电气设备或回路 |
| | ZC25-4 | 1.0 | 1000 | 1000 MΩ | 100V～3kV的电气设备或回路 |
| | ZC11-5 | 1.5 | 2500 | 10000 MΩ | 3kV～10kV的电气设备或回路 |

续表

| 名　　称 | 型号 | 准确度等级 | 额定电压（V） | 量　　限 | 用　　　途 |
|---|---|---|---|---|---|
| 直流单臂电桥 | QJ24 | 0.5 | | 0.01Ω～9.999 MΩ | 导线连接的接触电阻 |
| 接地电阻测试仪 | ZC8 | 1.0 | | 1/10/100 Ω | 接地装置的接地电阻 |

4.1.2　电气测量仪表操作使用方法

(1) 兆欧表操作使用方法

兆欧表外形及接线方法如图 6-3 所示。

兆欧表操作使用方法如下：

1) 先切断被测设备或线路的电源，不得带电测量。若被测设备或线路有电容器，要先放电、再测量。

2) 测量前，要检查兆欧表的好坏，方法是：断开测试线，摇动手柄，指针应指在∞，瞬间短接测试线，指针应指在 0，说明兆欧表是好的。

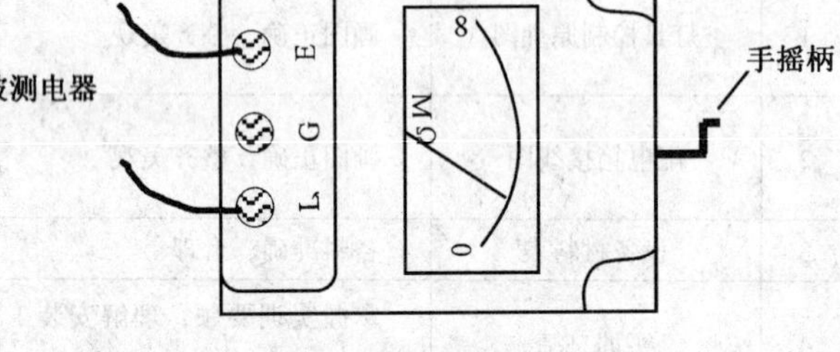


图 6-3　兆欧表外形及接线

3) 摇动手柄，直到指针稳定后，读数。摇动手柄时不要忽快忽慢，一般每分钟摇动 120 转左右，边摇边读数。

(2) 直流单臂电桥操作使用方法

直流单臂电桥的操作面板及接线方法如图 6-4 所示。

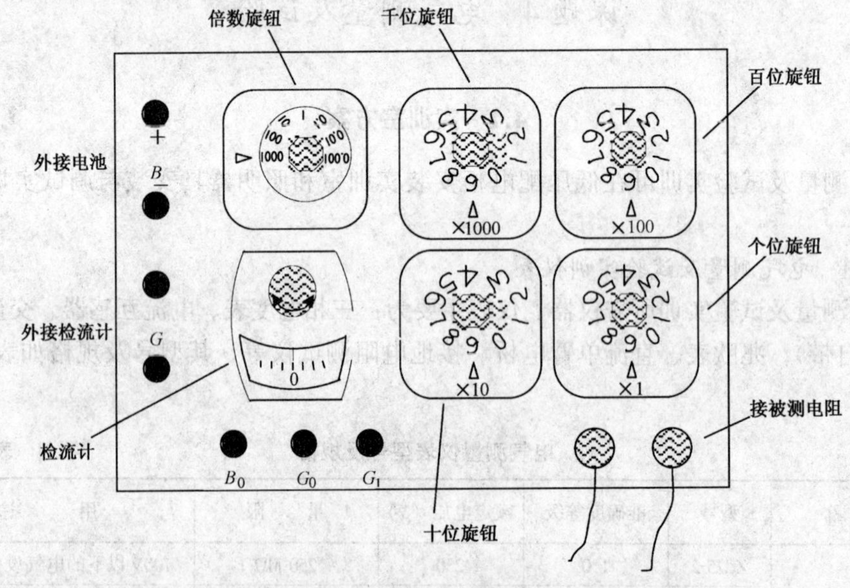


图 6-4　直流单臂电桥

直流单臂电桥测量的操作步骤如下：

1）把被测电阻 R 接好，把倍数旋钮、千位、百位、十位、个位旋钮均调到最大值。

2）把电源旋钮 $B_0$ 轻轻顺时针转动（约 90°），接通内部电池。

3）按一下粗调旋钮 $G_1$，观察检流计指针往哪边偏转（应为左边）。减小一档倍数旋钮，再按一下 $G_1$，观察指针偏转方向，重复操作，直到指针往反方向（右边）偏转为止，此时把倍数旋钮增大一档。

4）减小一档千位旋钮，按一下 $G_1$，观察指针往哪边偏转（应为左边），减小一档千位旋钮重复操作，直到指针往反方向（右边）偏转为止，此时把千位旋钮增大一档。

5）减小一档百位旋钮，按一下细调按钮 $G_0$（若指针偏转缓慢，则一直按住 $G_0$），观察指针往哪边偏转，重复操作，直到指针往反方向偏转为止，此时把百位旋钮增大一档。

6）用同样的方法调整十位旋钮、个位旋钮，直到按住 $G_0$ 时，检流计指针指在 0 位不动为止。此时，把千位旋钮、百位旋钮、十位旋钮、个位旋钮的读数组成的千位数乘于倍数旋钮的读数，即为被测电阻的阻值。

7）测量结束后，把 $B_0$ 逆时针旋出，切断电池。

(3）接地电阻测量仪操作使用方法

接地电阻测量仪的外形及接线方法如图 6-5 所示。

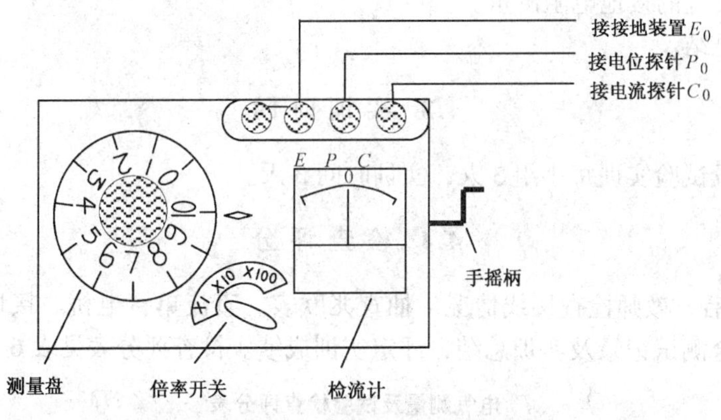


图 6-5　接地电阻测量仪的外形及接线

接地电阻测量仪的操作使用方法如下：

1）接线时，接地电阻测量仪的 E 端接被测的接地装置 $E_0$，$P$ 端接与接地装置相距约 20m 的电位探针 $P_0$，$C$ 端接与接地装置相距约 40m 的电流探针 $C_0$，且尽量使接地装置 $E_0$、电位探针 $P_0$、电流探针 $C_0$ 三者在一条直线上。

2）摇测时，把倍率开关转到 ×1 档，由慢到快摇动手柄，边摇边转动测量盘，使检流计的指针指零，若无法指零，则把倍率开关增大一档，再试，直至指针指零为止。

3）停止摇动，用测量盘的读数乘于倍率开关的读数，即为被测的接地电阻值。

4.1.3　电气测量的主要项目及要求如下：

(1）配电柜二次回路小母线在断开所有其他并联支路时绝缘电阻不应小于 10MΩ。二次回路对地绝缘电阻不小于 1MΩ。

(2）主回路馈电线路对地绝缘电阻不小于 0.5MΩ。

(3）低压电器连同所连接的电缆及二次回路的绝缘电阻不小于 1MΩ，潮湿场所不小于0.5MΩ。

(4) 低压电器连同所连接的电缆及二次回路的交流耐压试验的试验电压为1kV。当回路的绝缘电阻值在10MΩ以上时，可用2500V的兆欧表代替，试验持续时间为1min。

(5) 低压电缆的绝缘电阻不小于10MΩ，高压10kV电缆的绝缘电阻不小于600MΩ。

(6) 电气照明配管配线的导线间和导线对地绝缘电阻不小于0.5MΩ。

(7) 配电箱接线端子排连接点接触电阻值不大于该导线同一长度的电阻值。

(8) 变压器中性点接地电阻不大于4Ω。防雷接地的接地电阻不大于10Ω。利用建筑物基础钢筋作接地装置时，接地电阻不大于1Ω。

## 4.2 实训内容

(1) 配电柜内三相四线有功电度表经电流互感器接线。

(2) 配电柜内三只电流表经电流互感器接线。

(3) 配电柜主电路绝缘测试，二次回路绝缘测试。

(4) 带单相电度表的照明配电箱接线；干线端子排接触电阻测量；线路及电器绝缘电阻测量；通电试运行。

(5) 接地装置的接地电阻测量。

(6) 实训总结。

## 4.3 实训时间

电气测量及试验实训每小组3人，实训时间3天。

## 4.4 检查评分

实训 结束后，教师检查接线情况，抽查兆欧表、直流单臂电桥、接地电阻测试仪的操作方法，结合测试记录及实训总结，评定实训成绩。检查评分表见表6-15所示。

电气测量及试验检查评分表　　表6-15

| 姓名 | | 班级 | | 实训成绩 | |
|---|---|---|---|---|---|
| 实操部分（共90分） | | | | | |
| 序号 | 实操项目 | 要　求 | 分值 | 评 分 标 准 | 实际得分 |
| 1 | 三相电度表接线 | 接线正确，导线排列整齐美观 | 15 | 不合要求时，每处扣3分 | |
| 2 | 电流表接线 | 接线正确，导线排列整齐美观 | 10 | 不合要求时，每处扣3分 | |
| 3 | 配电柜绝缘测试 | 选用仪表正确，测量操作正确，测量结果正确，符合要求 | 10 | 不合要求时，每处扣3分 | |
| 4 | 单相电度表接线 | 接线正确，导线排列整齐美观 | 10 | 不合要求时，每处扣3分 | |
| 5 | 干线端子排接触电阻测量 | 选用仪表正确，测量操作正确，测量结果正确，符合要求 | 10 | 不合要求时，每处扣3分 | |
| 6 | 照明线路绝缘测试 | 选用仪表正确，测量操作正确，测量结果正确，符合要求 | 10 | 不合要求时，每处扣3分 | |

续表

| 姓名 | | 班级 | | 实训成绩 | |
|---|---|---|---|---|---|
| 实操部分（共90分） | | | | | |
| 序号 | 实操项目 | 要　求 | 分值 | 评 分 标 准 | 实际得分 |
| 7 | 通电试验 | 通电成功，电度表运行正常 | 5 | 不合要求时，每处扣5分 | |
| 8 | 接地电阻测量 | 选用仪表正确，测量操作正确，测量结果正确，符合要求 | 10 | 不合要求时，每处扣3分 | |
| 9 | 安全操作 | 遵守安全操作规程，不发生安全事故 | 5 | 不合要求时，每处扣5分 | |
| 10 | 文明施工 | 材料无浪费，现场清理干净，废品分类符合要求，仪表、工具整理符合要求 | 5 | 不合要求时，每处扣5分 | |
| | | | | 合计得分 | |
| 理论部分（共10分） | | | | | |
| 1 | 测量记录 | 测量结果记录准确、清楚 | 5 | 不合要求时，每处扣5分 | |
| 2 | 实训总结 | 掌握实训要领，理解安装工序及安装工艺要求，语句通顺，书写认真 | 5 | 不合要求或有错误时，每处扣3分 | |
| | | | | 合计得分 | |

## 单元小结

（1）建筑电气的施工过程可分为施工准备阶段、施工阶段和竣工验收阶段等三个阶段进行。施工准备是指工程施工前将施工必需的技术、物资、劳动组织、生活等方面的工作事先做好，以便正式施工时组织实施。只有充分做好施工前的准备工作，才能保证工程施工顺利进行。

（2）建筑电气工程施工质量验收是指在施工单位自行质量检查评定的基础上，由参与建设活动的有关单位共同对检验批、分项、分部、单位工程的质量进行抽样复验，根据相关标准以书面形式对工程质量达到合格与否做出确认。建筑电气施工质量管理应有相应的施工技术标准，健全的质量管理体系、施工质量检验制度和综合施工质量水平评定考核制度。

（3）低压配电柜安装与调试综合实训主要训练对配电柜的定位、校正、固定、接线方法和能力，以及对配电柜安装的质量检查方法。

（4）照明器具安装与调试综合实训主要训练配管配线、灯具安装、开关插座安装、配电箱安装方法和能力，以及照明配电系统的调试方法、质量检查及验收方法。

（5）电气测量及试验综合实训主要训练电度表、电流表、兆欧表、直流单臂电桥和接地电阻测试仪的接线及操作使用方法，掌握电气测试的一般项目及要求。

## 思考题与习题

1. 什么叫施工准备？建筑电气工程的施工技术准备包含哪些内容？
2. 在建筑电气施工过程中，如何控制施工质量？
3. 建筑电气施工质量验收分哪几部分进行？各部分验收质量合格的要求是什么？
4. 简述施工质量的验收程序及组织方法。
5. 简述兆欧表的操作使用方法。
6. 简述接地电阻测试仪的操作使用方法。
7. 按课题 2 的实训内容及要求进行低压配电柜安装与调试实训。
8. 按课题 3 的实训内容及要求进行照明器具安装与调试实训。
9. 按课题 4 的实训内容及要求进行电气测量及试验实训。

# 参 考 文 献

1. 唐海．建筑电气设计与施工．北京：中国建筑工业出版社，2003
2. 沈从周，游浩．动力照明电梯弱电工程．北京：中国建材工业出版社，2003
3. 俞宾辉．建筑安装工程施工质量验收实用手册．济南：山东科学技术出版社，2003